放养 130 天的
天目山本鸡

种鸡场一角

放养在果园中的
天目山本鸡

放养在湖边的
天目山本鸡

成年天目山本鸡

灌木丛中的
天目山本鸡

坡地树丛中的
天目山本鸡

沙地散养一角

企业荣誉

质量信得过单位
浙江大学天目山禽业有限公司
临安市技术监督局
二000年八月八日

杭州市优质农产品
银奖
杭州市人民政府
一九九九年十二月

孵化室一角

科学养殖精品系列图书

优质土鸡养殖技术

尹兆正　李肖梁　李震华　编著

中国农业大学出版社

编　　著:尹兆正　李肖梁　李震华

参编人员:

俞丹宏　祝春雷　朱　华
鲍昌龙　季旭仁　龚江辉
郭炳余

前　言

近年来，随着国内经济发展和人们生活水平的提高，人们的营养意识和食品安全意识不断增强，优质、安全的肉鸡产品备受关注，需求量加大。消费者不仅要求肉鸡产品营养丰富，而且要有良好的感官性状和口味，更重要的是要求产品安全无污染。而目前以国外引进的白羽为主体的快速型肉鸡产品色泽差，药残过多，且风味严重不足，远远不能满足消费者的需求，其生产急剧萎缩。

我国近年养殖的普通杂交三黄鸡，虽然有一定的市场，但因其仍采用品种(品系)配套杂交和全程配合饲料关养方式，鸡肉品质仍满足不了消费者的要求，能形成规模化、集团化发展的龙头企业并不多。尤其在当前，执行 WTO 规则势必意味着我国肉鸡产业将经受国外价廉、卫生、安全肉鸡的强烈冲击。对此，越来越多的国内从业者们已清醒地认识到，完全依赖国外鸡种、设备和常规饲养方法已难以适应国内外肉鸡消费市场的需要。如何根据我国地方鸡种优质味美、生活力强、品种资源丰富的特点，形成规模化饲养、产业化发展，走有中国特色的肉鸡业发展道路，提高产品在国际市场中的竞争力，成为业内人士共同关心的重大课题。

优质土鸡养殖是我国现代肉鸡业中独具特色的一个新兴产业。优质土鸡也是优质黄羽肉鸡中的一个重要类型，又称优质地方品种鸡、本鸡、草鸡、本地鸡，特指优质地方品种鸡的直接利用和生产，其血统较为纯正，以肉用为目的。与上述普通肉鸡相比，我国优质土鸡虽然增重较慢，饲料转化率不高，但抗病力强，营养丰富，肌肉嫩滑，肌纤维细小，肌间脂肪分布均匀，水分含量低，鸡味浓郁，风味独特，产品安全无污染，因而深受市场的青睐，价格是普通肉鸡的2～3倍，从而展示出我国肉鸡生产与消费的发展趋势和方向。各地尤其是我国南方数省(市)迅速掀起了饲养优质土鸡的热潮，其生产规模不断扩大，技术水平进一步提高，产业化发展势头迅猛，成为当前农村新的极具活力的经济增长点，被誉为有鲜明民族特色的“效益土鸡”。我国有发展优质土鸡生产的基础和有利条件，有极为强劲的国际、国内市场需求，可以预见，优质土鸡及其配套系的养殖将成为我国现代肉鸡生产的主体，发展前景广阔。

针对当前各地优质土鸡生产蓬勃发展，对科学养殖专业知识和先进技术需求迫切的新形势，我们根据近年来从事优质土鸡生产实践和科研所积累的资料，借鉴国内外养鸡最新技术和成果，在广泛调查研究的基础上，精心编著成《优质土鸡养殖技术》一书，以期对我国优质土鸡的产业化发展起到促进作用。

本书的主要内容包括：优质土鸡生产概述、品种介绍、繁育技术、种蛋的孵化、营养与饲料、饲养管理、疾病防治、品质鉴定和屠宰加工、鸡场建筑与设备、鸡场的经营管理等。该书既有丰富的理论作为依据，更注重生产实践中各主要环节的关键技术和措施，具有科学性、先进性、实用性。既适用于各养禽场(户)，又可供广大养禽技术和管理人员参考。

优质土鸡养殖是一门新兴的产业，规模化、产业化生产也是近年来才出现的，其发展更是日新月异，限于我们的时间和写作水平，书中不足和错误之处敬请读者批评、指正。

编　者

2002年3月

目 录

第一章 优质土鸡生产概述 ……………………（1）
第一节 国内外肉鸡业发展概况……………………（1）
一、现代肉鸡生产特点 ……………………………（1）
二、世界肉鸡业发展概况 …………………………（3）
三、我国肉鸡业发展现状及前景 …………………（4）
第二节 优质土鸡的生产特点及现状………………（6）
一、优质土鸡的生产特点 …………………………（6）
二、优质土鸡的生产现状 …………………………（8）
第三节 优质土鸡市场需求分析……………………（10）
第四节 加入WTO与中国优质土鸡的发展 ……（11）
一、肉鸡的进口 ……………………………………（13）
二、肉鸡的出口 ……………………………………（13）
第五节 优质土鸡产业化生产与经营………………（14）
一、积极探索优质土鸡生产的组织形式，促进经营模式的转变 ……………………………………（15）
二、确立科学的饲养模式 …………………………（16）
三、加强企业之间的联系与合作 …………………（17）
四、开拓新的国际市场 ……………………………（17）
五、依靠科技，改善优质土鸡产品品质……………（17）
六、加强科研与科技成果的推广应用 ……………（17）
第二章 优质土鸡品种……………………………（19）
第一节 我国优质土鸡品种的分布…………………（19）
第二节 优质土鸡品种类型…………………………（20）

一、生产性能、体型外貌比较一致的鸡种………（20）
二、生产性能、体型外貌差异较大的鸡种………（20）
三、原始类型的鸡种 ……………………………（21）
第三节　优质土鸡品种选择要点…………………（21）
一、选择质量好、信誉度高的种鸡场购雏鸡……（21）
二、选择适销对路的品种饲养 …………………（21）
三、了解种鸡场销售的鸡苗在当地饲养情况的
反映 …………………………………………（22）
四、在选择品种时，目的要明确，不可盲目引种……（22）
第四节　优质土鸡品种介绍……………………（22）
一、仙居鸡 ……………………………………（23）
二、白耳黄鸡 …………………………………（24）
三、萧山鸡 ……………………………………（25）
四、鹿苑鸡 ……………………………………（26）
五、浦东鸡 ……………………………………（27）
六、丝羽乌骨鸡 ………………………………（28）
七、江山白羽乌骨鸡 …………………………（29）
八、惠阳胡须鸡 ………………………………（30）
九、固始鸡 ……………………………………（32）
十、桃源鸡 ……………………………………（33）
十一、清远麻鸡 ………………………………（34）
十二、北京油鸡 ………………………………（35）
十三、寿光鸡 …………………………………（36）
十四、河田鸡 …………………………………（37）
十五、大骨鸡 …………………………………（38）
十六、霞烟鸡 …………………………………（39）
第五节　优质土鸡品种资源的保护和开发利用
…………………………………………（42）
一、优质土鸡品种资源的保护 …………………（43）

二、优质土鸡品种资源的开发利用 ……………（45）
第三章 优质土鸡的繁育………………………（47）
第一节 优质种用土鸡的选择………………………（47）
一、种鸡选择的基本原则 ………………………（47）
二、根据记录资料选择与淘汰 ……………………（48）
三、根据外貌特征选择与淘汰 ……………………（49）
四、多性状选择方法 ……………………………（49）
第二节 优质种用土鸡的选配………………………（50）
一、选配的类型 …………………………………（50）
二、配种年龄、配偶比例与利用年限………………（52）
三、配种方法 ……………………………………（52）
第三节 优质土鸡的人工授精………………………（54）
一、公鸡的生殖生理 ……………………………（54）
二、母鸡的生殖生理 ……………………………（56）
三、鸡人工授精技术的优越性 ……………………（57）
四、公鸡的采精技术 ……………………………（58）
五、鸡的人工授精技术 …………………………（59）
六、影响种蛋受精率的因素 ………………………（60）
第四节 优质土鸡的现代繁育方法…………………（62）
一、近交系育种法 ………………………………（62）
二、闭锁群家系育种法 …………………………（62）
三、合成法 ………………………………………（63）
四、正反反复选择法 ……………………………（63）
五、纯系繁育法 …………………………………（63）
六、选系繁育法 …………………………………（64）
第五节 鸡的生产性能测定…………………………（64）
一、鸡的产蛋性能 ………………………………（65）
二、鸡的产肉性能 ………………………………（66）

三、饲料转化比 …………………………………………（68）
四、鸡的生活力和繁殖力 ……………………………（68）
第四章　优质土鸡的孵化…………………………（70）
第一节　蛋的形成和构造……………………………（70）
一、蛋的形成 …………………………………………（70）
二、蛋的构造 …………………………………………（72）
第二节　种蛋的管理…………………………………（75）
一、种蛋的选择 ………………………………………（75）
二、种蛋的保存 ………………………………………（77）
三、种蛋的消毒 ………………………………………（79）
四、种蛋的运输 ………………………………………（80）
第三节　孵化条件……………………………………（81）
一、温度 ………………………………………………（81）
二、湿度 ………………………………………………（82）
三、通风 ………………………………………………（83）
四、翻蛋 ………………………………………………（84）
五、凉蛋 ………………………………………………（84）
第四节　孵化方法……………………………………（84）
一、机器孵化法 ………………………………………（85）
二、传统孵化法 ………………………………………（88）
第五节　孵化效果的检查与分析……………………（94）
一、照蛋检查 …………………………………………（94）
二、蛋重的变化 ………………………………………（95）
三、出雏时的检查 ……………………………………（96）
四、死胚的病理剖检和死亡曲线分析 ………………（96）
五、影响种蛋孵化率高低的因素 ……………………（98）
第六节　雏鸡的雌雄鉴别、分级和运输 ……………（100）
一、雏鸡的雌雄鉴别 …………………………………（100）

二、雏鸡的分级 …………………………………………… (102)
三、雏鸡的运输 …………………………………………… (103)
第五章　优质土鸡的营养与饲料…………………………… (105)
第一节　土鸡的消化特点…………………………………… (105)
第二节　土鸡的营养需要…………………………………… (108)
一、水分 ……………………………………………………… (109)
二、蛋白质 …………………………………………………… (110)
三、碳水化合物 ……………………………………………… (111)
四、脂肪 ……………………………………………………… (112)
五、矿物质 …………………………………………………… (113)
六、维生素 …………………………………………………… (119)
第三节　土鸡的常用饲料…………………………………… (124)
一、青绿饲料 ………………………………………………… (125)
二、能量饲料 ………………………………………………… (125)
三、蛋白质饲料 ……………………………………………… (128)
四、矿物质饲料 ……………………………………………… (131)
五、维生素饲料 ……………………………………………… (132)
六、饲料添加剂 ……………………………………………… (133)
第四节　土鸡的饲养标准…………………………………… (142)
第五节　土鸡的日粮配合…………………………………… (144)
一、日粮配合的意义 ………………………………………… (144)
二、日粮配合的基本原则 …………………………………… (145)
三、日粮配合的方法 ………………………………………… (147)
第六节　土鸡配合饲料加工及其质量控制………………… (150)
一、土鸡配合饲料的种类及形状 …………………………… (150)
二、土鸡配合饲料的加工 …………………………………… (153)
三、土鸡配合饲料的质量控制 ……………………………… (158)

第六章　优质土鸡的饲养管理……………………（161）
第一节　雏鸡的培育……………………………（161）
一、雏鸡的生物学特性……………………………（162）
二、育雏期间的条件……………………………（163）
三、育雏前的准备工作……………………………（167）
四、育雏方式……………………………（170）
五、雏鸡的饲养……………………………（176）
六、雏鸡的管理……………………………（178）
第二节　生长期的饲养管理……………………………（182）
一、调整饲料营养……………………………（182）
二、公母分群饲养……………………………（182）
三、防止饲料浪费……………………………（183）
四、防止产生恶癖……………………………（183）
五、供给充足、卫生的饮水……………………………（183）
六、做好舍外放牧饲养工作，加强户外运动，
逐渐增加草、虫、谷等的采食量……………………（184）
第三节　育肥期的饲养管理……………………………（185）
一、鸡群健康观察……………………………（186）
二、加强垫料管理……………………………（187）
三、带鸡消毒……………………………（187）
四、及时分群……………………………（187）
五、减少应激……………………………（188）
六、搞好卫生防疫工作……………………………（188）
七、认真做好日常记录……………………………（189）
八、正确抓鸡、运鸡，减少外伤……………………………（189）
九、适时出栏……………………………（190）
第四节　优质土鸡季节性管理要点……………………（190）
一、炎热季节的饲养管理……………………………（190）

二、梅雨季节的饲养管理 …………………………… (192)
三、寒冷季节的饲养管理 …………………………… (193)
第五节 种鸡的饲养管理…………………………… (193)
一、育成鸡的限制饲养 ……………………………… (194)
二、实行正确的光照制度 …………………………… (197)
三、防止啄食癖 ……………………………………… (202)
四、产蛋期间温度的控制 …………………………… (202)
五、种鸡的日常管理 ………………………………… (202)
六、种公鸡的饲养管理 ……………………………… (207)
第七章 优质土鸡疾病防治………………………… (210)
第一节 土鸡疾病发生特点………………………… (210)
一、死亡率高 ………………………………………… (211)
二、疾病发生的种类增多,危害严重……………… (211)
三、新的疫病不断发生和流行 ……………………… (211)
四、细菌病的危害日趋严重 ………………………… (211)
五、原先的次要疾病变成主要疾病 ………………… (211)
六、原有疾病出现非典型化和慢性化(或急性化)的新特点……………………………………… (212)
七、疫病并发、继发或重复感染病例增多………… (212)
八、营养代谢病及中毒性疾病造成的危害日益严重 …………………………………………… (212)
九、寄生虫病多发 …………………………………… (212)
十、呼吸道疾病的发生相对较少 …………………… (212)
第二节 土鸡疾病综合防治技术…………………… (213)
一、鸡舍场地的合理选择 …………………………… (213)
二、把好鸡种引入关 ………………………………… (213)
三、采取科学的饲养管理,增强鸡体抗病力…… (214)
四、严格消毒 ………………………………………… (215)

五、实施有效的免疫计划，认真做好免疫接种工作 …………………………………………… (220)
六、采用药物防治疾病，提高鸡群健康水平…… (226)
七、加强疾病监测工作 ………………………… (236)
八、发现疫情迅速采取扑灭措施 ……………… (237)
第三节 土鸡疾病的诊断…………………………… (239)
一、流行病学调查 ……………………………… (239)
二、临床检查 …………………………………… (241)
三、病理解剖检查 ……………………………… (246)
四、实验室诊断 ………………………………… (251)
第四节 土鸡常见传染病防治……………………… (253)
一、鸡新城疫 …………………………………… (253)
二、禽流行性感冒 ……………………………… (256)
三、鸡传染性法氏囊病 ………………………… (258)
四、传染性支气管炎 …………………………… (259)
五、马立克氏病 ………………………………… (261)
六、鸡传染性喉气管炎 ………………………… (264)
七、鸡痘 ………………………………………… (267)
八、禽脑脊髓炎 ………………………………… (270)
九、禽霍乱 ……………………………………… (271)
十、鸡白痢 ……………………………………… (274)
十一、鸡大肠杆菌病 …………………………… (275)
十二、鸡慢性呼吸道病 ………………………… (277)
十三、鸡产蛋下降综合征 ……………………… (279)
十四、鸡传染性鼻炎 …………………………… (281)
十五、鸡葡萄球菌病 …………………………… (283)
十六、曲霉菌病 ………………………………… (284)

第五节　土鸡常见寄生虫病防治 ………………………… (286)
一、鸡球虫病 ……………………………………………… (286)
二、鸡蛔虫病 ……………………………………………… (288)
三、鸡羽虱 ………………………………………………… (290)
四、鸡螨 …………………………………………………… (291)
第六节　土鸡常见普通病防治 …………………………… (293)
一、维生素A缺乏症 ……………………………………… (293)
二、维生素B_1缺乏症 …………………………………… (294)
三、维生素B_2缺乏症 …………………………………… (294)
四、维生素D缺乏症 ……………………………………… (295)
五、食盐中毒 ……………………………………………… (296)
六、有机磷农药中毒 ……………………………………… (297)
七、呋喃唑酮中毒 ………………………………………… (299)
八、一氧化碳中毒 ………………………………………… (299)
九、痛风 …………………………………………………… (300)
十、腹水症 ………………………………………………… (301)
十一、肉鸡猝死综合征 …………………………………… (303)
十二、啄食癖 ……………………………………………… (305)
第八章　优质土鸡的品质鉴定和屠宰加工 ……………… (307)
第一节　优质土鸡的品质鉴定和分级 …………………… (307)
一、优质土鸡上市参考标准 ……………………………… (307)
二、优质土鸡活鸡的质量标准和分级 …………………… (308)
三、优质土鸡光鸡的质量标准和分级 …………………… (309)
四、我国出口冻肉鸡的规格和分级标准 ………………… (312)
五、影响土鸡鸡肉品质的因素分析 ……………………… (312)
第二节　优质土鸡的屠宰加工 …………………………… (313)
一、优质土鸡屠宰前的管理 ……………………………… (313)
二、屠宰加工方法 ………………………………………… (314)

三、屠体的包装和冷冻保存 ……………………… (317)
第九章　优质土鸡养殖场建筑与设备……………… (319)
第一节　土鸡场的场址选择和布局……………… (319)
一、鸡场场址的选择 ……………………………… (319)
二、鸡场的布局 …………………………………… (321)
第二节　土鸡舍建筑………………………………… (322)
一、鸡舍建筑的基本要求 ………………………… (322)
二、鸡舍的类型 …………………………………… (324)
三、鸡舍的屋顶形式 ……………………………… (325)
四、鸡舍各部结构要求 …………………………… (326)
第三节　土鸡养殖常用设备及用具……………… (328)
一、供暖加温设备 ………………………………… (329)
二、喂料设备 ……………………………………… (331)
三、饮水设备 ……………………………………… (332)
四、环境控制设备 ………………………………… (333)
五、鸡笼 …………………………………………… (333)
六、种鸡产蛋箱 …………………………………… (334)
七、捕鸡、装鸡工具……………………………… (334)
第十章　优质土鸡养殖场的经营管理……………… (336)
第一节　鸡场经营管理的主要内容……………… (336)
一、市场预测 ……………………………………… (336)
二、计划管理 ……………………………………… (337)
三、生产管理 ……………………………………… (338)
四、质量管理 ……………………………………… (338)
五、财务管理 ……………………………………… (339)
六、物资管理 ……………………………………… (339)
七、营销管理 ……………………………………… (339)
八、组织管理 ……………………………………… (340)

第二节　鸡场经营方向和管理模式的决策……… (340)
一、鸡场经营方向的决策 ……………………… (340)
二、鸡场管理模式的决策 ……………………… (341)
第三节　提高养鸡场经济效益的措施………… (342)
一、改善经营管理 ……………………………… (342)
二、努力降低生产成本 ………………………… (344)
三、采用现代科学饲养技术，实现优质高产…… (346)
四、加强记录记载 ……………………………… (346)
第四节　优质土鸡规模化生产与经营………… (346)
一、土鸡生产经营策略 ………………………… (347)
二、建场条件 …………………………………… (348)
三、设施投资及资金效率 ……………………… (348)
四、生产成本管理 ……………………………… (349)
五、组建土鸡龙头企业 ………………………… (351)
六、影响土鸡生产经济效益的因素 …………… (352)
参考文献……………………………………………… (354)

第一章　优质土鸡生产概述

肉鸡生产在我国可以分为两个系统:一个是以早期生长速度快、饲料转化效率高为特点的肉用仔鸡的生产;另一个是以追求肉质鲜美、色味俱全的含地方鸡血液的优质黄羽肉鸡的生产。后者虽然增重速度慢,饲料报酬较低,但保持了传统的民族消费习惯。这两个系统互相补充,各具特点,共同构成我国肉鸡生产的主体。

优质土鸡是我国现代肉鸡业中独具特色的一个新兴产业,也是优质黄羽肉鸡中的一个重要类型,又称优质地方品种鸡、本鸡、草鸡、本地鸡,特指优质地方品种鸡的直接利用和生产,其血统较为纯正,以肉用为目的。其羽毛多为黄色或带麻点,黄喙、黄肤、黄脚,皮薄骨软,肉质鲜美,鸡味浓郁,且具有较好的产肉性能,抗病力强。当前,优质土鸡正以其独特的饲养模式、广阔的市场前景和诱人的经济效益,成为广大农村养殖致富的重要渠道。

第一节　国内外肉鸡业发展概况

一、现代肉鸡生产特点

现代肉鸡与传统肉鸡的概念截然不同,它是指通过专门化品系配套杂交生产的专供食肉用的鸡。根据屠宰时期和体重大小的不同,分为肉用仔鸡、炸用仔鸡和烤用仔鸡。肉用仔鸡简称肉仔鸡,也称童子鸡,一般养至6～8周龄,体重达 2 千克左右屠宰，鸡肉细嫩，适于快速烹调；炸用仔鸡较大一些，烤用仔鸡则更大，但均未到成年期。当今世界各国生产的肉鸡都以肉仔鸡为主，其他两种的比例很小。如世界肉鸡生产第一大国美国，肉用仔鸡占 94%，烤用仔鸡占 5%，炸用仔鸡仅占 1%。不过，随着鸡肉深加工的发展，分割鸡和快餐鸡肉的畅销、炸用仔鸡和烤用仔鸡的生产已有增加的趋势。

现代肉鸡的生产特点主要包括：

（一）生长发育快，饲料转化率高

肉用仔鸡饲养至 7 周龄，平均体重可达 2.2 千克左右，饲料转化率可达 1.85∶1。其生长速度之快，饲料报酬之高，是其他畜、禽所无法比拟的。

（二）饲养周期短，资金周转快

肉用仔鸡生产周期一般为 65 天，一年可出栏 5 批以上，房舍、设备及人力能够全年充分利用，且资金周转快，生产效率高，被誉为“速效型的畜牧业”。

（三）繁殖力强，饲养工艺简便

繁殖力实际上也是不可忽视的肉用性能指标，一只肉用种鸡繁殖后代越多，总的产肉量也就越高。现代优良的肉用种鸡一般 6 月龄开产，产蛋 10 个月，每只母鸡产合格种蛋 170～180 枚，种蛋受精率约 95%，受精蛋孵化率约 85%，每只种鸡一生能繁殖肉用仔鸡 140 只左右。

商品肉仔鸡一般多采用地面平养，每平方米可养 15～20 只仔鸡。按照给温方式分为两段式和一段式饲养，工艺简单，所需饲养设施也不复杂，采用全价配合饲料，7 周即可达出售体重，一年可出栏 5 或 6 批肉鸡。

（四）适于大规模、工厂化生产，劳动生产率高

肉鸡性情温顺，体质强健，出栏整齐，且抗逆性较强，尤适于大群高密度饲养。按入孵数计，育成出售存活率达98%以上，而且经过几十年育种、改良工作，肉鸡出栏整齐度也比较令人满意，从而为肉鸡大规模工业化生产提供了条件。小规模手工饲养一人可管理3 000～5 000只鸡，大规模工厂化饲养一人可养至几万至十几万只鸡，劳动生产率很高。

（五）肉鸡群体发育性能好，商品率较高

肉鸡大群饲养，正常情况下群体发育较为均匀，一般商品合格率在96%以上。

二、世界肉鸡业发展概况

现代肉鸡饲养业始于20世纪20年代的美国，后风靡全球。近20年来，在各类肉的生产中，肉鸡饲养业一直以最快的速度持续增长。20世纪80～90年代，世界肉类总产量增长了39.1%，其中禽肉增长高达71.7%，且禽肉中又以鸡肉增长最快。

2000年世界肉类总产量约为2.34亿吨，其中猪肉占39.1%，牛肉占27.4%，禽肉占26.5%，其他占7%。世界禽肉产量居前10位的国家分别是美国、中国、巴西、俄罗斯、日本、法国、英国、意大利、西班牙和墨西哥。这10个国家的禽肉产量占世界总产量的64%。美国以年产禽肉1 500万吨，持续保持世界第一位，中国则以1 200万吨的产量跃居第二位。

伴随着肉鸡业的发展，肉鸡各项饲养技术也有长足进步，各类经济指标在世界范围内取得了很大突破。1988年与1962年相比，肉用仔鸡的出栏日龄由65天缩短到42天，出栏体重由1.71千克上升至1.86千克，料肉比由2.15降至2.0。进入20世纪90年代，肉鸡生产水平又有很大提高。其发展趋势是提高生长速度，缩短出栏时间，减少饲料消耗和增加屠体瘦肉率。发达国家不少育种公司计划将在2000—2010年培育出35日龄个体重1.8～2.0千克，每千克增重耗料1.7～1.8千克，成活率达98%以上的肉鸡品种。

现代肉鸡饲养业的主要技术措施包括：①依靠繁殖与育种技术的进步，充分利用杂交优势；②革新鸡舍和内部设备，创造良好的环境条件；③提高饲养管理水平；④加强饲料与营养科学的研究，如肉鸡全价配合饲料、预混料等的应用；⑤应用先进的疫病预防控制技术。

在经营体制上，欧美一些国家采用以行业一体化为纽带的联营合同制，即饲养户专营饲养，孵化厂按约送苗鸡，饲料公司定期送料，屠宰厂按时将鸡收购运走。目前，美国90%的肉鸡采取这种方式。

三、我国肉鸡业发展现状及前景

我国现代肉鸡饲养业起步较晚，约始于20世纪80年代中期。20世纪90年代以前，我国肉鸡生产水平与畜牧业发达国家相比还有相当大的差距，主要表现为规模小、产量少、商品率低、耗料多、效益差。进入20世纪90年代，我国肉鸡饲养业呈现迅猛发展态势，2000年禽肉产量达到1 200万吨，为1984年的8.1倍，居世界第二位。不过，禽肉在肉类结构中仅占17.5%，比世界平均水平低9.0%；人均禽肉占有量9.23千克，刚刚超过世界平均水平，与美国相差45.3千克。因此，我国肉鸡的生产潜力很大。

肉鸡商品化生产须做到品种优良化、饲料全价化、饲养集约化、防疫系列化、管理科学化、经营一体化。在这些方面，我国各地做了大量工作。在品种上，目前从国外引进的肉鸡优良品种达十几种，如爱拨益加(AA)鸡、艾维茵鸡、彼得逊鸡、星波罗鸡等；国内近几年也培育出了不少优良品种，如新浦东鸡、京黄肉鸡、苏禽85肉鸡等。在饲料方面，近几年我国的饲料工业也有很大发展。据2000年统计，全国已建成10 000多家时产1吨以上的饲料加工企业，年产配合饲料达6 000多万吨，配合饲料的应用已得到一定程度的普及。在经营体制上，我国已由一家一户自给自足式分散饲养过渡到了专业场(户)规模饲养并正在向工业化、产业化方向发展。目前国内肉鸡生产的主要组织形式有3种：

(1)一体化生产，它集种鸡饲养、商品鸡生产、饲料加工、屠宰加工和产品销售等生产环节为一体，规模大，饲养、经营管理水平高，实力雄厚，市场承受能力强，如上海大江、山东诸城、北京华都等。

(2)龙头企业带动型生产，它以一个企业做龙头，带动周围规模饲养农户进行生产。生产环节各自独立，通过生产结合在一起。紧密程度低，受市场影响大。这种形式国内最为普遍。

(3)千家万户分散饲养，贫困落后地区多见这种形式，效益不高，商品率低，对市场波动不敏感。

采用平养方式，在我国每人每批可养肉用仔鸡2 000～2 500只，一年可出栏1.0万～1.2万只；机械化饲养，每人每批可养0.8万～1.0万只，一年可出栏4万～5万只。从鸡肉销售情况看，由于世界上几乎没有一个民族对消费鸡肉有所禁忌，且销价低，营养丰富，适于快餐，有保健食品的作用，因而消费量迅速增加。国内市场1991年，1995年，2000年鸡肉消费分别是292.3万吨，697.8万吨，1 260万吨，人均消费分别为2.5千克，5.8千克，9.6千克。国际市场出口类型主要有两种：一种是活鸡出口港澳地区，另一种冻鸡出口日本、韩国和部分欧洲国家。活鸡年出口量约在8 000万只，目前港澳市场已趋饱和，主要是冻鸡出口不断增加。预计到2005年中国禽肉产量将达1 500万吨，其中80%为鸡肉，鸡肉的80%将是内销。我国目前城镇人口已超过3亿，相当于整个欧洲，消费群体可观。

目前我国肉鸡业存在的问题主要有：千家万户分散饲养，生产规模不大；生产中缺乏严格的疫病监控手段，疾病威胁大；肉鸡肌纤维较粗，肉质差，鸡味不浓；产品药残过多，安全性令人担忧；肉鸡精深加工落后，卫生指标不过关等。

第二节　优质土鸡的生产特点及现状

一、优质土鸡的生产特点

与快大型肉用仔鸡相比，优质土鸡的生产特点概括起来主要有以下7个方面：

（一）品种来源为我国的优良地方良种鸡

快大型商品肉用仔鸡是通过专门化品系配套杂交产生的，优质土鸡则来源于我国优良的地方品种鸡，其血统较为纯正。除符合一般“三黄鸡”的特征外，还具有体型较为紧凑、脚高且细、羽色鲜艳、尾羽高翘等独特的体貌特征。

（二）生长发育较为缓慢，生产周期长

大多数优质土鸡需饲养至3～4月龄，体重达1.2～1.5千克方可上市。在正常的饲养管理条件下，每年饲养3批左右。

（三）采取放养的饲养方式

与现代肉鸡工厂化关闭饲养相区别，优质土鸡除雏鸡

(0～4 周龄，也称小鸡)阶段舍内保温育雏外，生长期(5～8 周龄，也称中鸡)和育肥期(9 周龄以上，也称大鸡)采取舍外放养为主的饲养方式。土鸡依靠野外长时间的采光和运动，体质强健，防病用药成本明显减少，有利于肉质的改善和食品安全。

(四)优质土鸡食性较广，且有其独特的饲喂制度和方法

肉用仔鸡一般采取全程饲喂全价配合饲料，自由采食，以促进其快速生长发育。优质土鸡除育雏期给予较多的配合饲料外，放养阶段(2～4 月龄)则主要以虫、草、谷等为主，配合饲料为辅的饲喂方法。在配合饲料的投放方面，也大多采取清晨少喂、中午不喂、晚间多喂的饲喂制度，以充分发挥土鸡的觅食能力，节省饲料。

(五)优质土鸡性情活泼，具有追啄性、好斗性的特点，易发生啄癖症

现代肉用仔鸡性情温顺，不善跳跃，适宜于大规模高密度饲养。优质土鸡则性情活泼，追啄好斗，跳跃能力强。特别是在光线强烈、饲养密度大的集约化条件下更为明显，发生啄癖症的机会较多，给生产带来损失，这是优质土鸡生产中极为常见的一个问题。

(六)优质土鸡有其独特的发病机制和特点

如鸡马立克氏病，通常以 2～4 月龄发病率最高，多发于 40～60 日龄，快速型肉用仔鸡此时已达上市屠宰日龄，死亡率不高。而优质土鸡由于生产周期较长，马立克氏病的发生较为多见，常需进行两次免疫；优质土鸡由于长期户外活动，且采食较多的虫、草，因而其呼吸道疾病发生较少，而寄生虫病较多。此外，由于优质土鸡多采用厚垫料育雏方式，球虫病多发，防治费用较高。

（七）优质土鸡肉质优良，风味浓郁，产品安全无污染

相对于生长快速的肉用仔鸡和普通杂交三黄鸡而言，优质土鸡以肌肉嫩滑，肌纤维细小，肌间脂肪分布均匀，水分含量低，鸡味浓郁，风味独特，产品安全无污染而独具特色，深受市场的欢迎，价格是普通肉鸡的 2～3 倍。

二、优质土鸡的生产现状

改革开放 21 年来，作为一项投资省、周期短、见效快的“速效型畜牧业”，肉鸡业是我国畜牧业中发展最为迅速、群体生产规模最大、市场经济介入最早、社会贡献最大的一个行业，目前是仅次于美国的世界第二大肉鸡生产国。近年来，随着国内经济发展和人们生活水平的提高，人们的营养意识和自我保护意识不断加强，优质、安全的肉鸡产品备受关注，需求量加大。消费者不仅要求肉鸡产品营养丰富，而且要有良好的感官性状和口味，更重要的是要求产品安全无污染。而目前以国外引进的白羽为主体的快速型肉鸡产品色泽差且风味严重不足，远远不能满足消费者的需求，其生产急剧萎缩。如国内最大的肉鸡饲养省份广东省，其白羽肉鸡所占比例已由 20 世纪 90 年代初的 85%下降至 2000 年的 7%。更让人担忧的是，由于在肉鸡全程饲养过程中大量使用抗生素、高剂量矿物质及其他药物，鸡肉产品的安全性问题空前突出。1998 年，我国山东、河北等省用于出口西欧的冻鸡因药残超标，许多生产企业被欧盟取消了注册代号。我国近年养殖的三黄鸡，虽然有一定的市场，但因其仍采用品系配套杂交和全程饲料喂养方式，鸡肉品质仍满足不了消费者的要求，能形成规模化、集团化发展的龙头企业并不多。在我国目前加入 WTO，面对国外价廉、安全肉鸡冲击的严峻形势下，越来越多的国内从业者们已清醒地认识到，完全依赖国外鸡种、设备和常规饲养方法已难以适应国内外肉鸡消费市场的需要。

与上述现代肉鸡食品风味不再且安全性问题日益突出的情况造成鲜明对比的是，目前国内主要依靠农民零星养殖的地方良种鸡——土鸡在市场上极为畅销，供不应求，售价是一般肉鸡的2～3倍，每只盈利可达3～5元。因而土鸡饲养正成为广大农村尤其是贫困山区农民养殖致富的热门项目，成为当前农村新的极具活力的经济增长点。究其原因，不仅在于其饲养成本低，而且肉质鲜美，无污染，是名副其实的“绿色”放心的鸡肉产品，显示出广阔的市场前景和诱人的经济效益，展现了我国肉鸡生产的重要趋势和方向。

20世纪90年代中期以来，优质土鸡养殖开始稳步发展，生产规模不断扩大，技术水平进一步提高，目前我国南方数省(区)是优质土鸡的主产区。2000年，我国最大的肉鸡饲养大省广东省饲养肉鸡10亿多只，其中4亿多是优质土鸡，年出口港、澳地区7 000多万只。其中深圳市是广东省优质土鸡生产发展最快的地区之一，国有、集体和个体总计400个养鸡场，销售优质土鸡3 800万只，产值6.4亿元。广西的优质土鸡生产仅次于广东，目前年出栏量达8 000多万只。广西东南地区的容县、博白、玉林、平南、桂平、北流、岑溪等县(市)，建立优质土鸡生产繁殖基地，年存栏量3 400万只，出栏量4 300万只，每年销往广东、海南等地2 000多万只。南宁市养鸡厂饲养优质种用土鸡——良凤花鸡6万套，年产鸡苗800万只，是广西发展优质土鸡生产的重要基地。海南省1990年生产优质土鸡(文昌鸡)288万只，1999年为1 600万只，为1990年的5.6倍。浙江省近年来充分利用其优越的地域环境和资源优势，大力发展优质土鸡的产业化生产。2001年全省生产以仙居鸡为主体的优质土鸡 5 000 多万只，其中，仅仙居一县就有年饲养仙居鸡种鸡 5 万套以上的种禽场三家，年供优质土鸡苗 1 900 多万只。作为江苏、上海和福建的优质土鸡也有一定的产量。

我国台湾省的肉鸡包括白羽鸡、土鸡和仿土鸡（含地方土鸡血液的配套系）3 种类型。白羽鸡的饲养量在逐年减少，而土鸡和仿土鸡则逐年增加。20 世纪 80 年代初，仿土鸡曾占据了 80%以上的肉鸡市场，后来逐渐被优质土鸡所取代。1998 年土鸡上市 6 500 万只。我国香港地区目前优质土鸡年需要量为 3 500 万只，日上市量约 9.6 万只，消费不足的部分由广东生产的优质肉鸡就近出口填补。

近年来我国优质土鸡生产中存在的问题主要有：土鸡品种杂乱，饲养零星分散，管理粗放，市场开拓意识淡薄，技术严重缺乏，离产业化要求甚远。全国范围内大型优质土鸡生产龙头企业和知名品牌尚少，从而制约着这一新型特色养殖业的持续健康发展，影响着菜篮子工程建设和当前农村经济发展及农民收入的提高。

目前，优质土鸡主要是在南方数省（区）生产和销售。随着人们生活水平的提高，全国范围内优质土鸡的需求量将进一步增大。可以预测，今后优质土鸡的生产和销售市场将有向北方大力扩展的趋势。

第三节　优质土鸡市场需求分析

我国肉鸡业 20 世纪 90 年代初期得到迅猛发展，90 年代后期，特别是 1997 年以来，以出口为主的肉用仔鸡的生产出现低潮。在国内，随着人们生活水平的提高和畜禽产品的丰富，人们不仅要求肉产品营养丰富，而且有较好的感官性状和口味，更重要的是要求产品安全无污染。当前国内以快速型白羽肉用仔鸡为主体的肉鸡生产已急剧萎缩。饲养量一度较大的三黄鸡，也因其采用全程饲料喂养，而且大量使用抗生素，在肉质和安全性方面满足不了消费者的要求，在消费者心目中已渐渐失去吸引力。相反，一些地方鸡种则由于其肉质好、无污染，在市场上非常走俏。但我国目前土鸡主要靠农民零星饲养，还基本处于自给自足状态，大、中城市中优质土鸡供不应求，价格持续上涨。据2001年初步统计，仅上海市区各大宾馆、饭店及菜市场每月优质土鸡的需求量就达180万只，占肉鸡市场份额的20%，年销量可达2 160万只左右，而且仍呈上升趋势。在加入WTO后，充分利用这一体现我国特色的绿色鸡肉食品来开拓国内外市场，其前景将十分诱人。

综上可见，我国有发展优质土鸡生产的基础和有利条件，有十分可观的国际国内市场，随着我国经济的迅速发展和人们生活水平的不断提高，我国的优质土鸡及其配套系生产将成为现代肉鸡业的主体，发展前景广阔。

第四节　加入WTO与中国优质土鸡的发展

我国正式成为世贸组织的一员后，肉禽业将面临着欧、美等养禽业发达国家的冲击。这些国家因养禽数量大、生产成本低及技术先进，同时具有优良的肉鸡深加工设备，在市场中具有很强的竞争力，对我国的养禽业将产生举足轻重的影响。但是，与我国地方品种鸡相比，外来品种的鸡肉有其致命的缺点，即鸡肉色泽差且鲜味和风味严重不足。由此可见，开拓和发展我国的优质土鸡饲养，树立有中国特色并具有国际影响的知名企业和品牌，就能有力地提高我国肉鸡产品在国际市场中的竞争力，促进我国肉鸡业的健康发展。

当前，我国是禽肉生产仅次于美国的第二生产大国。2000年我国禽肉总产量约1 200万吨，但出口仅40万吨，占总产量的3.3%，如加上近10万吨的禽肉加工制品，也只有4.2%。相比之下，我国每年有明暗的进口高达100万吨，成为世界第二进口国。同年，美国的禽肉产量为1 500万吨，净出口250万吨，占总产量的16%。分析我国禽肉不能大量出口的原因：①防疫工作薄弱，有些疾病难以预防和根除，时伏时起，造成欧盟把我国的禽肉拒之门外；②禽肉中有害物质及添加剂有时超标，以及饲养过程中规定该停药时不停等，污染了肉品质量；③在屠宰、加工环节，国家还未出台新的与国际接轨的肉品卫生检验规程及相关技术标准；④出口禽肉无序竞争严重。如在当前禽肉出口中，中国食品土畜产进出口商会曾多次协调对日本出口冻鸡的价格，但有些企业不遵守自己参与制定的行业自律价，竞相压价，搞“窝里斗”，外商则是渔翁得利。当压价压至成本线以下时，必然采取的手段是降低质量，最后却砸了我国禽肉出口的牌子。与此同时，国外一些肉鸡发达国家，非常看重中国市场。依靠其价格、产品安全等方面的优势，势必对我国的肉鸡消费市场带来冲击。如在2000年中、美双方就中国加入WTO问题进行的谈判中，美国坚持要我国到2004年把鸡肉进口关税压低到10%，是肉类关税中的最低档，并接受美国的质量检验证书，这就清楚地说明了美国的战略意图。

自20世纪90年代以来，我国已成为肉鸡进口国。到2000年，中国肉鸡净进口量已达到60万吨。加入WTO后，估计中国在相对长的时间内仍然保持肉鸡净进口的状态，但在进出口结构方面会有一些变化。

一、肉鸡的进口

根据签署的《中美农业合作协议》，中国家禽肉的进口关税将从20%降至10%，预计中国直接进口量将会增加，可能超过100万吨(1999年中国冷冻肉鸡进口量为75.83万吨)，间接进口量将会下降。1999年以前由于20%的关税，许多肉鸡产品通过香港进入中国市场，每年的进口量都在10万吨以上，进口主要来源于澳大利亚、比利时和阿根廷。关税的降低和政府打击走私力度的增强，间接进口将会呈现萎缩趋势。同时，随着中国进口禽肉市场的放开，预计美国(1999年中国禽肉进口量的62%来自美国)肉鸡(尤其是鸡腿)将以低廉的价格进入中国市场。美国肉鸡生产成本仅为中国的72%，而且加工工艺先进。并且因西方人喜食胸脯肉，所以美国的鸡腿消费市场很小，鸡腿大量囤积，价格非常低，甚至达不到正常鸡肉的1/3。美国可能以此来冲击中国市场，挤垮国内民族养鸡业，占领鸡肉市场。对此，中国养鸡业不可掉以轻心。

二、肉鸡的出口

日本仍是中国冷冻肉鸡出口量大、最成熟的市场，1998年出口量达到21.83万吨。同时，由于泰国采取低价竞争的策略，将成为中国在日本市场上强有力的竞争对手。目前，泰国出口到日本的肉鸡约占其出口量的50%。中国对香港的活鸡出口总量预计将有所下降，其中优质土鸡的比重将明显加大。中国对中东和南非的出口仍以初级产品、以整只白条鸡为主。因巴西出口扩张计划的推行，预计中国在该地区出口单价上的优势会进一步减弱，出口可能会受到影响。

欧盟原为中国鸡胸脯肉较大的市场，但自1996年8月以来，由于中国的肉鸡产品无法达到欧盟标准而受到禁止。然而，根据国际家禽协会公布的数据资料显示，欧盟国家对禽肉的需求在不断增加。同时，因环境保护问题，其自身畜禽业发展面临很多困难，这就意味着必然要求发展中国家填补市场空白(欧盟禁止美国的肉鸡进口)。中国如果在禽病检疫上加大力度，使其产品达到欧盟的标准，今后在欧盟市场上的前景是光明的。韩国有可能成为中国肉鸡出口的又一个目标市场。据报道，随着经济的复苏，韩国禽肉进口量增加，1999年1—11月份，共进口41万吨，比1998年增长了4倍多。中国有邻近的地理优势和由文化渊源导致的消费习惯类似性，因而韩国禽肉市场的发展为中国扩大禽肉特别是优质土鸡出口提供了有利的机会。

综合以上分析，加入WTO后，大力开发利用我国丰富的土鸡品种资源，根据我国各地的自然和生态条件，进行优质土鸡的生产，走产业化发展道路，降低成本，提高质量，创造出具有我国鲜明民族特色的品牌，我们就能在国内外肉鸡的激烈市场竞争中站稳脚根，使肉鸡业朝着优质、安全、高效的方向健康发展。

第五节 优质土鸡产业化生产与经营

优质土鸡产业化生产完全打破小农经济的生产方式，从而实现土鸡生产规模化、集约化，经营管理专业化、现代化，品种标准化，饲料、饲养科学化，加工机械化、自动化，产品销售市场化。优质土鸡产品质量好，劳动效率高，经济效益佳，是当今最具产业化发展前景的养殖项目之一。

优质土鸡生产搞得成功的地方都需进行适度规模的产

业化生产，即建立良种繁育体系、饲料加工体系、家禽保健体系、设备加工维修体系、产品加工体系和生态环境保护体系，在一个地区形成优质土鸡产业链系统工程，把一家一户的商品土鸡饲养纳入系统工程的一部分，使专业户养鸡有了商品雏鸡、饲料、防疫、设备、销路，也等于有了一条畅通无阻的致富门路。否则，孤立地进行优质土鸡生产，不仅效益低，而且往往不易取得成功。

一、积极探索优质土鸡生产的组织形式，促进经营模式的转变

目前我国优质土鸡生产的组织形式主要有3种。

1. *产业化生产*　即集团式生产，集种鸡饲养、商品鸡饲养、饲料加工、屠宰加工、销售等生产环节为一体，各生产环节受集团的统一控制和平衡，由于饲养规模庞大，饲养管理和经营管理水平高，并具有雄厚的经济实力，所以对市场波动的承受能力很强。

2. *半工业化生产*　表现形式是一个企业为龙头，这个企业可是种禽场或是屠宰厂或孵化厂，带动周围的具有一定饲养规模的农户进行生产。各生产环节各自独立，在生产过程中结合在一起，其紧密程度较低，受市场的影响较大。这种生产组织形式在国内最为普遍。

3. *分散饲养*　贫困地区以这种生产形式为主，生产条件低下，技术落后，效益不高，由于其商品率较低，对市场的波动不敏感，仍处于小农经济生产状态。

当前，我国优质土鸡的生产多采用上述第二种组织形式，也称公司加农户的组织形式。这种形式虽然有技术、信息及规模上的优势，但在实际运作过程中企业可能面临负担过重，资金周转困难，有些土鸡回收不上来，逐渐把企业

拖垮。因此，建立一套更科学更合理的经营模式是养鸡业未来发展的前提条件。公司加农户的发展模式，其主要缺点是资金周转和回收困难，如果在这方面进行改革就不失为一套土鸡业发展的好路子。对此，可选择采取以下措施：

(1)引导养鸡户自己出钱买雏鸡、饲料和药品，公司负责良种雏鸡的供应、肉鸡的收购、加工和销售以及技术服务，这样既可减轻企业的负担，又可增强养殖户的责任心。

(2)企业负担所有的雏鸡、饲料和药品费，但养殖户必须交纳每只鸡 5 元左右的押金后方可得到企业的这种优惠待遇。

(3)企业吸收养殖户为小股东，对这类农户可以免费提供雏鸡、饲料和药品。通过以上改革，企业可以扩大资金来源，减轻负担，同时又可有效地避免拖账和坏死账，使企业能迅速地得到发展。

二、确立科学的饲养模式

我国广大农村零星分散的土鸡散养模式固然有其肉质好、销售价格高、不需要专门的饲养管理人员和专门的资金等优点，但死亡率高，生长发育缓慢，饲养周期过长(一般需一年时间)，生产周转慢，产品无规格，不能发展成为商品化规模饲养，不足以成为农村致富的支柱产业。而优质土鸡产业化生产，则既要考虑到土鸡本身的特性和肉质要求，更要以市场为导向，着重考虑优质土鸡的商品化、标准化、规模化等生产要求。为此，必须制定优质土鸡科学的饲养模式。实践证明，采取土鸡育雏期先进行圈养，投喂全价饲料，到生长和肥育阶段，进行放养，让其自由采食，由饲料为主食向昆虫和杂草为主食过渡，且在配合饲料的投放方面，采取清晨少喂、中午不喂、晚间多喂的饲喂制度，以充分发挥土鸡的觅食能力，节省饲料，这样既可提高成活率，降低生产成本，又可显著改善土鸡肉质，实现规模化商品生产的要求。

三、加强企业之间的联系与合作

对国内外禽肉生产和贸易上出现的新动向和新变化，共同研究，提出对策，为此可建立全国优质土鸡协会。

四、开拓新的国际市场

这要求我国产品在价格、质量和卫生标准上有很强的竞争力。重点开发南亚、北非、中东和欧洲的禽肉出口市场。

五、依靠科技，改善优质土鸡产品品质

随着人们生活水平的提高和畜、禽产品的丰富，消费者对肉的品质和安全性提出了更高的要求，改善畜、禽肉品质已成为动物营养研究的又一热点。畜、禽肉品质一般包括感官特征、营养质量和卫生质量，具体地说主要包括肉产品颜色、风味、鲜味、嫩度、保健性和安全性。通过大量的科学试验和大面积的推广应用证明，应用预混料和全价饲料配方技术，完全可以在充分发挥畜、禽高产性能的前提下，进一步改善肉产品的色、香、味，使畜、禽朝着优质高效的方向更健康的发展。

六、加强科研与科技成果的推广应用

针对目前土鸡生产现状，可以在生产中进行以下应用性研究：

1. *土鸡品种的筛选*　从多个土鸡品种中选择生长快、肉质好、外观美、抗病力强、寻食能力强、成年鸡体重适宜的

地方品种。

2. 最佳放养时间的研究　放养时土鸡必须体格强健，能自行外出采食，有一定的抵制敌害的能力，放养后要求成活率高。

3. 最佳上市时间的研究　上市时土鸡能达到合适的体重(1.3～1.5千克)，而且要求肉质鲜美，经济效益好。

4. 土鸡前期饲养的研究　要求土鸡成活率高、生长快、饲料转化率好，并能充分利用当地的饲料资源。

5. 土鸡后期补饲饲养的研究　提高鸡肉中鲜味物质(肌苷酸、肌酸酐)含量及减少异味物质含量，并显著改善土鸡的外观商品性，研究出补饲料的最佳营养组成。

6. 整合技术研究　根据以上研究结果，整合出优质土鸡产业化生产综合配套技术。

第二章　优质土鸡品种

我国养鸡历史悠久，人们在长期饲养中有意无意地选留、繁殖和在不同地区、不同生态与社会经济条件的影响下，全国范围内已形成了许多具有一定特点和生产性能的优良地方品种。品种资源非常丰富，是世界上一座极为庞大宝贵的鸡的基因库。这些为我国优质土鸡的生产奠定了坚实的基础。

第一节　我国优质土鸡品种的分布

鸡品种的形成与分布，与自然生态和社会经济条件有着密切的关系。由于我国幅员辽阔，各地自然条件、社会经济和文化的发展程度不同，人们对鸡的选择和利用目的也不同，从而形成了外貌特征、遗传特性、生产性能各异的众多优质土鸡品种，分布于全国各地，即：

青藏高原区	藏鸡
蒙新高原区	边鸡、中国斗鸡（吐鲁番鸡）
黄土高原区	静原鸡、边鸡、略阳鸡、正阳三黄鸡
西南山地区	彭县黄鸡、峨眉黑鸡、武定鸡、中国斗鸡（版纳斗鸡）
东北区	林甸鸡、大骨鸡
黄淮海区	北京油鸡、寿光鸡、济宁鸡
东南区	浦东鸡、仙居鸡、萧山鸡、白耳黄鸡、丝毛乌骨鸡（江西的泰和鸡、福建的白绒

鸡、广东的竹丝鸡)、江山白羽乌骨鸡、崇仁麻鸡、河田鸡、惠阳胡须鸡、杏花鸡、清远麻鸡、霞烟鸡、桃源鸡、固始鸡、溧阳鸡、鹿苑鸡、狼山鸡、中国斗鸡(中原斗鸡、漳州斗鸡)

第二节　优质土鸡品种类型

我国的优质土鸡品种类型大致可分为 3 种,以下详述之:

一、生产性能、体型外貌比较一致的鸡种

这类鸡种多在习惯养一色鸡的地方或交通不便的地区自繁自养,才使鸡种保持一定的特征特性,前者如江苏东岔河马塘一带有养黑色大鸡的风俗习惯,形成黑狼山鸡产区,后者如福建龙岩地区的河田鸡。

这些鸡种多数已建立了种禽场进行选育或保种工作,如北京油鸡、大骨鸡(庄河鸡)、狼山鸡、鹿苑鸡、溧阳鸡、寿光鸡、泰和丝毛乌骨鸡、惠阳胡须鸡、固始鸡等。

二、生产性能、体型外貌差异较大的鸡种

这类鸡种可说是我国优质土鸡品种的大多数。如浙江的仙居鸡,就体态结构或神经类型来看,它都属蛋用鸡类型,但其毛色差异极大,近年来又向肉蛋兼用方向选育。江苏省家禽科学研究所曾于 1976 年在产地选购 200 多羽黄色、麻黄色羽毛的公母鸡进行表型同质选配,但其后裔却有 5%的白羽或白花颈圈的鸡只,经过三代采用严格的近亲黄羽鸡种选配,才淘汰了白羽基因。事实上,当地确有黄羽、白羽、花羽鸡,甚至有黄羽乌骨鸡存在。

我国许多优质土鸡品种多以体大闻名,而实际上产区

体大者居少数。大、中、小混杂，如不能区分，鸡种纯化工作也难以进行。对这类鸡种，尚需做大量的纯化选育工作。

三、原始类型的鸡种

这类地方鸡种极少，主要有云南的茶花鸡、藏鸡。这些鸡走动迅速，善飞跃，尾长，胸肌丰满。藏鸡夜间喜栖于屋梁上，产蛋量极少，耐高原地区生活条件。按经济用途分，我国地方鸡种大多属兼用型。有的主要用于肉用，为肉用型，偏于蛋用的，为蛋用型，个别属观赏或药用品种。本书所言的优质土鸡，主要指作为肉用的优良地方品种鸡。

第三节　优质土鸡品种选择要点

随着养鸡业的不断发展及科学技术在养鸡业的运用，人们完全可以创造条件，适应鸡产肉、产蛋的生理要求而不受外界环境的影响，从这个意义上讲，鸡的品种选择对提高养鸡生产性能和经济效益显得极为重要。选择优质土鸡品种时，应注意以下要 4 个方面。

一、选择质量好、信誉度高的种鸡场购雏鸡

土鸡饲养效益的好坏与所养鸡的品种有密切关系。如果鸡的品种不纯正，整齐度就差(即鸡只大小不均匀)，很难取得高产。所以，从信誉度高、质量好、无传染病的正规场家选择适合当地自然条件的、品种纯正、优质、健康、生长快、产肉或产蛋率高的鸡苗，是养好优质土鸡的基础。

二、选择适销对路的品种饲养

首先要根据当地的需求情况，如对土鸡羽毛色泽、肤

色、体重大小、肉质等的喜爱倾向及在市场上的价格差别，选择销路广、产品价格高的品种进行饲养。一旦选养了某一优良品种，只要市场需求不变，就不要频繁更换，这是养鸡能否具有销路和效益的重要前提。

三、了解种鸡场销售的鸡苗在当地饲养情况的反映

由于各鸡场种鸡饲养管理和孵化技术及疫病防治措施不同，可导致不同种鸡场孵出鸡苗的生产性能存在显著的条件性差异。如有些种鸡场生产的雏鸡明显存在成活率低、发病率高、免疫效果差等现象。所以，养鸡者要坚决克服不讲质量抢购廉价雏鸡苗的倾向。在引雏前一定要了解种鸡场以往的声誉，特别是雏鸡成活率和雌雄鉴别准确率、生产水平以及经种蛋可垂直感染的几种疾病控制情况，不能图价格低而从疫区购雏。

四、在选择品种时，目的要明确，不可盲目引种

在一个鸡场不宜同时饲养多个优质土鸡品种，一般只能饲养 1 或 2 个品种，最好只养同一种鸡场引进的同一个品种。

第四节　优质土鸡品种介绍

我国幅员辽阔，地形多样，几千年来经劳动人民长期选择和培育，形成了许多各具特色的鸡的优良地方品种，即优质土鸡。据全国品种资源调查确定，我国鸡的地方品种有 64 个。世界上不少著名的鸡种都有我国鸡的血统。因此，我国优质土鸡品种对世界著名鸡种的育成有着很大的影响。近年来，优质土鸡在我国肉鸡业的发展中逐渐占据主导地

位，尤其是具有某些特异性状的优质土鸡品种如青脚鸡、麻羽鸡、丝毛鸡等，在大大小小的城市销售红火。现将当今我国各地主要的优质土鸡品种作简要介绍。

一、仙　居　鸡

（一）产地与分布

仙居鸡又称梅林鸡，原为浙江省优良的小型蛋用地方鸡种，自 20 世纪 90 年代中期以来，向肉蛋兼用及肉用方向进行选育。主要产区在浙江省仙居县及邻近的临海、天台、黄岩等县，分布于浙江省东南部。生产的雏鸡除供浙江省外，还销至广东、江苏、上海等 10 多个省、市、自治区，是目前江、浙、沪一带饲养较为普遍的优质土鸡品种。仙居鸡原种场、仙居县家禽研究所、浙江大学种禽场可常年向外提供种源。

（二）体型外貌

仙居鸡体型较小，骨骼致密，肉质好，肉味鲜美可口，早熟、产蛋多，耗料少，觅食力强，就巢性弱。体型结构紧凑，体态匀称，有黄、花、黑、白 4 种毛色，黄羽鸡占多数，其次为花羽鸡，黑羽鸡、白羽鸡较少，目前育种场主要集中在黄羽鸡种的选育上。羽毛紧密贴身，尾羽高翘，背部平直。成年公鸡鸡冠直立，以黄羽为主，主翼羽红夹黑色，镰羽和尾羽均黑；成年母鸡冠矮，羽颜色较杂，以黄羽居多，尚有少数白、黑羽。公鸡成年体重 1.25～1.50 千克，母鸡为 1.00～1.25 千克。

（三）生长与产肉性能

仙居鸡体型小，早期增重慢，180 日龄时，半净膛屠宰率公鸡为 85.3%，母鸡为 85.7%；全净膛屠宰率公鸡为 75.2%，母鸡为 75.7%。经选育后的仙居鸡，目前在放牧饲养条件下，公鸡90日龄体重可达1.5千克，母鸡120日龄可达1.3千克，平均料肉比为3.2∶1，饲养成活率在98%以上，商品鸡合格率在96%以上。

（四）产蛋与繁殖性能

一般150～180日龄开产，年产蛋量180～200枚，最高可达270～300枚，蛋重平均为42克，蛋壳褐色。繁殖力强，在公母配比1∶12～15的情况下，受精率为93.5%，入孵蛋孵化率为83.2%。

二、白耳黄鸡

（一）产地与分布

白耳黄鸡又称白银耳鸡、上饶白耳鸡、江山白耳鸡，以其全身羽毛黄色，耳叶白色而得名，是我国稀有的白耳鸡种。主要产区在江西省的广丰、上饶、玉山和浙江省江山县，近年来江西景德镇种鸡场对白耳黄鸡进行了选育，常年向全国各地提供种鸡。

（二）体型外貌

白耳黄鸡体型矮小，体重较轻，羽毛紧密，但后躯宽大。产区群众以“三黄一白”为选择外貌的标准，即黄羽、黄喙、黄脚呈“三黄”，白耳呈“一白”。耳叶要求大，呈银白色，似白桃花瓣。

成年公鸡体呈船形。单冠直立，冠齿一般为4～6个。肉垂软、薄而长，冠和肉垂均呈鲜红色，虹彩金黄色。头部羽毛短、呈橘红色，梳羽深红色，其他羽毛呈浅黄色。

母鸡体呈三角形，结构紧凑。单冠直立，冠短，肉垂较短，与冠同呈红色。耳叶白色。眼大有神，虹彩橘红色。喙黄色，有时喙端褐色。全身羽毛呈黄色。公母鸡的皮肤和胫部均呈黄色，无胫羽。白耳黄鸡成年公鸡平均体重1 510.6

克，母鸡 1 296.8 克。

(三)生长与产肉性能

白耳黄鸡原为蛋用型鸡种，体型小，60 日龄平均体重公鸡为 435.78 克，母鸡为 411.5 克。150 日龄公鸡体重 1 265 克，母鸡 1 020 克。成年鸡半净膛屠宰率公鸡为 83.33%，母鸡为 85.25%；全净膛屠宰率公鸡为 76.67%，母鸡为 69.67%。

(四)产蛋与繁殖性能

平均开产日龄为 130.5 日龄，开产体重 850 克，开产蛋重 28 克，年产蛋量 190 枚，平均蛋重 42 克，蛋壳褐色。在公母配种比例为 1∶12～15 的情况下，种禽场的种蛋受精率为 92.12%，受精蛋孵化率为 94.29%，入孵蛋孵化率为 80.34%。

三、萧　山　鸡

(一)产地与分布

萧山鸡又名“越鸡”。素以体大、肉质优良著称，特点是早期生长较快，早熟，易肥，屠宰率高。原产地是浙江省萧山市，以瓜沥、义蓬、坎山、靖江、城北等乡所产的鸡种为最佳，分布于杭嘉湖及绍兴地区。当地群众称萧山鸡为“沙地大种鸡”，现有饲养量约 100 万只。

(二)体型外貌

萧山鸡体型较大，外形近似方而浑圆。

公鸡体格健壮，羽毛紧密，头昂尾翘。单冠红色、直立、中等大小。肉垂、耳叶红色。眼球略小，虹彩橙黄色。喙稍弯曲，端部红黄色，基部褐色。全身羽毛有红、黄两种，二者颈、翼、背部等羽色较深，尾羽多呈黑色。

母鸡体态匀称，骨骼较细。全身羽毛基本黄色，但麻色也不少。颈、翼、尾部间有少量黑色羽毛。单冠红色，冠齿大小不一。肉垂、耳叶红色。眼球蓝褐色，虹彩橙黄色。喙、胫黄色。成年公鸡平均体重2.75千克，母鸡1.95千克。

（三）生长与产肉性能

萧山鸡早期生长速度较快，特别是2月龄阉割后的阉鸡更快。据杭州市农业科研所测定，90日龄体重公鸡为1 247.9克，母鸡为793.8克；120日龄体重公鸡为1 604.6克，母鸡921.5克；150日龄体重公鸡为1 785.8克，母鸡为1 206.0克。150日龄半净膛屠宰率公鸡为84.7%，母鸡为85.6%；全净膛屠宰率公鸡为76.5%，母鸡为66%。屠体皮肤黄色，皮下脂肪较多，肉质好而味美。

（四）产蛋与繁殖性能

据萧山鸡原产地的调查，由于饲养管理条件不同，萧山鸡产蛋性能差异较大，农村饲养的水平，一般年产蛋110～130枚，蛋重53克左右。母鸡平均开产日龄为164天，公母配种比例通常为1∶12，种蛋受精率为90.95%，受精蛋孵化率为89.53%。母鸡就巢性强。

四、鹿　苑　鸡

（一）产地与分布

鹿苑鸡产于江苏省张家港市鹿苑镇。以鹿苑、塘桥、妙桥和乘航等乡为中心产区，属肉用型品种。当地是鱼米之乡，主产区饲养量达15万余只。鹿苑鸡远在清代已作“贡品”供皇室享用，并作为常熟四大特产之一。常熟等地制作的“叫化鸡”以它做原料，保持了香酥、鲜嫩等特点。

（二）体型外貌

鹿苑鸡体型高大，身躯结实，胸部较深，背部平直。全身羽毛黄色，紧贴身体。主翼羽、尾羽和颈羽有黑色斑纹。公鸡羽毛色彩较浓，梳羽、蓑羽和小镰羽呈金黄色，大镰羽呈黑色并富光泽。胫、趾为黄色。成年公鸡体重3.1千克，母鸡2.4千克。

（三）生长与产肉性能

1980年观测90日龄公母鸡活重分别为1 475.2克，1 201.7克。半净膛屠宰率3月龄公母鸡分别为84.94%，82.6%。1990年上海市农业科学院畜牧兽医研究所经选育后，70日龄活重鹿苑1系和2系公母鸡平均体重分别为1 203.6克，1 213.4克。屠体美观，皮肤黄色，皮下脂肪丰富，肉味浓郁。

（四）产蛋与繁殖性能

母鸡开产日龄180天，开产体重2 000克，年产蛋平均144.72枚，蛋重55克。公母鸡性别比例为1∶15，种蛋受精率94.3%，受精蛋孵化率87.23%，经选育后受精率略有下降。30日龄育雏成活率97%以上。

五、浦　东　鸡

（一）产地与分布

浦东鸡体大，外貌多为黄羽、黄喙、黄脚，故群众又称它为“九斤黄”。产于上海市南汇、奉贤、川沙（今浦东新区）等一带，以南汇县的泥城、彭镇、书院、万象、老港等乡饲养的鸡种为最佳，分布甚广。由于产地在黄浦江以东的广大地区，故名浦东鸡。

19世纪中叶（1847年），曾有一种被称为“上海鸡”从上海运往美国，选育后被定名为“九斤鸡”载入标准品种志，其血缘可能与浦东鸡有关。

新中国成立后，建立了浦东鸡良种场，进行了提纯选育工作。上海市农业科学院畜牧兽医研究所自1971年起，用了10年多的时间，以浦东鸡为基础，培育成肉用型新品种——新浦东鸡。

（二）体型外貌

浦东鸡属肉用型，体躯硕大宽阔，近似方形，骨粗脚高。公鸡羽毛颜色分3种：黄胸黄背、红胸红背和黑胸黑背。主翼羽及副翼羽部分呈黑色，腹翼羽金黄色或带黑色。母鸡全身黄羽，有深浅之分，主翼羽及副翼羽黄色，腹羽杂有褐色斑点。公鸡单冠直立，母鸡冠小。冠、肉垂、耳叶和睑均呈红色，胫黄色，多数无胫羽。肉垂薄而小，喙短而稍弯。成年公鸡体重3.6～4.0千克，母鸡2.8～3.0千克。

（三）生长与产肉性能

浦东鸡早期生长速度不快，2月龄后生长速度加快。早期长羽较缓慢，特别是公鸡，通常需经3～4月龄全身羽毛才长齐。90日龄公鸡体重1 600克，母鸡1 250克；180日龄公鸡体重3 346克，母鸡2 213克。公鸡阉割后饲养10个月，体重可达5～7千克。公鸡半净膛率、全净膛率分别为85.11%、80.06%；母鸡分别为84.76%、77.32%。屠体皮肤黄色，皮下脂肪较多，肉质优良。

（四）产蛋与繁殖性能

平均开产日龄为208天，年平均产蛋量为100～130枚，最高者达216枚，平均蛋重57.9克，蛋壳浅褐色。公母鸡性别比例为1∶10，种蛋受精率为93.2%，受精蛋的孵化率为82.7%。

六、丝羽乌骨鸡

（一）产地与分布

丝羽乌骨鸡以其体躯披有白色的丝状羽、皮肤、肌肉及骨膜皆为乌（黑）色而得名。原产我国，主要产区以江西省泰和县和福建省泉州市、厦门市和闽南沿海等县较为集中。它在国际上被承认为标准品种，称丝羽鸡(英名 silkies)，日本称乌骨鸡。在国内则随不同产区而冠以别名，如江西称泰和鸡、武山鸡，福建称白绒鸡，两广称竹丝鸡等。丝羽乌骨鸡由于体型外貌独特，早在 1915 年曾送往巴拿马万国博物展览会展出，从此誉满全球，世界各地动物园多用做观赏型鸡种。

(二)体型外貌

丝羽乌骨鸡在国际标准品种中列入观赏鸡。头小，颈短，脚矮，体小轻盈，具有“十全”特征，即桑葚冠，缨头(凤头)、绿耳(蓝耳)、胡须、丝羽、五爪、毛脚(胫羽，白羽)、乌皮、乌肉、乌骨。除了白羽丝羽乌骨鸡外，江苏省家禽研究所等单位还培育出了黑羽丝羽乌骨鸡。据福建 1980 年的资料，丝羽乌骨鸡成年公母鸡平均体重分别为 1 810 克，1 660 克。

(三)生长与产肉性能

150 日龄在福建公母鸡平均体重分别为 1 460 克，1 370克；江西分别为 913.8 克，851.4 克。半净膛屠宰率江西公鸡为 88.35%，母鸡为 84.18%，显著高于一般肉鸡，且肉质细嫩，肉味醇香。

(四)产蛋与繁殖性能

福建、江西两地开产日龄分别为 205 天，170 天；年产蛋量分别为 120～150 枚，75～86 枚；平均蛋重分别为46.85 克，37.56 克；受精率分别为 87%，89%；受精蛋孵化率分别为 84.53%，75%～86%。公母配比一般为 1∶15～17。

七、江山白羽乌骨鸡

(一)产地与分布

江山白羽乌骨鸡又称白毛乌骨鸡，是浙江省江山县的特产，全县各地均有饲养，集中产区在坛石、城关、清湖等乡。当地群众历来就有食用白羽乌骨鸡治疗妇女病和劳累虚损，以及用做病后滋补品的传统习惯，以解除病痛和恢复体力。该种鸡作为药用至少已有400多年的历史。2000年全县饲养量达200多万羽，苗鸡销往浙江全省及周边省市。

（二）体型外貌

江山白羽乌骨鸡是一个体质结实的中型蛋肉兼用品种，体态清秀灵巧，呈元宝形。全身披覆隐性洁白色羽毛，与丝状的丝毛乌骨鸡有区别。按羽毛着生方式的不同，可分平羽和反羽两个类型。喙、脚趾、皮肤、骨肉具乌黑，耳垂雀绿色，冠和肉髯呈绛色，单冠。羽毛平整贴身，头部瘦长，喙质坚实，眼圆大突出，眼神锐利，虹彩褐色。成年公鸡体重1.8～2.2千克，母鸡1.4～1.8千克。

（三）生长与产肉性能

江山白羽乌骨鸡早期的生长速度较慢，据1984年测定，60日龄体重为473.57克，90日龄为743.24克，分别为初生重（37.54克）的12.62倍和19.77倍。成年鸡全净膛率公鸡为75.66%，母鸡为65.00%；5.5月龄青年鸡全净膛率公鸡为65.18%，母鸡为64.26%。肉质鲜嫩，营养丰富，有滋补功能及药用价值。

（四）产蛋与繁殖性能

江山白羽乌骨鸡开产日龄185天，年均产蛋量150～170枚，平均蛋重53～55克，蛋壳浅褐色。公母鸡性别比例为1∶10，种蛋受精率90.0%左右，受精蛋孵化率约91.28%。

八、惠阳胡须鸡

（一）产地与分布

惠阳胡须鸡，又名三黄胡须鸡、龙岗鸡、龙门鸡、惠州鸡，以颔下有张开的髯羽、状似胡须而得名。原产于广东省惠阳地区，是我国比较突出的优良地方肉用鸡种。它以种群大、分布广、胸肌发达、早熟易肥、肉质特佳而成为我国活鸡出口量大、经济价值较高的传统商品。与杏花鸡、清远麻鸡一起，被誉为广东省三大出口名产鸡之一，在港澳市场久负盛名。尤以其外貌艳丽、早熟易肥、背线平直、胸深、后躯圆润、腿胸肌发达、脂丰肉嫩、皮脆骨酥、味鲜质佳而驰名中外。

惠阳胡须鸡原产东江和西枝江中下游沿岸 9 个县，其中惠阳、博罗、紫金、龙门和惠东 5 个县为主产区，河源、东莞、宝安、增城次之。年饲养量达 1 500 万只，其中以惠阳县产量最高，年出口量达 60 万只。历年来，曾到广东引种的有福建、湖南、江西、江苏、上海、北京等近 10 个省(直辖市)。广东省农业科学院承担该品种鸡的保种和利用工作。

（二）体型外貌

惠阳胡须鸡属中型肉用品种，体质结实，头大颈粗，胸深背宽，胸肌发达。胸角一般在 60°以上。后躯丰满，体躯呈葫芦瓜形。惠阳胡须鸡的标准特征为颔下发达而张开的胡须状髯羽，无肉垂或仅有一些痕迹。

公鸡单冠直立，冠齿为 6 或 7 个。喙粗短而黄，虹彩橙黄色，耳叶红色。梳羽、蓑羽和镰羽金黄色而富有光泽。背部羽毛枣红色，分有主尾羽和无主尾羽两种。主尾羽多呈黄色，但也有些内侧是黑色，腹部羽色比背部稍淡。

母鸡单冠直立，冠齿一般为 6～8 个。喙黄。眼大有神，虹彩橙黄色。耳叶红色。全身羽毛黄色，主翼羽和尾羽有些黑色。尾羽不发达。脚黄色。成年公鸡平均体重 2.23 千克，母鸡 1.60 千克。

（三）生长与产肉性能

惠阳胡须鸡初生雏平均重为 31.6 克；5 周龄公母平均

重为 250 克；12 周龄公鸡平均重为 1 140 克，母鸡平均重为 845 克；15 周龄公鸡平均重为 1 410 克，母鸡平均重为 1 015克。其生长最大强度出现在 8～15 周龄，8 周龄前生长速度较慢。

惠阳胡须鸡肥育性能良好，脂肪沉积能力强。在农家放牧饲养的仔母鸡，开产前体重达 1 000～1 200 克时，再经 12～15 天笼饲肥育，可净增重 350～400 克。此时皮薄骨软、脂丰肉满，即可上市。据测定，其 120 日龄公鸡半净膛屠宰率为 86.6%，全净膛屠宰率为 81.2%；150 日龄公鸡半净膛屠宰率为 87.5%，全净膛屠宰率为 78.7%。

（四）产蛋与繁殖性能

惠阳胡须鸡的产蛋性能明显受到当地环境气温、日粮蛋白质、能量水平、饲养方式、就巢性强及腹脂多的影响。因此，即使在较好的条件下，全年平均产蛋率也仅在 28%左右。在农家以稻谷为主，结合自由放养并以母鸡自然孵化与育雏的饲养方式下，其年平均产蛋只不过 45～55 枚。在改善饲养管理条件下，平均每只母鸡年产蛋可达 108 枚，蛋重 45.8 克，蛋壳浅褐色。平均开产日龄为150 天。一般公母配种比例为 1∶10～12，平均种蛋受精率为 88.6%，受精蛋孵化率为 84.6%。

九、固　始　鸡

（一）产地与分布

固始鸡原产于河南省固始县，主要分布沿淮河流域以南，大别山脉北麓的商城、新县、淮滨等 10 个县市，安徽省霍丘、金寨等县亦有分布。现存有 1 000 余万只。近年来河南省固始种鸡场常年对全国各地提供种鸡。目前固始鸡已开展全面系统保种选育，在此基础上引进中华矮脚鸡进行配套杂交利用，进行产业化生产，固始县“三高集团”已在运作，并取得了良好效果。

(二)体型外貌

该品种个体中等，外观清秀灵活，体型细致紧凑，结构匀称，羽毛丰满。全身羽色分浅黄、少数黑羽和白羽。固始鸡冠型分为单冠与豆冠两种，以单冠者居多，冠直立，冠后缘冠叶分叉，喙短略弯曲，青黄色，胫呈靛青色，四趾，无胫羽，尾羽型分为佛手状尾和直尾两种。成年公鸡平均体重2.47 千克，母鸡 1.78 千克。

(三)生长与产肉性能

固始鸡早期增重速度慢，60 日龄体重公母鸡平均为265.7 克；90 日龄体重公鸡 487.8 克，母鸡 355.1 克；180 日龄体重公鸡为 1 270 克，母鸡 966.7 克。150 日龄半净膛屠宰率公鸡为 81.76%，母鸡为 80.16%；全净膛屠宰率公鸡为 73.92%，母鸡为 70.65%。

(四)产蛋与繁殖性能

平均开产日龄 170 天，年平均产蛋量为 150.5 枚，平均蛋重 50.5 克，蛋壳质量很好。在丝毛乌骨鸡、仙居鸡、萧山鸡、北京油鸡、狼山鸡(N 系)、固始鸡 6 个鸡种中，固始鸡蛋壳最厚。母鸡就巢性能强。繁殖种群公母配比 1∶12～13，平均种蛋受精率 90.4%，受精蛋孵化率 83.9%。

十、桃　源　鸡

(一)产地与分布

原产湖南桃源县三阳巷和深水港一带，属肉用型鸡种。20 世纪 50 年代江苏、四川等 10 多个省引种，60 年代该品种先后在北京和法国巴黎展出。湖南省畜牧研究所在保种选育桃源鸡的基础上利用桃源鸡血缘培育出长沙黄鸡，大大提高了生产性能，并与中华矮脚鸡配套繁殖推广，进行产业化生产。

(二)体型外貌

桃源鸡体型硕大，单冠，青脚，羽色金黄或黄麻，羽毛蓬松，呈长方形。公鸡姿态雄伟，性勇猛好斗，头颈高昂，尾羽上翘；母鸡体稍高，性温顺，活泼好动，后躯浑圆，近似方形。该鸡体重较大，成年公鸡平均体重 3.34 千克，母鸡 2.94 千克。

(三)生长与产肉性能

90 日龄公母鸡平均体重分别为 1 093.45 克，862.00 克。肉质细嫩，肉味鲜美，富含脂肪。半净膛屠宰率公母鸡分别为 84.9%，82.06%。

(四)产蛋与繁殖性能

桃源鸡开产日龄平均为 195 天，年产蛋 100～120 枚，平均蛋重 51 克，蛋壳浅褐色。公母比例一般为 1∶10～12，种蛋受精率 83.83%，受精蛋孵化率 83.81%。

十一、清 远 麻 鸡

(一)产地与分布

清远麻鸡原产于广东省清远县。因母鸡背侧羽毛有细小黑色斑点，故称麻鸡。它以体型小、皮下和肌间脂肪发达、皮薄骨软而著名，素为我国活鸡出口的小型肉用名产鸡之一。

清远县年饲养量都在 600 万只以上。目前清远麻鸡已分布到原产地邻近的花县、四会、佛岗等县及珠江三角洲的部分地区，上海市也曾引种饲养。清远县畜牧水产局组织有关人员进行保种选育，华南农业大学又进一步开展了系统选育，并在广东增城县进行了大规模推广，开始杂交利用，进行产业化生产。

(二)体型外貌

该品种典型特征是“一楔、二细、三麻”,即母鸡似楔形,头、脚细,羽麻。肉用体型。单冠直立,脚黄,羽色麻黄占34.5%,麻棕占43.0%,麻褐占11.2%。成年公母鸡平均体重分别为2 180克,1 750克。

(三)生长与产肉性能

120日龄公鸡体重1 250克,母鸡体重1 000克。在良好的饲养条件下,84日龄公母平均体重为915克。清远麻鸡肥育性能良好,屠宰率高。据测定,未经肥育的仔母鸡半净膛屠宰率平均为85%,全净膛屠宰率平均为75.5%;阉公鸡半净膛屠宰率为83.7%,全净膛屠宰率为76.7%。

(四)产蛋与繁殖性能

母鸡5～7月龄开产,年产蛋70～80枚,蛋重46.6克,蛋壳浅褐色。公母配比1∶13～15,种蛋受精率在90%以上,受精蛋孵化率83.6%,母鸡就巢性很强。

十二、北 京 油 鸡

(一)产地与分布

原产地在北京市安定门和德胜门外的近郊一带,以朝阳区的大屯和洼里两个乡最为集中。据考证,距今至少有250年以上的历史。20世纪70年代中期以后我国进行了北京油鸡的繁殖、培育、生产性能测定和推广等工作。中国农业科学院还培育了矮脚油鸡,克服了油鸡的各种缺陷。现主要分布于北京郊区。产品已销往国内许多省、市,并试销日本、朝鲜等。

(二)体型外貌

该鸡种体型较小,体羽分金黄与褐色两种,尾羽多呈黑色。初生雏全身为淡黄或土黄色绒羽。冠羽、胫羽和髯毛很明显，毛冠、毛腿、毛髯（“三毛”）和黄毛、黄肤、黄腿（“三黄”）是北京油鸡的主要外貌特征。北京油鸡的成年体重公鸡平均为 2.5 千克，母鸡平均为 2.0 千克。

（三）生长与产肉性能

北京油鸡初生重为 38.4 克，4 周龄体重 220 克，6 周龄体重 549.1 克，8 周龄体重 959.7 克，16 周龄体重 1.3 千克，20 周龄时公鸡体重 1.5 千克，母鸡 1.2 千克。具有肌间脂肪分布良好、肉质细嫩、肉味鲜美等特点，是鸡肉中的上品。

（四）产蛋与繁殖性能

母鸡 7 月龄开产，开产体重 1 600 克，保种核心群 57 周龄产蛋 108.7 枚，在农村放养的条件下年产蛋 110 枚，蛋重 56 克，蛋壳深褐色或淡褐色，蛋壳的表面常有一层淡的白色胶护膜（俗称“白霜”），使色泽特别新鲜。公鸡 3 月龄打鸣，6 个月后精液品质正常。母鸡就巢性强，种蛋受精率 93.2%，受精蛋孵化率 82.7%。现保种核心群受精蛋孵化率为 84%～85%。

十三、寿　光　鸡

（一）产地与分布

原产于山东省寿光县稻田乡慈家及伦家一带，因此又名慈伦鸡。属蛋肉兼用型鸡种，以产大蛋而著名。历史悠久，分布很广，不但分布全县，而且邻近的淮县、昌乐、益都、广饶等县也均有分布。

（二）体型外貌

寿光鸡外形高大，单冠，肉垂、耳叶和睑均为红色。眼大灵活，虹彩呈黑色或褐色。喙、胫、趾、爪均为黑色，皮肤呈白色。耐粗饲易肥，肉味鲜美。全身黑羽，并带有金属光泽。寿光鸡分为大、中两种类型。大型者产在慈伦一带，属肉蛋兼用型；中型者分布全县，属蛋肉兼用型。大型公鸡平均体重3.8千克，母鸡3.1千克；中型公鸡平均体重3.6千克，母鸡2.6千克。

（三）生长与产肉性能

雏鸡早期的增重和长羽速度均较慢，特别是大型寿光鸡，是典型的慢羽鸡，常有背羽稀疏和秃尾等现象，约40日龄之后生长速度加快。90日龄体重公鸡1 310.0克，母鸡1 056.6克；120日龄体重公鸡2 187.0克，母鸡1 775.3克。寿光鸡个体大，屠宰率高，成年母鸡沉积脂肪能力较强。5月龄公鸡半净膛屠宰率82.45％，全净膛屠宰率77.13％；成年母鸡半净膛屠宰率85.44％，全净膛屠宰率80.70％。

（四）产蛋与繁殖性能

大型母鸡开产日龄一般为240～270天，最早为150天左右；中型母鸡则较早。大型的开产体重为2 550克，中型为2 000克。大型母鸡平均年产蛋量为117.5枚，中型的年产蛋量为122.5枚，最高可达213枚。大型母鸡的蛋重范围为65～75克，中型的平均蛋重为60克，蛋壳褐色。在繁殖性能上，大型鸡公母配种比例为1∶8～12，中型为1∶10～12。种蛋受精率为90.7％，受精蛋孵化率为80.85％。

十四、河　田　鸡

（一）产地与分布

河田鸡是福建省西南地区优良的肉用型地方品种，以肉质细嫩、肉味鲜美而驰名，是我国出口的主要鸡种之一。主要分布在长汀、上杭两县，其中以长汀县河田镇为中心产区。目前饲养量约200万只。

（二）体型外貌

河田鸡体宽深，近似方形。具有黄羽、黄喙、黄脚“三黄”的特征。公鸡羽色较杂，头、颈羽棕黄色，背、胸、腹羽淡黄色，尾羽黑色，单冠，冠叶两侧有一小棒状突起；母鸡体羽黄色，翼羽和尾羽黑色，冠叶两侧也有小棒状突起。成年公鸡平均体重 2 千克左右，母鸡 1.5 千克左右。

（三）生长与产肉性能

90 日龄公鸡体重 588.6 克，母鸡 488.36 克；120 日龄公母鸡体重分别为 941.7 克，788.4 克；150 日龄公母鸡体重分别为 1 294.8 克，1 093.7 克。屠体丰满，皮薄骨细，肉质细嫩，肉味鲜美，皮下腹部积贮脂肪，但生长缓慢，屠宰率低。据测定，120 日龄时屠宰，半净膛屠宰率公鸡为 85.8%，母鸡为 87.08%；全净膛屠宰率公鸡为 68.64%，母鸡为 70.53%。

（四）产蛋与繁殖性能

母鸡开产日龄 180 天左右，年产量 100 枚左右，蛋重 42.89 克，蛋壳褐色。公、母配比 1∶12～15，种蛋受精率 90%，高者达 97%，入孵蛋孵化率 67.75%，母鸡就巢性强。

十五、大 骨 鸡

（一）产地与分布

大骨鸡又名庄河鸡。因该鸡体躯硕大，腿高粗壮，结实有力，故名大骨鸡。是我国较为理想的兼用型鸡种。主要产于辽宁省庄河县。分布于东沟、凤城、金县、新金、复县等地。目前饲养量达 700 万只以上。曾被推广到吉林、黑龙江、山东、河南、河北、内蒙古、新疆、陕西、广东等地饲养。

（二）体型外貌

大骨鸡体型魁伟，胸深且广，背宽而长，腿高粗壮，腹部丰满，墩实有力，觅食力强，属兼用型鸡种。公鸡羽毛棕红色，尾羽黑色并带金属光泽。母鸡多呈麻黄色。头颈粗壮，眼大明亮，单冠。冠、耳叶、肉垂均呈红色。喙、胫、趾均呈黄色。成年体重公鸡为 2.9 千克，母鸡为 2.3 千克。

（三）生长与产肉性能

大骨鸡 90 日龄平均体重公母分别为 1 039.5 克，881.0克；120 日龄体重分别为 1 478.0 克，1 202.0 克；150 日龄体重分别为 1 771.0 克，1 415.0 克。其产肉性能较好，全净膛屠宰率为 70%～75%。

（四）产蛋与繁殖性能

蛋大是大骨鸡的突出优点，蛋重为 62～64 克，有的蛋重达 70 克以上，年平均产蛋量为 160 枚左右。在较好的饲养条件下，可达 180 枚以上。蛋壳深褐色，壳厚而坚实，破损率低。公母配种比例一般为 1∶8～10，母鸡开产日龄平均为 213 天。种蛋受精率约为 90%，受精蛋孵化率为 80%。

十六、霞　烟　鸡

（一）产地与分布

霞烟鸡原产广西容县，是国内著名的地方良种鸡。当地为土山丘陵地，物产丰富，群众喜爱硕大黄鸡，年饲养量在 20 万只以上。粤、沪、京等省、直辖市曾引入饲养。

（二）体型外貌

霞烟鸡体躯短圆，胸宽深，外形呈方形，属肉用体型。羽色浅黄，单冠，颈部粗短，羽毛紧凑。常分离出 10%左右的裸颈、裸体鸡。成年公鸡平均体重 2 178.0 克，母鸡 1 915.0 克。

（三）生长与产肉性能

90 日龄活重公鸡 922.0 克，母鸡 776.0 克；150 日龄公母活重分别为 1 595.6 克，1 293.0 克。半净膛屠宰率公母鸡分别为 82.4%，87.89%，屠体美观，肉质嫩滑，很受消费者欢迎。

(四)产蛋与繁殖性能

母鸡开产日龄170～180天,年产蛋量80～110枚,蛋重43.6克。种蛋受精率78.46%,受精蛋孵化率80.5%。母鸡就巢性能强。

我国优质土鸡品种繁多,除上述介绍外,其他兼用型、肉用型土鸡品种归纳列入表2-1。

表2-1 我国其他兼用型和肉用型土鸡品种

类型	品种	特性	产地
兼用型	狼山鸡	体格健壮,头昂,尾翘呈元宝形,羽毛有黑、黄和白色,体重3千克左右。母鸡年产蛋160～170枚,蛋重57～60克,壳淡褐色,觅食力强	江苏长江三角洲北部,如东县
	峨眉黑鸡	体型硕大,体态浑圆。全身羽毛黑色,喙黑色,胫、趾黑色,皮肤白色,偶有乌皮个体。肉质细嫩,肉味醇香。成年公鸡体重3.0千克,母鸡2.2千克。年产蛋量为120枚,蛋重53.8克,蛋壳褐色或浅褐色。母鸡就巢性较弱	四川峨眉、乐山、峨边三县
	崇仁麻鸡	单冠麻鸡,体格较大,成年公鸡体重2千克,母鸡1.5～1.8千克,年产蛋150～170枚,蛋重50克。就巢性强	江西崇仁县
	边鸡	体型中等,呈元宝形,羽色以红黑或黄为主,公鸡体重1.8千克,肉质好,母鸡体重1.5千克,年产蛋100枚,蛋重60克,壳深褐色,壳厚,就巢性强,适应性强	内蒙古与山西接壤各县

续表 2 1

类 型	品 种	特 性	产 地
兼用型	彭县黄鸡	体型浑圆,羽黄红、浅黄或麻黄色,公鸡体重 2 千克。母鸡 1.5 千克,年产蛋 140～150 枚,蛋重 53.5 克,壳浅褐色	四川成都平原西北部,成都市的彭县
	林甸鸡	体格中等,羽色为黄色和黑色为主,公鸡体重 1.7 千克,母鸡 1.3 千克,年产蛋量 90 枚,蛋重 56.6 克,抗寒,生活力强	黑龙江林甸县
	静原鸡	体格中等,羽色为深棕色或黑色,公鸡体重 1.4～2.0 千克,母鸡 1.1～1.5 千克,年产蛋 120 枚,蛋重 57 克,壳褐色,是黄土高原耐高寒干旱气候的鸡种	甘肃静原县、宁夏固原县
肉用型	溧阳鸡	体型较大,略呈方形,羽以黄色为主,公鸡体重 3.3 千克,肉质鲜美。母鸡年产蛋 145 枚,蛋重 57.2 克,壳褐色,就巢性强	江苏溧阳县
	武定鸡	体重硕大,体躯宽深,肌肉发达。羽毛为红麻和黄麻羽,多数有胫羽和趾羽。青脚,胫长。皮肤白色。成年公鸡体重 3.3 千克。母鸡 2.9 千克,年产蛋量 90～130 枚,平均蛋重 50 克,就巢性强	云南武定、禄劝县
	杏花鸡	体躯中等,胸肌发达,公鸡羽金黄色,母鸡黄色,喙、胫短,皮肤浅黄色,公鸡体重 1.9 千克,母鸡 1.6 千克,年产蛋 80～90 枚皮薄,皮下脂肪均匀,肌细肉嫩	广东封开县一带

续表 2-1

类型	品种	特性	产地
玩赏型	中国斗鸡（包括中原斗鸡、吐鲁番斗鸡、西双版纳斗鸡）	体格魁伟、健壮，雏鸡生长快，母鸡年产蛋 60～100 枚	河南、山东、安徽、云南、新疆等地
其他	茶花鸡	体型矮小，体躯匀称，骨细嫩，肉味醇香。红羽或红麻羽色，喙、胫黑色。皮肤白色者多，少数浅黄色。临沧地区公鸡体重 1.47 千克，母鸡 1.0 千克。年平均产蛋 70 枚，蛋重 38.2 克，蛋壳深褐色	云南省热带、亚热带地区
	藏鸡	体型较小，紧凑，胸肌发达，善于飞翔，公鸡羽色黑、红或大红，母鸡以麻色为主，公鸡体重 1.1～1.5 千克。母鸡 0.8～1 千克，年产蛋 40～80 枚，蛋重 34～42 克，壳褐色，就巢性强	西藏山南、昌都、日喀则曲和阿海地区，青海玉树，四川甘孜、阿坝

第五节　优质土鸡品种资源的保护和开发利用

我国众多的家禽地方品种，长期以来是我国养禽业的主要生产资料，对世界家禽品种的改良与发展有较大的贡献和影响。在我国养禽业现代化的进程中，从国外引入的大量品种、特别是鸡的品种，曾对我国家禽品种的组成和质量产生过很大影响。生产性能较低的地方土鸡品种，有逐渐被高产的专门化鸡种或配套系所代替的趋势。但是应该看到多种多样的地方品种所具有如此丰富的遗传基础，将是家禽育种的宝贵素材，是当前世界各国养禽科学工作者十分关心和羡慕的巨大基因库。特别在肉鸡品质及其产品安全备受关注的今天，优质土鸡品种资源的保护和开发利用具有特别重要的意义。

一、优质土鸡品种资源的保护

畜、禽品种资源除了作为可利用的变动生产资料为畜牧业育种提供基因素材外，对生物多样性维持，促进大自然生态平衡，保护人类优质生存环境也具有重要意义。因此，畜、禽品种资源保护既具有为当前畜牧业经济发展服务的现实意义，更具有造福子孙后代的深远意义。当前，畜、禽品种资源保护已引起国内外有识之士的高度重视，被联合国粮农组织列为世界性的研究课题。有些国家由于动手早，采取措施得力，在抢救珍稀濒危畜、禽品种方面取得了令人称赞的成绩。我国地方鸡种资源十分丰富，有的品种还具有独特的基因类型。然而，由于经济建设飞速发展，商品经济兴旺发达，国外鸡种大量引进，对原有品种资源过度开发利用，不注意品种选育提高，致使一些珍贵鸡种濒临枯竭、灭绝的边缘，有些鸡种极度杂合化，原有独特基因丢失殆尽，失掉了原有种质特性。面对这种严峻形势，必须迅速采取有效措施，对我国丰富多彩的优质土鸡品种资源挖掘整理，分门别类，突出重点，分级进行科学保护和合理开发利用。

对我国现有 30 多个优质地方鸡种（没有包括我国全部地方鸡种）可以分为 3 类，分别施予不同的保护措施。

第一类，珍稀、濒危品种的保护。这类以保护基因库为主。主要靠国家投资或社会赞助建立国家级或省级保种场。

对优质土鸡品种进行搜集、整理、分析研究和选纯提高(包括使用一些先进的现代实验手段),扩大繁殖数量,待发展到一定数量后再考虑开发利用。如北京油鸡(肉质、蛋质)、中国斗鸡(玩赏)、济宁鸡(矮小型)、白耳黄鸡(矮小、蛋用)、旧院黑鸡(产青壳蛋)、狼山鸡(大型蛋肉兼用)、浦东鸡(大型、偏肉用)、东乡鸡(产青壳蛋)等。

第二类,具有独特的形态特征和用途,或具有优良的经济性状,为目前拥有较大数量、正在积极开发利用的地方品种。对这类品种应以地方投资或企业赞助、国家适当补贴的方式建立保种场。保种场可分两级,一级为原种核心场,主要任务是按品种标准进行选育提高,提高原有种质水平;二级为保种选育场,主要任务是从一级场中获得种源后,迅速扩大数量,继续进行选纯提高,保证源源不断提供优质鸡种供生产场开发利用。生产场从二级保种场中获得鸡源,扩大生产,不再留种。如针对某一生产性能需要改进提高,经国家品种管理委员会批准,可适当引入外种进行经济杂交用于商品生产。二级场和生产场(三级场)还可根据市场需要研制、加工成各种形式的禽产品(包括营养保健产品)。这类品种有丝毛白羽乌骨鸡、仙居鸡、固始鸡、大骨鸡、寿光鸡、内蒙边鸡、桃源鸡、林甸鸡、峨眉黑鸡、鹿苑鸡、溧阳鸡、霞烟鸡、郧县乌鸡、略阳乌鸡、尼西鸡等。

第三类,具有优良生产性能,地区分布较广,数量较多,为目前生产上已经开发利用或正拟开发利用的地方鸡种。对这类品种应划定以原产地为中心的适当范围的保护区,在保护区内一般不得引进外种(如出于改良提高需要,适当引进外种,必须经国家品种管理委员会批准),而应着重于以本品种为主的扩大开发利用,以利用促进保种,以保种保证利用。为此,需建立两级保种场和三级商品场,各级场的职责范围和相互关系与第二类相同。在扩大开发利用过程中,除使地方鸡种的种质不断稳定和提高外,还要下大力气积极研究和开发不同形式的产品。这样,才能达到保种和利用相互促进,也可能真正保住某些优良地方品种。这类品种计有茶花鸡、崇仁麻鸡、清远麻鸡、杏花鸡、惠阳鸡、武定鸡、静原鸡、河田鸡、萧山鸡、彭县黄鸡、江山乌鸡、藏鸡等。

要说明的是,无论采取哪种方式保种,这里指的都是活体保种。因为冻精或冻胚保种目前在技术先进的国家也只能在某些家畜(如牛、羊)中采用。在家禽方面,由于自身繁殖生物学的特殊性,后两种保种方式的实现尚需越过许多生物技术上的障碍。但建立冷冻基因库,保存细胞系或活组织块,可作为探索的途径。

二、优质土鸡品种资源的开发利用

家禽品种资源利用包括 3 方面含义:①本品种直接利用;②杂交改良利用;③以本品种为基础作育种素材,引入外血进行杂交选育,培养成新的品种。第一类地方品种,一般都具有独特的种质特性或某些突出的经济性状,如丝毛或扁羽乌骨鸡,具有鲜明的外貌特征和突出的药用价值,目前利用它们的肉、骨、血与特殊处方配制成中成药(如乌鸡白凤丸)或保健食品(如乌鸡精、乌鸡酒、乌鸡药膳等)。又如北京油鸡、清远麻鸡、杏花鸡等作为优质土鸡肉鸡活体直接投放市场。第二类杂交改良品种,是指利用本品种的突出经济特性来满足消费者需求,但在某些方面尚存在一定缺陷,须改良提高。这时可适当引入外血,进行适宜的导入杂交,然后选育成较满意的品种投入生产。这是一个省时、省力,既能很好利用地方品种特性,又能更充分满足市场需要的利用品种资源的有效途径。如新狼山鸡、新浦东鸡、石岐杂鸡和各种三黄肉用商品鸡（如宫廷黄鸡、岭南黄鸡、北京黄鸡等）的育成就是运用这一途径取得成功的例子。第三类以本地鸡种为育种素材，充分利用其特定的优良基因，适当引入外血（可能不止一个品种），进行不同方式的杂交选育，经过多个世代选育固定，培育成新品种。这种方式所需时间长，成本高，群体规模也较大，是 20 世纪 40～50 年代传统的育种方法。如农大黄、新扬州鸡、中原黄鸡的育成就是例子。这种利用方式，因其存在的缺陷，当前已经为品系选育、品系间杂交配套利用所替代。

随着科学技术的进步，商品经济的发展，目前鸡的育种工作多以第二类为主，即以地方鸡种为素材，吸收不同外血，选育成具有不同特点的品系（如高产、蛋大、肉质好、饲料转化率高、抗病等），然后进行品系间杂交，利用二系、三系或四系配套系用于商品生产。这是当前利用地方鸡种资源的一条成效明显的途径，国内外无不如此。从遗传资源（基因库）利用的角度来看，它不但充分利用原有鸡种和引进鸡种的优秀基因，而且还能充分利用有利基因的互补或有利基因显性效应（杂种优势）。但必须看到，在现阶段乃至今后相当长的一段时期，对于一些具有独特基因类型或突出经济性状的优质地方鸡品种，可以或者应该采用第一类本品种直接利用的方式，以进一步满足国内外市场对优质肉鸡肉质和安全要求日益提高的需要。当然，我国很多地方鸡种具有适应不同生态条件和具备适应某些方面特定需要的基因素材，只要选育得法，适当利用外血（不是盲目杂交），选育出具有不同经济特点的新品系，其前景也是广阔的。

第三章　优质土鸡的繁育

土鸡的繁育，是优质土鸡生产中必不可少的关键环节，也是加速品种优良化的重要手段。为了保证土鸡的高产、稳产、优质，巩固其固有的适应性广、耐粗饲、抗病力强等优良性状，就必须高度重视鸡的种质，开展正确的选种、选配工作，采用先进的现代繁育技术，结合科学的饲养管理措施，以保证鸡种的生产性能不断提高。如果不注意土鸡的繁育，高产的品种和品系也可能产生退化，致使生产性能下降，抗病力减弱，严重影响优质土鸡生产的经济效益。因此，繁育是优质土鸡生产中一项必不可少的重要工作。

第一节　优质种用土鸡的选择

一、种鸡选择的基本原则

（一）种公鸡选择的原则

（1）选择种公鸡的重点，应考虑同胞的性能、品种的特征，结合专门化要求进行选留。

（2）同一只母鸡的后裔中，留 1 只公鸡做种用，1～3 只做后备公鸡，个别优秀母鸡可留 2 或 3 只公鸡做种用。

（3）同一只优秀公鸡的后裔中，可选 3 或 4 只优良的公鸡做种用，最多不超过 5 只。

（4）母鸡应有 4 只同胞姐妹，才能留同胞兄弟公鸡。

（5）至少要从一半的家系中选留公鸡。

(6)老公鸡选留比例可占选留公鸡数10%左右。

(7)个别家系性能虽差,但同胞性能特别好的,也可考虑选留同胞公鸡。

(二)种母鸡选择的原则

(1)按选育的方向进行选留。

(2)同一母鸡的后裔,只要符合标准,数量可不限。

(3)选留的母鸡出雏率应在80%以上。

(4)根据全群的平均数先选出50%的优良个体,再由其中选出所需要的种鸡数。

二、根据记录资料选择与淘汰

(一)根据本身性能成绩选择与淘汰

种鸡本身的性能成绩是选择种鸡的重要依据,选择时应注意:

(1)个体本身成绩的选择,只适宜遗传力高的性状。

(2)评定一个个体的优劣,必须详细地把所有优劣性状综合起来对比考虑。

(3)个体鉴定除母鸡鉴定外,应特别注意公鸡的鉴定。

(4)种母鸡的选择应根据鸡群平均数的高低进行,而种公鸡则应以个体鉴定为主。

(二)根据系谱资料选择与淘汰

根据系谱资料进行选择,特别对尚无生产性能记载的母鸡或公鸡具有重要意义。

在运用系谱资料选择与淘汰时,血缘越近影响越大。一般着重比较亲代和祖代,而在实践过程中,极容易忽视祖代的鉴定。祖代性能的优劣,能通过遗传而对子孙发生影响,且判断种鸡纯合程度,必须从祖代鉴定。

（三）根据全同胞和半同胞的生产成绩选择与淘汰

选择种鸡，尤其是选择公鸡，由于其本身不产蛋，在尚无女儿产蛋时，其产蛋性能可根据它的同胞和半同胞平均产蛋成绩加以鉴定。

（四）根据后裔成绩选择与淘汰

选出的种鸡，能否将优良的性状真实地、稳定地遗传给下一代，只有经过后裔鉴定才能确定。根据后裔成绩来选择与淘汰，这是根据记录成绩来选择的最高形式。但后裔鉴定，也有一些问题应予注意：

(1)根据后裔成绩鉴定种鸡，此时种鸡的年龄至少已在2.5岁以上，利用时间已不多，仅能用于建立优秀的家系。

(2)家系间进行交配时，可以突然出现一些很优良的后代，但是再用同样方法进行交配时，这种优良的后代却无法获得了，这种现象说明，种鸡本身存在不纯的不稳定的基因组合。因此，实际工作中只配种一次是没有决定意义的。

三、根据外貌特征选择与淘汰

优质种用土鸡的外貌选择有一定的标准，但标准也并不是绝对的，因为表现型并不等于基因型，表现的每一种性状，与其内在遗传物质基础往往存在一定的差异。种鸡每个外表性状并不都能真实传递给后代，因此国际上对鸡群进行外貌选择时，一般选择压在全群总数的15%～25%之间，严格的选择压仅为16%～18%。

四、多性状选择方法

（一）顺序选择法

即在一个时期内只选择一个性状，达到改进后再选择第二个性状，然后再选择第三个性状，这样逐一进行选择。

选择还可以往复进行，直到所选的各个性状都达到要求。这种选择法对某一性状来说，遗传进展是较快的，但就多个性状而言，遗传进展较慢，而当性状之间存在负相关时，一个性状提高后，将导致另一个性状下降，因此使用上有一定的局限性。

（二）独立淘汰法

对选择的每一个性状，规定一个最低的表型值，个体必须符合各个性状的最低表型值才能留做种用，只要有一个性状达不到最低表型值的要求就予以淘汰，此法的优点是：

（1）对所改良的性状，在使用的时间和精力上，与所取得的成效相比，较顺序选择法效率高。

（2）可防止因偏选所引起的不良后果。

（3）在鸡的不同生长阶段和年龄，随时可以进行选择，减轻选择任务的负担。

该法主要缺点是：在遗传结构混杂的鸡群中，某些优秀个体会因某一特性达不到规定标准而被淘汰。

（三）选择指数法

将所要选择的几个性状应用数量遗传学的原理，综合成一个可以相互比较的数值，作为选择性状综合数据，这个数据就是选择指数。

第二节　优质种用土鸡的选配

一、选配的类型

优质种用土鸡的选配就是把选出的优秀种鸡，有目的、有计划地进行公母配对，使优秀的性状遗传给后代。选配恰当，就可以充分发挥种鸡的作用，所以选配是选择的继续。

选配恰当与否，又要依靠选择来判断，因此，选择又是选配的继续。选配分为如下 3 类。

(一)同质选配

将生产性能等性状相似或特点相同的个体组成一群，称为同质选配。这种配种方式，可以增加亲代与后代和后代全同胞之间的相似性，增加后代基因的纯合型。但是，这种方法容易造成近交的增加，而且变异相对减少，长期选择时遗传进展很快就会衰竭。同质选配又可分为基因型同质选配和表现型同质选配两种。基因型同质选配是以谱系、家系的资料为依据判断具有相同基因型的交配。表现型同质选配则是在不了解谱系资料的条件下，只根据个体具有相似表现型来进行选配。

(二)异质选配

异质选配，就是选择具有不同生产性能特点或性状的优良公母鸡交配。这种选配可以增加后代杂合基因型的比例，降低后代与亲代的相似性，从而改善父母代某一方的不良性状，或将父母代的不同优良性状结合在一起，获得兼具双亲不同优点的后代，但后代的个别性状可能介于亲代之间。异质选配很少出现向性状两极发展的倾向，选配方式可分为两种：

1. 基因型异质选配　这是根据谱系、家系等资料来判断配种双方无亲缘关系，且具有不同生产性能特点和其他性状的交配，其目的是使后代获得具有亲代双方优点，或有意识地利用某一方的优点。

2. 表现型异质选配　只根据表现型性状而不查谱系或血缘的选配。这只是具有不同生产性能的表现型性状的配种，而不是利用一方的优点去矫正另一方缺点的选配。

(三)随机交配

这种选配方法不用人为控制，随机组群，让公母鸡自由交配，其目的是为了保持群体的遗传结构不改变。随机交配在品种资源的保存或群体建系时都需运用。但随机交配不是无计划地乱交乱配，它只是在大群体配种繁殖的情况下才能发生，而且鸡群中的公母个体有同等的机会，自由地进行交配。如果公母鸡个体数太少，那就容易发生近交，终因随机漂变而丢失某些基因。

二、配种年龄、配偶比例与利用年限

（一）配种年龄

优质种用土鸡适宜的配种年龄约在母鸡开产后 2 周，且还要依蛋的大小而定，一般要求蛋重应在 45 克以上。当然也要结合品种或品系特点加以确定。

（二）配偶比例

现代化的优质种用土鸡大部分都采用人工授精的方法进行配种，公鸡数占母鸡数的 3%～5%即可。对于采用自然配种的鸡场，应保持恰当的配偶比例，以保持较高的受精率。如果配偶比例不当，母鸡过多，则得不到公鸡配种；若公鸡过多，则会产生争偶现象，结果都会使种蛋的受精率降低。据实践经验，优质种用土鸡的公母配种比例为 1∶12～15，在正常情况下，种蛋受精率可达 90%以上。

（三）种鸡的利用年限

优质种用土鸡一般在性成熟后，第一个产蛋年的产蛋量最高，第二个产蛋年下降 15%～20%，第三个产蛋年下降 15%～28%。因此，一般种鸡场，种鸡利用时间都较短，常采用全进全出制，鸡群在一个产蛋周期后即予以淘汰处理。

三、配 种 方 法

鸡的配种方法，一般采用大群配种和小间配种两种。在育种上还经常使用个体控制配种、同雌异雄轮配和人工授精等配种方法。

(一)大群配种

根据品种和类型的不同,把一定数量的母鸡,以适宜的性别比例配入一定数量的公鸡,使每一只公鸡和每一只母鸡都有均等的机会自由组合交配,采用这种配种方法,可使种蛋受精率较高,但无法知道雏鸡的父母,一般仅用于繁殖场。群体的大小以鸡舍和繁殖规模的大小确定。2年以上的公鸡配种能力差,受精率下降,不宜做大群配种用。

(二)小间配种

一个配种小间,放入1只公鸡和12～15只母鸡。公母鸡均编脚号或带肩号,舍内配置自闭产蛋箱。种蛋要记上配种间号数和母鸡脚号或肩号,这样就能清楚地知道雏鸡的父母,利于建立谱系。此法常被育种场采用。若公鸡生殖功能不正常,或对母鸡有选择性时,则会影响受精,应注意检查。

(三)个体控制配种

个体控制配种就是把1只种公鸡独自养在配种间内,把第一只母鸡放入,待公母鸡交配后即将母鸡移出,然后依次放入第二只、第三只母鸡。为了取得高的受精率,每只母鸡必须每5～7天放入配种间交配1次。采用此配种方法的目的是为了充分地利用特别优秀的公鸡,但费力费时。

(四)同雌异雄轮配

同雌异雄轮配是采用1只母鸡(有些用12～15只母鸡)与不同公鸡轮流交配,目的是为了多得到几个配种组合或父系家系或鉴定参与配种公鸡的优劣。具体做法是:配种开始后,第一只公鸡在配种间内配种2周后移出,空1周不放公鸡;于第三周末的午后,用第二只公鸡的精液给参配母鸡人工授精，间隔2天，于第三天上午放入第二只公鸡。前3周的种蛋孵化所得雏鸡是第一只公鸡的后代。第四周前3天的种蛋不做孵化用，从第四天起就是第二只公鸡的后代。采用此法，轮配一次，一个配种间在1个多月内就能得到2只公鸡的后代。可按上述做法，放入第三只公鸡并获取它的后代。

第三节　优质土鸡的人工授精

一、公鸡的生殖生理

公鸡的生殖器官主要由睾丸、附睾、输精管和退化的交配器构成（图3-1）。

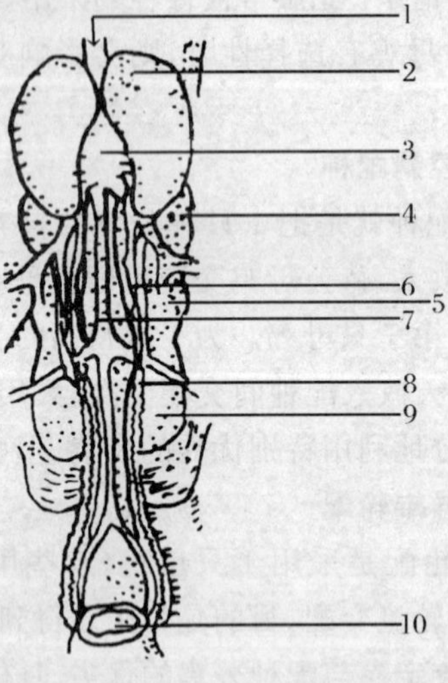

图3-1　公鸡生殖器官

1.后腔静脉　2.睾丸　3.附睾　4.肾前叶　5.肾中叶
6.输尿管　7.主动脉　8.输精管　9.肾后叶　10.泄殖腔

(一)睾丸

睾丸有左右2个，位于腹腔脊柱腹侧，肾脏前叶下方，形似黄豆。其颜色、大小和质量常因品种、年龄和性机能活动而有变化，一般为淡黄色。地方土鸡种公鸡睾丸重8～15克。在自然条件下，成年公鸡在春季性机能特别旺盛，精子大量形成，睾丸颜色变白，体积变大。当性机能减退时则变小。睾丸不仅是精子生成的器官，而且还能分泌雄性激素，促进性发育。

(二)附睾

其前端接睾丸，后连输精管，位于睾丸内侧凹部。公鸡的附睾不发达。

(三)输精管

输精管左右各1条，为弯弯曲曲的白色小管，是精子成熟的场所，由前至后逐渐变粗形成一膨大部，此处贮存有大量成熟的精子。输精管末端突出于泄殖腔内，成为圆锥状的输精管乳头。

(四)交配器官

公鸡没有真正的阴茎，只有退化的交配器。它位于泄殖腔第二、第三皱襞连接处，中间的白色球体为生殖突起，两侧围以规则的皱襞，呈“八”字状，所以称八字状襞。生殖突起与八字状襞构成显著的隆起，称为隆起。公鸡交配时生殖隆起由于充血，勃起围成输精沟，精液则从输精沟流入母鸡阴道口。

刚孵出的公雏，生殖隆起比较明显，可以由此鉴别公母雏。

当公鸡产生具有受精能力的精子时，即为性成熟。早熟品种如江西白耳黄鸡的公鸡20周龄达性成熟，而特别早熟的个体于12周时开始啼叫。我国大多数优质地方土种鸡的性成熟较迟,一般在25～28周。

精子形成所需的时间在28天左右。如果饲养不当,造成精液品质下降,则会引起种蛋受精率、出雏率下降。从找出原因采取改善措施开始,大约20天以后才能使公鸡精液品质逐渐改变。

鸡冠、肉垂是公鸡的第二性征,均受雄性激素的影响。鸡冠生长与睾丸发育速度是一致的。所以,可根据鸡冠发育程度判断性成熟的早晚,但应注意品种及饲养管理条件的差异。

二、母鸡的生殖生理

母鸡的生殖器官由卵巢和输卵管组成(图3-2)。成年鸡仅左侧的卵巢和输卵管发育正常,右侧卵巢和输卵管在早期个体发育过程中,已停止发育并逐渐退化。

(一)卵巢

卵巢位于腹腔中线偏左侧,在肾脏前叶的前端。由卵巢系膜韧带吊于腹腔背侧。卵巢由含有卵母细胞的皮质和内部的髓质构成。性成熟时,母鸡的卵巢呈葡萄状,上面有许许多多不同发育阶的白色卵泡。每个卵泡含有1个卵母细胞。1个成熟的卵巢,肉眼可见1 000～1 500个卵泡;在显微镜下可观察到更多,约12 000个。但实际发育成熟而排卵的为数很少。成年母鸡产蛋时的卵巢重40～60克,休产时仅4～6克。卵巢除产生卵子外,还能分泌雌激素,促进输卵管的生长,使耻骨及肛门张开、增大以利于产蛋。

(二)输卵管

输卵管是一个弯曲的长管,富有弹性,管壁有许多血管。前端开口于卵巢下方,后端开口于泄殖腔,共分5个部分:漏斗部(又称喇叭部)、膨大部(蛋白分泌部)、峡部(形成

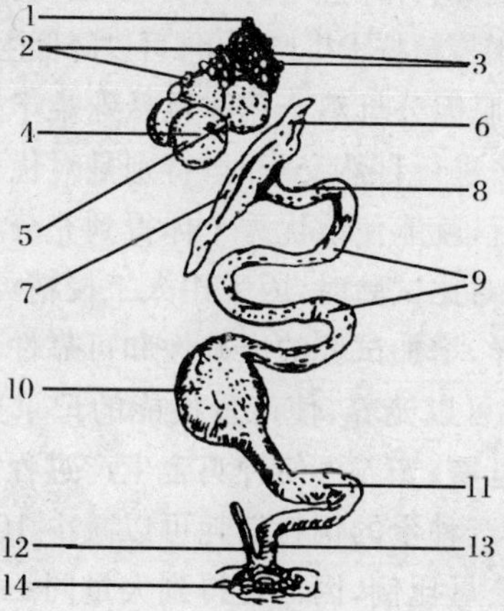

图 3-2 母鸡生殖器官

1.卵巢基 2.发育中的卵泡 3.排卵后的卵泡 4.成熟的卵泡 5.卵泡缝痕 6.喇叭部 7.喇叭部入口 8.喇叭部的颈部 9.蛋白分泌部 10.峡部(内有形成中的蛋) 11.子宫部 12.退化的右侧输卵管 13.阴道部 14.泄殖腔

内外蛋壳膜)、子宫(分泌子宫液,形成蛋壳的场所)和阴道。处于产蛋期的母鸡输卵管粗而长,几乎占满左侧腹腔,重约75克,长约65厘米。

三、鸡人工授精技术的优越性

(1)提高受精率。据报道,美国笼养母鸡人工授精的种蛋受精率高达96.2%。在我国优质土鸡饲养业中,人工授精的种蛋的受精率也高达93%以上,明显高于自然交配的鸡群。

(2)扩大公母鸡比例,提高种公鸡的利用率,节省成本。据报道,1只公鸡每隔1天采精1次,1周内可输给60～70只种母鸡，从而提高了优秀种公鸡的利用率，减少种公鸡的饲养量，因而采用人工授精技术生产种蛋，可以降低生产成本。

(3)可以克服因公母鸡个体体重悬殊难于交配的困难。在公鸡受伤无法进行自然交配时，特别是对优秀个体，采用人工授精技术后，就能使该优秀个体得到充分利用。

(4)在进行对比试验时，因采用人工授精可以减少与配公鸡个体间差异，增加试验的准确性和可靠性。

(5)种母鸡可以笼养，使产蛋性能的记录更加准确，促进育种工作的进展。笼养可使种鸡舍生产过程完全机械化，与平养比较，生产种蛋的饲料消耗可以减少 10%～15%。

由于扩大公母比例，因而可得到大量同一日龄的后代，在短期内更可靠地按后代品质鉴定公鸡，另外还可以加速公鸡的调换。

(6)避免或减少性器官疾病的传播。

(7)冷冻精液的使用，可以使配种不受种公鸡生命的限制。公鸡死后，利用冷冻精液，可以达到品种或品系复制的目的。目前有些国家正在考虑成立“精液银行”，扩大基因库。

(8)有利于国内及国际间优良品种或品系公鸡精液的交换，打破时间、地区或国界的限制。

四、公鸡的采精技术

(一)采精前的准备

采精前公鸡应与母鸡分开，实行个体笼养或小群饲养。用剪毛剪剪去公鸡泄殖腔周围的羽毛，避免影响操作和污染精液。采精前 4 小时应停食停水，避免采精时排出粪尿，集精杯应用蒸馏水洗净后烘干备用。

(二)采精方法

采精方法有按摩法、电刺激法等，一般应用的是按摩法。采用按摩采精法操作时，一人用左右手分别将公鸡两脚握住，抓住翅膀尖，自然分开，置于右腋下，或靠着大腿使鸡头向后，尾部朝前。术者先用百毒杀棉球消毒泄殖腔周围，然后进行采精。采精时术者先用右手中指和无名指夹住集精杯，杯口向下藏于手心内，避免按摩时集精杯受到污染，然后用左手从公鸡背鞍部向尾部方向按摩数次，引起性反应，待公鸡的尾巴向上翘时，左手迅速地转到尾羽下方，将尾羽拨向前方，与此同时，术者的右手拇指和无名指迅速由龙骨末端的柔软部向泄殖腔方向按摩。待泄殖腔外露时，右手的拇指和食指轻轻用力向上挤压泄殖腔，同时左手拇指和食指在泄殖腔的上侧向下压，待公鸡的退化交配器伸出而排出乳白色的精液时，迅速将右手夹着的集精杯口翻上，靠近交配器下缘，使精液流入杯内。精液不多或浓度大不易流入时，可以用集精杯边缘轻轻将精液刮入杯内。平均每只公鸡可采得精液 0.3 毫升(0.1～1.0 毫升)，大型鸡种的精液量多些，轻型鸡种少些。

若公鸡体型偏大，也可采用一人采精的方法，即把公鸡按在地上，用右腿按住鸡身进行保定，然后术者用两手进行采精，方法同上。此种采精方法，已在生产上广泛应用。

采精用的公鸡要事先训练，一般训练 3 天左右，可建立性条件反射，好的公鸡无需训练，也可采得精液。有些公鸡即使经过长时间的训练，也排不出精液，或只排出极少量的精液，这些公鸡应予淘汰。采得的精液必须进行评定，凡是精液品质差的公鸡也应淘汰。

五、鸡的人工授精技术

(一)授精前的准备

将授精器(微量吸液器或输精枪)洗净、烘干备用，将采好的精液按所需的倍数先稀释好或用原液。采好的精液必须在 30 分钟内使用完。品质差及被粪尿污染的精液不能作为授精用。

(二)鸡的授精

优质土鸡的授精要比其他家禽容易,只要一人用左手将母鸡固定,右手的拇指处在母鸡泄殖腔左侧,另外 4 指自然并拢置于泄殖腔下方,轻轻向前挤压,泄殖腔外翻,可见 2 个开口,中间的为直肠开口,左侧粉红色的为输卵管开口。另一人将吸好精液的授精器插入输卵管口内,输入所需的精液量即可。这种阴道输精法,是目前生产中应用最为普遍的方法。授精后第二天即可收到受精蛋,留做种用。

六、影响种蛋受精率的因素

(一)精液品质

公鸡新鲜精液的 pH 值为 7～7.6,正常精液为乳白色,被粪便污染的精液为黄褐色,尿酸盐污染的精液有白色絮状物,带有血液的精液为粉红色。污染的精液不可作为授精用。透明液少、精液浓、精子活力高的精液,其受精率就高。

(二)精液的保存与稀释

新采集的未经稀释的精液,在 20～25℃条件下保存超过 30 分钟,就影响其受精率。近 10 多年来由于对家禽精液的稀释保存进行了多方面的研究,使稀释精液在 2～5℃保存 24 小时的受精率超过 90%,在实际应用中,为了保证其受精率,仍要求采精后的精液在 30 分钟使用完。

精液稀释的目的在于:一是扩大精液量,减少损失;二是为了延长精子的存活时间。在室温下未经稀释的精液,由于精子代谢旺盛,能量迅速被消耗,同时由于乳酸的累积,从而改变了精液的 pH 值,导致某些酶的活性被抑制,使精子丧失活力甚至死亡。稀释液主要为精子提供能源，保障细胞的渗透压平衡和离子平衡，提供缓冲液以防乳酸形成引起的 pH 值变化。此外在稀释液中还要添加抗生素，以防细菌生长。用于冷冻的稀释液还要添加保护剂，防止低温打击作用。现有的稀释液配方多种多样，有的成分很复杂，但是用鲜精液授精时，只要采用简单的稀释液，如 1%的生理盐水、5.7%的葡萄糖液以及鲜牛奶等即可。

实践证明，精液的稀释有利于提高受精率。稀释倍数要依精液的品质（活力和密度）而定，一般是按 1∶3～4 倍稀释。

（三）授精时间

大量研究已经证明，早上授精，蛋的受精率最低，下午和晚上的受精率最高，主要原因是子宫内有蛋时，精子在子宫内运行受阻。

（四）授精间隔与授精剂量

目前大多数是每隔 5～7 天授精 1 次，每次的精子数在 5 000 万以上，就可获得高的受精率。为确保其受精率，第一次授精时，授入的剂量要加倍，或者再重复授精 1 次。

（五）授精部位和深度

授精的部位和深度对种蛋的受精率有明显的影响。阴道授精有部分精液留在子宫颈处，而子宫授精则全部精子可以上行到输卵管伞部，因为子宫阴道联合处是精子在输卵管中向上运动的障碍，因此认为深部授精可以提高受精率。但是由于阴道子宫联合处有强有力的括约肌，深部授精的技术难度大，输卵管受到刺激，使卵巢和输卵管机能紊乱，易引起早产和停产。实验证明，深度授精时，会使大量的微生物带入子宫，因此在大规模人工授精时，均采用阴道授精法，深度为 2～3 厘米。

第四节　优质土鸡的现代繁育方法

优质土鸡的育种工作，已突破以往标准品种的所谓标准育种法，个别优秀鸡只在群体中已无多大价值，而要求整个群体都能增加产肉量和产蛋量，强调群体的生产性能，不强调标准育种的个体，不再因为是标准品种就有价值，这就完全改变过去鸡的育种方法，而成为现代鸡的育种。

品系育种，从 20 世纪 30 年代开始研究，到 50 年代已正式使用，在现代优质土鸡的育种中仍在继续使用。要育成具有一定特点的品种或品系，主要有下列 6 种方法。

一、近交系育种法

近交是指血缘相近的个体之间配种。大多根据鸡群某些特征性能分组，为连续 4 个世代的全同胞兄妹交配，使近交系数达到 0.5 以上，选择符合要求的留种个体，淘汰不符合的个体，即可形成近交系，然后封闭进行低度近亲交配，用以巩固近交系的特征性能。

二、闭锁群家系育种法

这是 20 世纪 60 年代以来育成品系常采用的方法之一。在品系培育或品系改良过程中，均采用闭锁法育种，即利用家系育种，形成优良家系，然后将鸡群封闭起来，不引进外血，也不搞近交，而通过家系选育法，逐步提高品系的纯合性。一般按某个性状选育 4 或 5 代的鸡群，具有一定的遗传同质性而有别于其他鸡群，用此方法来保留并提高某品系的生产性能。

三、合 成 法

近年来国际上有所谓合成品种或合成品系，其方法是利用若干个具有所希望的某些特点的原始素材，于第一年相互组合进行不同品系间的正反杂交，获得第一代；第二年由两个来源相同的正反交的第一代进行互交，获得第二代，这样可获得染色体的交换，造成基因重组的机会，然后混合、闭锁起来，通过家系选育法育成新品系。

四、正反反复选择法

先从基础鸡群中，依性能特征特性和育种目的选出 A、B 两个群体，第一年将 A、B 两群（系）公母鸡，分正反两组按配种小间相互交配，即第一组由 A 系公鸡和 B 系母鸡进行正交，第二组由 B 系公鸡和 A 系母鸡进行反交，各个配种小群的后代，分别进行生产性能测定而不做种用。

第二年用第一组中产生高产后代的 A 系公鸡与第二组中产生高产后代的 A 系母鸡，进行 A 系的纯系繁殖。同样，用第二组中产生高产后代的 B 系公鸡与第一组产生高产后代 B 系母鸡进行 B 系的纯系繁殖。

第三年用第二年繁殖的 A、B 系鸡按第一年的方法重新开始纯系间的相互杂交和选择，第四年重复第二年工作。

五、纯系繁育法

纯系繁育法是用于优质土鸡母系的选择方法之一。纯系的繁育，要求每年繁殖 1 代，按计划循环进行，其过程是：

育雏	育成	个体观测	整理资料	组家系繁殖

0　6　24　44　46　66（周龄）

每一纯系必须含来自核心育种群和普通育种群的育成母鸡1 000只，来自核心群的育成公鸡200只，自24～44周龄，进行生产性能测定，做个体记录，根据观测期间的个体性能，从1 000只育成母鸡中选出最好的60只，组成核心育种群，分为4间配种。选出较好的200只组成普通育种群，分成16个配种间，每间配1只公鸡，组成1个家系，从200只育成公鸡中根据系谱和同胞姐妹的成绩，选出最好的36只采用同雌异雄轮换配种1或2次，分配入16个配种间进行繁殖。核心育种群4间60只母鸡的与配公鸡，均须来自头年或以前普通育种群中的36只公鸡，根据其同胞姐妹和后裔鉴定成绩，选出最好的6～8只，满2.5年或以上的成年公鸡与之配种，进行繁殖。也可采用同雌异雄轮配1次。

六、远系繁育法

一般情况下，一个性能相当稳定的品系在使用2～3年之后，往往会发生退化。为了不使鸡群退化，采用两个品系相同而没有亲缘关系的家系进行交配，通常称为远系繁育，又称血液更新。进行远系繁育要慎重，必须事先做小群试验，其后代有70%以上具有较好性能的才可以利用。

第五节　鸡的生产性能测定

全国家禽育种委员会1982年公布的《家禽生产性能指标名称和计算方法(试行标准)》中，对家禽主要经济性状的测定作了统一规定，现将其中与鸡有关的部分摘录如下，供试用。

一、鸡的产蛋性能

1. 开产日龄　个体记录的种鸡，以产第一枚蛋的平均日龄计算；做群体记录的鸡，则按该鸡群日产蛋率达5%时的日龄计算其开产日龄。

2. 产蛋量　指母鸡在统计期内的产蛋数。

(1)按入舍母鸡数统计。

$$\text{入舍母鸡数产蛋量(枚)}=\frac{\text{统计期内总产蛋量}}{\text{入舍母鸡数}}$$

(2)按母鸡饲养只日数统计。

$$\text{母鸡饲养只日数产蛋量(枚)}=\frac{\text{统计期内总产蛋量}}{\text{实际饲养母鸡数}}=\frac{\text{统计期内总产蛋量}}{\dfrac{\text{统计期内累加饲养只日数}}{\text{统计期日数}}}$$

3. 产蛋率　指母鸡在统计期的产蛋百分率。

$$\text{饲养日产蛋率}=\frac{\text{统计期内的总产蛋量}}{\text{实际饲养日母鸡只数的累加数}}\times100\%$$

$$\text{入舍母鸡数产蛋率}=\frac{\text{统计期内的总产蛋量}}{\text{入舍母鸡数}\times\text{统计日}}\times100\%$$

4. 蛋重

平均蛋重从300日龄开始计算，以克为单位。个体记录者需连续称取3枚以上的蛋求平均值；群体记录时，则连续称取3天总产蛋量求平均值。大型鸡场按日产蛋量的5%称测蛋重，求平均值。

总蛋重(千克)＝平均蛋重(克)×平均产蛋量/1 000

5. 母鸡存活率　入舍母鸡数减去死亡数和淘汰数后的存活数占入舍母鸡数的百分率。

$$\text{母鸡存活率}=\frac{\text{入舍母鸡数}-\text{死亡数}-\text{淘汰数}}{\text{入舍母鸡数}}\times100\%$$

6．蛋的品质　在称蛋重的同时，进行以下指标测定。测定蛋数不少于50个，每批种蛋应在产出后24小时内进行测定。

(1)蛋形指数。用游标卡尺测量蛋的纵径与最大横径，求其商。以毫米为单位，精确度为0.5毫米。

$$蛋形指数=\frac{蛋的纵径}{蛋的最大横径}$$

(2)蛋壳强度。用蛋壳强度测定仪测定，其单位为千克/厘米^2。

(3)蛋壳厚度。用蛋壳厚度测定仪测定。分别测量蛋壳的钝端、中端、锐端三个部位的厚度，求其平均值。注意应剔除内壳膜，以毫米为单位。

(4)蛋的比重。用盐水漂浮法测定。

此外，还可测量蛋黄色泽、蛋壳色泽、哈氏单位及统计血斑蛋与肉斑蛋率。影响鸡产蛋性能的因素，除遗传因素外，还有环境条件，主要是营养、光照、温度、湿度及其他管理条件。年龄对鸡的产蛋性能也有很大关系，一般母鸡第一个产蛋年的产蛋量较高，以后逐渐下降。此外，影响产蛋量的因素还有连产性、就巢性、冬休性及产蛋持续时间等。

二、鸡的产肉性能

鸡的产肉性能，通常以下列指标来表示：

1．活重　指在屠宰前停饲12小时后的重量，以克为单位(以下同)。

2．屠体重　指放血、去羽毛后的重量(湿拔法须沥干)。

3．半净膛重　屠体重去气管、食道(含食管膨大部)、肠、脾、胰和生殖器官，留心、肺、肝(去胆)、肾、腺胃肌胃(除去内容物及角质膜）和腹脂（包括腹部板油及肌胃周围的脂肪）的重量。

4．全净膛重　半净膛重减去心、肝、胃（腺胃、肌胃）、腹脂的重量。

5．常用的几项屠宰率的计算方法

$$屠宰率=\frac{屠体重}{活重}\times 100\%$$

$$半净膛率=\frac{半净膛重}{屠体重}\times 100\%$$

$$全净膛率=\frac{全净膛重}{屠体重}\times 100\%$$

$$胸肌率=\frac{胸肌重}{全净膛重}\times 100\%$$

$$腿肌率=\frac{大小腿净肌肉重}{全净膛重}\times 100\%$$

6．影响鸡产肉性能的主要因素　鸡的产肉性能与鸡的生长速度、体重和体型有着密切关系。

（1）生长速度。生长速度是鸡产肉性能的一项极为重要的指标。鸡早期生长迅速，可以缩短饲养时间，节省劳力，提高饲料报酬，加速资金和鸡舍的周转，疫病感染、死亡的机会少，成本低，经济收益大，所以要注意掌握和利用雏鸡生长迅速这一特点。但雏鸡的生长速度，因品种、饲养和管理条件不同而异。

（2）体重。一般鸡体重大，屠宰率高，肉质也比较好，所以肉用型鸡要求有较大的体重。但体重越大，饲料消耗越多，生产成本也就越高。因此商品土鸡场，应利用鸡的觅食性强的特点，采取以放牧为主、补饲为辅的饲养方式，以降低生产成本，获得较大的经济效益。

（3）体型。鸡的体型结构影响产肉性能。胸部肌肉约占全身肉量的50%，因而理想的产肉体型应是宽胸长胴。测量胸宽常以胸角计来表示，理想的肉鸡胸角度要在90°以上。而产蛋多的鸡体型多为宽胸短胴。

三、饲料转化比

饲料转化比是衡量养殖管理技术和品种性能的重要指标。不同品种的饲料转化比不一样，即使是同一个品种，不同的饲养管理方法，饲料转化比也有差异。一般情况下，饲料消耗越少越好。饲料转化比的计算方法如下：

$$\text{产蛋期料蛋比}=\frac{\text{产蛋期耗料量}}{\text{总产蛋重}}$$

$$\text{肉用仔鸡料肉比}=\frac{\text{肉用仔鸡全程耗料量}}{\text{总活体重}}$$

四、鸡的生活力和繁殖力

鸡的生活力和繁殖力是养鸡业一项重要的育种指标和经济指标。

1. 生活力　鸡的生活力，通常以鸡的早期成活率作为统计指标。统计方法是，以雏鸡至6周龄内的成活率、150～500日龄生产期的成活率作为鸡一生的生活力指标。

2. 繁殖力　鸡繁殖力高低，决定于鸡的产蛋量、种蛋合格率，此外尚有种蛋受精率、孵化率和育成率等3项指标。

(1)种蛋合格率。指母鸡在规定的产蛋期内，所产的符合本品种、品系要求的种蛋数占产蛋总数的百分率。

$$\text{种蛋合格率}=\frac{\text{合格种蛋数}}{\text{产蛋总数}}\times 100\%$$

规定的产蛋期为70周龄内(利用多年的鸡以生物学产蛋年计)。

(2)受精率。受精蛋占入孵蛋的百分率。血圈、血线蛋按受精蛋计算。散黄蛋按无精蛋计算。

$$\text{受精率}=\frac{\text{受精蛋数}}{\text{入孵蛋数}}\times 100\%$$

(3)孵化率(出雏率)。

$$\text{受精蛋孵化率}=\frac{\text{出雏数}}{\text{受精蛋数}}\times 100\%$$

$$\text{入孵蛋孵化率}=\frac{\text{出雏数}}{\text{入孵蛋数}}\times 100\%$$

(4)健雏率。指健康雏鸡数占出雏数的百分率。健雏指适时出壳,绒毛正常,脐带愈合良好,精神活泼,无畸形者。

$$\text{健雏率}=\frac{\text{健雏数}}{\text{出雏数}}\times 100\%$$

(5)育雏期和育成期。种用土鸡育雏期 0～6 周龄;育成期 7～22 周龄。

(6)成活率。

$$\text{雏鸡成活率}=\frac{\text{育雏末期成活雏鸡数}}{\text{入舍雏鸡数}}\times 100\%$$

$$\text{育成鸡成活率}=\frac{\text{育成末期成活的育成鸡数}}{\text{育雏末期入舍雏鸡数}}\times 100\%$$

(7)称重。育雏和育成期需称体重 3 次,即初生、育雏期末和育成期末。每次称重数量至少 100 只(公母各半)。称重前需断料 12 小时以上。

第四章　优质土鸡的孵化

鸡的胚胎发育是受精卵离开母体以后，依赖蛋中的营养物质，在适宜的条件下完成的，这个变化发育的过程叫做孵化。孵化是种鸡进行繁殖的一种特殊方法，分天然孵化和人工孵化两大类。利用有抱性（就巢性）的母鸡孵化种蛋，叫天然孵化；根据母鸡抱孵的原理，人工模仿并满足天然孵化的各种条件，并以此孵化种蛋，即是人工孵化。天然孵化的鸡种蛋量少，不能适应养鸡业大规模发展的需要。因此，人工孵化，特别是机械化和自动化的大型孵化机，在养鸡业中已得到大量使用，使孵化业变为工厂化生产与经营，从而有力地推动了养鸡生产。

鸡的孵化是优质土鸡生产中的一个重要环节。孵化成绩的好坏，不仅影响鸡的数量增长，而且直接影响雏鸡的质量及今后生产性能的发挥。为了获得理想的孵化率和健雏率，首先必须加强种鸡的饲养管理和繁育工作，提供优质种蛋，同时还要做好种蛋的保存、消毒、运输工作，掌握孵化技术，为鸡胚胎生长发育创造良好的环境，并定期检查和分析胚胎生长发育情况，采取相应的措施，这样才能达到预期的效果。

第一节　蛋的形成和构造

一、蛋的形成

鸡蛋是在母鸡的卵巢和输卵管中形成的。卵巢产生成熟的卵细胞(蛋黄),输卵管则在卵细胞外面依次形成蛋白、壳膜和蛋壳。

(一)卵巢和卵细胞

鸡的右侧卵巢已退化,只遗存左侧卵巢。鸡左侧卵巢为葡萄状,位于腰椎腹面、肾脏前叶。卵巢有许多发育大小不同的卵母细胞,肉眼可见的就有 2 000 个左右。卵细胞外面包围着卵泡,成熟的卵泡直径约 40 毫米,卵泡有一个小柄与卵巢相连。卵泡上有丰富的血管,以供卵细胞发育所需的营养物质。卵细胞前期发育缓慢,后期迅速,卵细胞成熟需 7～10 天。成熟的卵细胞从卵泡中掉出,落入输卵管的漏斗部(喇叭口),这个过程称为排卵。

(二)输卵管

鸡的右侧输卵管已退化,只遗存左侧输卵管。左侧输卵管是一条弯曲、直径不同、富有弹性的长管,由输卵管系膜悬挂于腹腔左侧顶壁。输卵管由漏斗部、膨大部(蛋白分泌部)、峡部、子宫和阴道组成。

漏斗部位于卵巢正后方,产蛋母鸡长 40～100 毫米,是精子与卵子受精的场所。输卵管的前端扩大呈漏斗状,向后逐渐过渡成为狭窄的颈部,颈部后接蛋白分泌部,颈部参与分泌形成系带。蛋白分泌部前接漏斗部,后接峡部。蛋白分泌部的分泌物是鸡蛋白。蛋白分泌部是输卵管中最长并呈弯曲的一段。

峡部前接蛋白分泌部,略窄,峡部分泌鸡蛋的内外壳膜。子宫前方以窄短的连接部与峡部衔接,后部与阴道相连。鸡蛋在子宫内停留时间长达 18～20 小时,形成蛋壳。阴道是位于子宫与泄殖腔之间的厚壁窄管,阴道不参与蛋壳的形成,而是暂时贮存精子的主要器官,精子在阴道内可贮留 10～14 天或更长时间。

二、蛋的构造

鸡蛋与其他禽蛋在形状、大小和色泽上虽有差异，但构造上是基本相同的，都是由蛋壳、壳膜、气室、蛋白、蛋黄、系带、胚珠或胚盘等7个部分组成的（图4-1）。

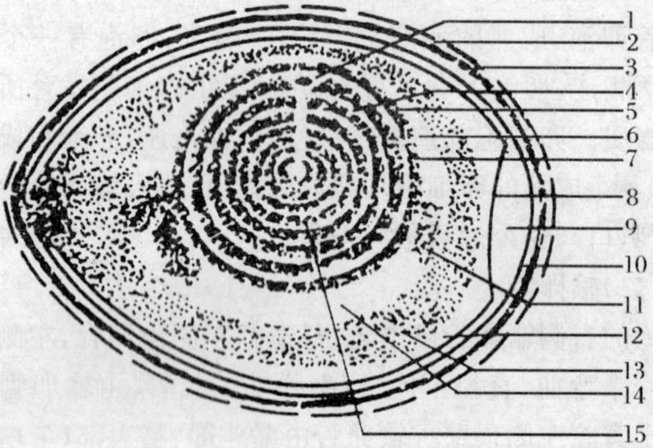

图4-1 蛋的构造

1.胚珠或胚盘 2.胶护膜 3.蛋壳 4.深色蛋黄 5.蛋黄膜 6.浅色蛋黄 7.系带层浓蛋白 8.内壳膜 9.气室 10.外壳膜 11.系带 12.外稀蛋白 13.浓蛋白 14.内稀蛋白 15.蛋黄心

（一）蛋壳

蛋壳是包裹鸡蛋内容物的石灰质硬壳。蛋壳的厚度视鸡种、营养、季节、生理和遗传等因素不同而有差异，一般在0.26～0.38毫米之间。蛋壳部位不同，其厚薄也略有差异。蛋的锐端比钝端略厚些。蛋壳包括胶质层（也称胶护膜、壳上膜）、海绵层和乳头层。

1. 胶质层　紧贴在蛋壳外的一层胶质，是附在蛋壳表面的水溶性黏蛋白，在蛋产出后干燥而形成的一层薄膜。胶质层能封闭蛋壳的气孔，限制蛋内水分的蒸发，防止细菌或霉菌侵入蛋内，起一定的保护作用。但如果长期保存或洗涤，都可导致胶质膜溶解或脱落。鸡蛋入孵后，壳上膜逐渐去掉而使气孔畅通，从而增强鸡胚的气体交换。

2. *海绵层*　是由结晶状的矿物质沉积在乳头层上一层凹凸不平的硬质层，约占蛋壳厚度的2/3，具有相当的硬度和耐压力，能起固定蛋形和保护蛋内容物的作用，在孵化过程中可供给胚胎钙的需要。

3. *乳头层*　在海绵层的下面，约占蛋壳厚度的1/3。它是由无数小圆形乳头组成的一层薄硬层，作为海绵层的基础，是使蛋具有一定强度最主要的部分。

蛋壳的相对密度为1.741～2.134，蛋壳上密布着许多气孔，气孔大小并不一致，直径由4～40微米不等。气孔的密度以蛋的钝端最大，它是鸡蛋的内外通道，能适应孵化过程中胚胎发育进行物质代谢和气体代谢的需要。

蛋壳还具有透视性，即把蛋放于灯光下便可观察到蛋的内部，便于进行蛋的品质检查和观察胚胎的生长发育。

(二)壳膜

壳膜有内外两层，外层紧贴蛋壳叫外壳膜，内层直接与蛋白接触叫内壳膜。两层壳膜都有气孔，外壳膜的网状纤维结构纹理粗糙，形成的气孔较大，可通过微生物。内壳膜的网状纤维结构纹理紧密细致，形成的气孔较小，对外界微生物的侵入起一定的屏障作用。内壳膜只有在受到蛋白酶的破坏而使气孔增大时，微生物才容易侵入蛋内，引起内容物腐败变质。

(三)气室

蛋在母鸡输卵管内并没有气室，产出后由于蛋温逐渐下降，内容物收缩，使蛋的钝端内外两层壳膜分离而形成一个气室，产出后一天内的新鲜蛋的气室直径为 1.25～1.5 厘米。放置的时间越久，内容物的水分散发也就越多，气室的面积便随之逐渐增大。故可借此鉴别蛋的新鲜和陈旧程度。当鸡蛋的气室增大到占整个蛋体积的 1/5 以上时，就失去了做种蛋用的价值。气室内充满着空气，可在孵化时给胚胎提供所需要的氧气。

（四）蛋白

蛋白位于壳膜之内，是一种带有黏性的半流动的白色透明体，可分为 4 层，即外层稀蛋白、浓蛋白（中层浓蛋白）、内层稀蛋白及紧靠蛋黄一层很浓的蛋白，称系带层浓蛋白。浓、稀蛋白的比例随鸡产蛋季节以及蛋保存时间变化而变化，且一般变化幅度较大。浓蛋白可占全部蛋白的30%～80%，稀蛋白占全部蛋白的 20%～70%。陈旧的蛋，其稀蛋白的量有所增加。蛋白常呈碱性，蛋白内含有许多营养物质，可供鸡胚生长发育之需要。

（五）蛋黄

蛋黄呈半流动黄色球状，位于蛋的偏中心，由一层薄而透明的蛋黄膜包裹，富有弹性，以保护蛋黄的完整。陈蛋的蛋黄膜弹性减弱，稍受震动即可能破裂为散黄蛋。

蛋黄中心近似球形的中心体，称为中心白蛋黄体，从中心白蛋黄体向胚珠或胚盘伸出一个由浅色蛋黄形成的长瓶形颈，瓶口在胚珠或胚盘形成一个空腔，称为囊胚腔。整个蛋黄除了中心浅蛋黄体和瓶形颈外，就是由这样深浅两种蛋黄相间的同心层所组成的。各层深浅蛋黄都被瓶形颈所贯穿。蛋黄的深浅颜色相间是由于鸡体昼夜新陈代谢的节奏性不同而形成的。蛋黄呈酸性，密度略小于蛋白，所以容易上浮，引起“粘壳”。

（六）系带

系带为蛋黄两端的带状物，起着固定蛋黄位置的作用，使蛋黄位于蛋的中央，不与壳膜相接触，它是由黏蛋白纤维绞转而成的。在蛋的锐端，系带长而粗，它的纤维拧成两股向右绞转，蛋的钝端系带较短小，纤维拧成一股向左绞转。陈蛋的系带会逐渐变细而最终消失。

（七）胚珠或胚盘

蛋黄表面有一个淡白色小圆点称胚珠，受精后次级卵母细胞经过分裂即形成胚盘，比胚珠略大，内层透明而边缘混浊，是胚胎体外发育的起点。由于胚珠或胚盘密度较蛋黄小，因此总是浮在蛋黄的上面。

第二节　种蛋的管理

一、种蛋的选择

种蛋质量的优劣，不仅是决定孵化率高低的关键因素，而且对雏鸡质量、成鸡成活及生产性能等都有较大的影响。因此，孵化前必须根据以下各种要求，对种鸡蛋进行严格的选择。

（一）种蛋来源

首先注意种鸡的品质，种蛋应选自遗传性状稳定、生产性能优良、繁殖力较高、未感染过传染病的健康种鸡群，特别是种蛋要求具有无经蛋传播的疾病，如白痢、传支、禽伤寒、鸡慢性呼吸道病等。并要求喂给的日粮营养完善，饲养管理正常，公母配种比例适当。一般讲，刚开产的种鸡所产的种蛋是不可能获得良好的受精、孵化效果及优质雏鸡。鸡龄在一年以上、公母配比适当的鸡群中母鸡所产的种蛋蛋黄鲜艳，浓蛋白多，受精率较高。但由于目前苗鸡的价格较高，且对就巢性稳定的种鸡难选，因而很多饲养者往往饲养种鸡年限过长。但种鸡利用年限过长，不仅产蛋率下降，而且饲料转化率降低。同时种鸡产蛋年限过长会使所产种蛋的质量下降，后代成活率也受影响。有人希望种鸡一产蛋就能获得优质种蛋，这是不现实的。

（二）种蛋的新鲜程度

种蛋保存时间越短，蛋内营养物质变化越小，对胚胎生活力的影响越小，出雏率越高。一般以产后 1 周内的蛋作为种蛋为合适，其中以 3～5 天为最好；15 天的种蛋孵化率降为 44%～56%，出壳时间推迟 4～6 小时；1 个月的种蛋失去孵化能力。凡种蛋蛋壳发亮、壳上有斑点、气室大的蛋多为陈蛋，不宜用于孵化。此外还应注意，种蛋的新鲜程度除与保存时间有关外，还与保存的温度和方法密切相关。

（三）蛋的形状和大小

种蛋应选择大小合适、形状正常的椭圆形蛋。蛋重要符合品种标准，过大则孵化率降低，过小则孵出的雏鸡弱小。过长、过圆或其他的畸形蛋，不宜用于孵化。否则，不仅孵化率低，而且还往往会孵出畸形雏鸡。

（四）蛋壳的结构

蛋壳要求致密均匀，表面正常，厚薄适度。蛋壳过厚、过硬，敲击时作钢铁声，俗名“钢皮蛋”，这种蛋孵化时受热缓慢，水分不易蒸发，气体不易交换，雏鸡破壳困难。反之，钙质沉积不均匀，蛋壳过薄，俗称“沙壳蛋”，这种蛋容易破碎，水分蒸发快，孵化率低。蛋壳结构不均匀、表面粗糙、皱纹或凹凸不平的蛋均不宜做种蛋。

（五）蛋壳清洁度

蛋壳应保持清洁，如有粪便或杂物污染，易被病原微生物入侵，引起种蛋腐败变质，同时堵塞气孔，影响种蛋气体交换，污染孵化器，造成较多的死胎，降低孵化率。特别是在雨季，鸡舍泥泞，产蛋窝不能经常保持清洁干燥时，蛋的表面污染是比较严重的，所以要特别注意清洁卫生。如果有少数受轻度污染的种蛋要入孵，则必须做认真处理，如擦拭、洗涤、消毒等。不过，任何一种处理都不能达到理想的效果，一般应尽可能不做孵化用。

以上项目的检查大多属于肉眼外观检查方法。在挑选种蛋的过程中，还可结合听音、照蛋等选择种蛋的方法。如听音检查，使蛋与蛋之间轻轻碰撞，听有无破裂声音。凡破裂蛋不能用于孵化。照蛋透视种蛋，可以观察到蛋壳结构、蛋的内容物、气室大小等情况，凡裂纹蛋、砂壳蛋、钢皮蛋、陈蛋、气室异位蛋、散黄蛋、血斑蛋、肉斑蛋、双黄蛋等均应剔除。

二、种蛋的保存

收集起来的鸡种蛋，往往不能及时入孵，需要保存一段时间。如果保存条件差，保存的方法不合理，也会导致种蛋品质下降，影响孵化率。因此，应严格按照种蛋保存对环境、温度、湿度及时间的要求进行妥善保存，以保证种蛋的品质。

（一）保存环境

种蛋应放在专用贮存室内，特别是大型的孵化场更为重要。贮存室应冬暖夏凉，空气新鲜，通气良好，清洁，无阳光直射，无冷风直吹，无蚊蝇、老鼠，无其他怪味。要将种蛋码放在蛋盘内，蛋盘置于蛋盘架上，定时翻蛋，并使蛋盘4周通气良好。

（二）保存温度

家禽胚胎发育的临界温度是 23.9℃，高于这一温度，胚胎就开始发育，但这种发育是不完全和不稳定的，容易造成胚胎早期死亡。低于这一临界温度，胚胎发育处于静止休眠状态。但温度过低时胚胎生活力下降，低于 0℃时，胚胎因受冻而失去孵化力。因此，孵化前种蛋的保存温度不能过高或过低。

一般建议将种蛋保存于 15℃，但根据保存时间的长短应有所区别。种蛋保存 3～4 天的最佳温度为 22℃；保存 4～7 天的最佳温度为 16℃；而保存 7 天以上者，应维持在 12℃。

（三）保存湿度

蛋内水分通过蛋壳上的气孔不断向外蒸发。种蛋保存湿度过低，则蛋内水分损失过多，气室增大，蛋失重过多，势必影响孵化率；湿度过高，易引起蛋面回潮，种蛋容易变质发霉。鸡种蛋保存适宜的相对湿度为 70%～80%。

（四）保存时间

种蛋保存时间越短，对提高孵化率越有利。在适当的温度条件下，保存时间一般不应超过 7 天。如果种蛋需要保存时间较长，可将种蛋装在不透气的塑料袋内，填充氮气，密封后放在蛋箱内。氮气可阻止蛋内物质和微生物的代谢，防止水分的过多蒸发，使种蛋保存期延长到 3～4 周，孵化率仍可达到 75%～78%。

（五）翻蛋

保存期间为了防止蛋黄胚盘与壳膜粘连，以致胚早期死亡，必须进行翻蛋，也称转蛋。一般认为，种蛋保存时间在 1 周以内，不必翻蛋。超过 1 周，最好每天进行 1 或 2 次翻蛋。翻蛋时，只要改变蛋的角度就行，如改变蛋架车角度或用手把放蛋容器分别改变高度1或2次就可以完成。

三、种蛋的消毒

鸡蛋产出之后往往被粪便、垫草污染。种蛋被污染后影响孵化率，污染孵化器及用具，传染各种疾病。因此，种蛋收集后应及时消毒，最好在蛋产出后半小时内进行，然后再送入贮蛋库存放。常用的种蛋消毒方法有以下5种。

（一）甲醛熏蒸消毒法

在国外，一般在鸡舍或孵化厂的消毒室进行消毒，每立方米用42毫升福尔马林和21克高锰酸钾，在温度20～24℃以上，相对湿度75%～80%以上的条件下，烟熏20分钟，效果很好，可杀死蛋壳上病原体的95%～98.5%。如在孵化机里消毒，则在入孵后马上进行，一般采用福尔马林28毫升，高锰酸钾14克，烟熏20分钟。在国内，多采用入孵时消毒，每立方米空间用福尔马林14毫升、高锰酸钾7克，烟熏0.5～1小时。

在实际操作时还可以在蛋盘架上罩以塑料薄膜，进行消毒。这样可缩小体积，节约用药量。

采用甲醛熏蒸消毒法时，应注意以下3点：

（1）种蛋在孵化器里熏蒸消毒时，应避开24～96小时胚龄的胚蛋。因为上述药物对24～96小时胚龄的胚胎有不利影响。

（2）福尔马林（40%）与高锰酸钾的化学反应剧烈，又具有很大的腐蚀性，所以应采用陶瓷或玻璃容器，先加少量温水，再加高锰酸钾，最后加入福尔马林。

（3）种蛋从蛋库移出或从鸡舍送至孵化厂消毒室后，如蛋壳上凝有水珠，熏蒸则对胚胎不利，应当尽量避免。可采取先提高温度，待水珠蒸发后，再进行消毒的方法。

(二)新洁尔灭消毒法

采用1∶1 000(5%原液+50倍水)的新洁尔灭溶液喷于蛋表面,或在40~45℃的该溶液中浸泡30分钟。

(三)紫外线照射法

将种蛋放在紫外线灯下40厘米处开灯照射1~2分钟,蛋的背面再照射1~2分钟即可。

(四)浸泡法

可用0.5%高锰酸钾溶液浸泡种蛋1分钟,取出沥干装盘存放。或将种蛋置于0.1%碘溶液中浸泡30~60秒钟,取出沥干存放。

(五)农福液消毒法

农福250是专用于种蛋的消毒剂,是国际上公认的优质产品,用1∶1 000浓度喷雾消毒,效果良好,且对机器没有腐蚀作用。

种蛋的消毒方法很多,但迄今为止仍以甲醛熏蒸消毒法和新洁尔灭消毒法最为普遍。这是因为它们的消毒效果良好,又便于操作。不过人们仍在继续探讨更有效、更简便的消毒方法,尤其是研究受某些疾病感染种蛋的消毒法。

四、种蛋的运输

引进种蛋时常常需要作长途运输,如果保护不当,往往引起种蛋破损和蛋黄系带松弛、气室破裂等而致使孵化率下降。运输种蛋时首先要妥善包装好,包装时可用塑料箱、木箱、竹箱、条箱等,但必须牢固和透气。最好用规格统一的运蛋箱,每层有蛋托相隔。如果用一般箱运输,箱内种蛋应用锯末、稻糠、麦秆等物填充隔离好,以防震动破坏。填充物应干燥,不发霉,无异味。蛋箱的周围、底部及顶部应多填些。蛋的大头向上,小头向下,蛋与蛋之间不宜靠得太紧,以防震动破坏。

运输工具要可靠,运输途中要平稳,尽量避免剧烈颠簸和震荡,冬季注意保温,夏季注意防暑和雨淋。

第三节 孵化条件

优质土鸡种蛋在孵化过程中,其胚胎在母体外的发育,完全依靠外界条件如温度、湿度、空气、翻蛋和凉蛋等。孵化条件是否适宜,直接影响胚胎的生长发育,从而影响孵化率的高低和雏鸡品质的优劣。因此,必须根据鸡的胚胎发育特点,提供最适宜的孵化条件,才能保证胚胎的正常发育,取得良好的孵化效果。

一、温　度

温度是胚胎发育的首要条件,必须严格而正确地掌握。因为只有在适宜的孵化温度下,才能保证蛋中各种酶的活动和胚胎正常的物质代谢,从而保证胚胎生长发育的正常。一般情况下,鸡胚胎适宜的温度范围为37.8～38.2℃。温度过高、过低都会影响胚胎的发育,严重时可造成胚胎死亡。如果孵化温度超过42℃,经2～3小时以后即造成胚胎死亡;相反,孵化温度低,胚胎发育迟缓,孵化期延长,死亡率增加。如果温度低至24℃时,经30小时胚胎便全部死亡。

通常立体孵化器孵化鸡种蛋的温度范围为36.9～37.8℃,但在胚胎发育的不同阶段,对温度的要求有差异。孵化前期胚胎物质代谢处于低级阶段,只产生少量的热,尚无调节体温的功能,需要稍高而稳定的孵化温度以刺激糖类代谢,促进胚胎的发育。但温度不能过高,尤其在2～3日龄时,温度过高,易使心脏紧张,血管过劳,而导致血管破裂,发生所谓“血圈蛋”的死胚。孵化中期,胚胎的物质代谢日趋复杂,脂肪代谢增强,产热渐多,要相应降低孵化温度。孵化后期,胚体增大,脂肪代谢剧烈,产生大量的热。此时蛋温可比器内温度高1.9～3.3℃,如不降低孵化温度,就会妨碍胚胎体热的散发,并产生大量乳酸等有害代谢产物,从而导致死胚。使用立体孵化器孵化鸡蛋时,温度要求是:孵化前期37.8℃;孵化中期37.4℃;孵化后期37.1～37.2℃。这种根据胚胎发育不同阶段的需要而施温,通常称为“变温孵化”。如果种蛋数量不足,需每隔3～5天入孵一批,使一台孵化器内有数批不同日龄的胚蛋,孵化温度应控制在37.5～37.8℃。到18～19日龄后移入出雏器内,出雏器温度37～37.2℃。这种施温程序通称“恒温孵化”。

在孵化实践中,孵化温度还受孵化机类型、性能、种蛋类型以及外界气温等因素的影响,需视具体情况,加以灵活掌握。在使用各种型号孵化机时,应按说明书规定的温度施温,通过使用验证,予以调整,确定适宜的孵化温度。肉用型的种蛋比兼用、蛋用型的大,蛋壳也较厚,温度要求稍高些。根据现代孵化室的要求,室温要控制在10～20℃之间,而目前许多孵化室室温随季节气温变化而变化,从而影响机内温度。一般以室温18～20℃、机温37.8℃为基础,如室温变化范围在12～32℃之间,机内温度相应升降0.19～0.56℃。

二、湿　度

湿度也是鸡孵化的重要条件之一,但它不如对温度要求那样严格。即使相对湿度有一定的偏差,也不致严重影响孵化率。但尽管如此,为了保证胚胎的正常生长和发育,获得较高的孵化率,孵化时必须保证适宜的湿度。孵化期间湿度的掌握原则是“两头高,中间低。”孵化前期要求稍大的湿度使胚胎受温良好，并减少蛋中水分蒸发而利于形成胚胎的尿囊液和羊水。此期湿度以55%～60%为宜。孵化中期，随着胚胎发育，胚体增大，需排出尿囊液、羊水以及代谢产物，故需降低湿度到50%～55%，以利于胚蛋中水分的蒸发。孵化后期，为了促进胚胎散发体热，防止胚胎绒毛与壳膜粘连，并使蛋壳变脆，利于胚胎破壳出雏，应提高湿度到65%～70%。采用"恒温孵化"时，所给湿度在孵化器内应为53%～57%，出雏器内应为65%～70%。无论"变温孵化"或"恒温孵化"，当雏鸡出壳达10%～20%时，应将湿度提高到75%以上，以便雏鸡顺利出壳。

三、通　风

在天然孵化时通风不成问题。如果机器孵化，孵化机密闭，则种蛋需要的氧气多，排出二氧化碳也多，因此通风是孵化的必要条件之一。

胚胎对氧气的需要随胚龄递增成正比例增加。孵化前期胚胎的物质代谢正处于低级阶段，需要氧气量很少，胚胎只通过卵黄囊血液循环系统利用卵黄内的氧气。孵化中期，胚胎代谢作用逐渐加强，对氧气的需要量增加。尿囊形成后，通过气室、气孔利用空气中氧气，排出二氧化碳进行气体交换。孵化后期，胚胎从尿囊呼吸转为肺呼吸，每昼夜需氧量为初期的110倍以上。研究与实践证明，胚胎周围空气中二氧化碳含量不得超过0.5%，当通风不良时，二氧化碳可急增到1.5%～2%，此时胚胎发育迟缓或胎位不正，或导致畸形和引起中毒死亡，致使孵化率下降。

通风、温度、湿度之间有密切的关系。如孵化器内空气流通，通风良好，散热快，则湿度小。反之湿度就大，余热增加。通风过大，箱内温度、湿度难以保持。一般孵化器内风扇转数为150～250转/分钟，每小时通风量以1.8～2.0立方米为宜。同时根据孵化季节及孵化器内种蛋胚龄大小，调节进出气孔，以保持空气新鲜和温度、湿度适宜。

四、翻　蛋

在人工孵化期间要进行翻蛋，特别在孵化前、中期更为重要。翻蛋的主要作用在于防止胚胎与壳膜的粘连，促进胚胎运动，保持胎位正常，并起调节体温作用。

由于孵化用具不同，翻蛋方法、次数、角度也不同。大型电孵机每昼夜翻蛋6～8次，翻蛋的角度应达到90°以上。平面孵化器与我国一些传统孵化方法，因受热不均匀，在孵化前、中期每昼夜手工翻蛋4～6次，每次用手抓拿滚动90°，切不可次数太多，避免影响保温。在孵化后期应减少翻蛋次数，出壳前几天停止翻蛋，以利于出壳。

五、凉　蛋

凉蛋具有积极的生理作用。凉蛋适当地降低了孵化机内的温度，可达到彻底通风换气，促进胚胎活动和散热，增强胚胎抗寒力和生活力的目的。一般地区，在种蛋入孵后的第5天开始每天早、晚凉蛋各1次。在海拔比较高的地区，5～11日龄每天凉蛋2次，或从11日胚龄开始至落盘前每天凉蛋3次，孵化效果好。凉蛋时间一般为半小时，胚胎发育好时，凉蛋时间长达1小时才能将蛋温降下去。

第四节　孵化方法

我国地域辽阔，地理条件、气候条件、经济条件和科技水平等都有很大的差别，就是同一地区的各个养鸡企业，种蛋孵化也不可能一致。有传统的、比较落后的孵化方法，如温水缸孵化法、桶孵化法、火炕孵化法、火炕平箱孵化法、温室摊床孵化法、热水袋孵化法和煤油灯供温孵化法等，这些方法适用于缺电、规模小和资金紧缺的养鸡专业户或鸡场。而现代化、集约化和大型的养鸡场，上述的孵化设备和方法是不能适应它的需要的，必须采用现代先进的立体孵化设备和孵化方法。但是，不管采用何种孵化设备和方法，只要能满足种蛋孵化条件，受精蛋就能孵出小鸡。

人工孵化可分为机器孵化法与传统孵化法两种。

一、机器孵化法

近年来，随着优质土鸡生产的发展，机器孵化日趋普及，而且向着大型化、自动化方向发展。目前已普遍采用电孵化器和电脑孵化器，自控程度较高，对孵化员要求熟悉孵化管理技术。孵化机内所需的温度、湿度、通风和翻蛋等项操作可自动控制，孵化量大，劳动强度大大减轻，便于管理，且孵化效果好。

进行机器孵化时，应按生产工艺过程做好以下工作。

（一）孵化前的准备

1. 检修　孵化前应对孵化器的电热系统、风扇、电动机、翻蛋系统进行检修，并观察全部机件运转是否正常，避免孵化中途发生事故。

2. 消毒　为使雏鸡不受疾病的感染，种蛋存放室和孵化室的地面、墙壁、孵化器及其附件均需彻底消毒。

3. 试温　孵化前应进行试温观察2～3天，证明一切正常后方可进行孵化。

(二)种蛋入孵前的预温

种蛋保存期的温度一般较低,所以从贮存室取出后不能直接入孵,应经过预温处理。先将种蛋放在孵化室或室温22～25℃环境下预热4～6小时,使种蛋温度逐渐上升,比较接近孵化温度再入孵,这样可以减少因温度突然上升而引起部分弱胚死亡,而且预温后种蛋升温快,胚胎发育整齐,出雏时间较一致。

(三)上蛋入孵

将种蛋的钝端朝上,放入孵化盘后即可入孵。鸡蛋有整批入孵和分批入孵两种方式。整批入孵是一次把孵化机装满,大型孵化场多采用整批入孵。分批入孵一般可每隔3天、5天或7天入孵一批种蛋,出一批雏鸡。但注意各批次的蛋盘应交错放置,这样新老胚蛋可相互调温,使孵化器里温度较均匀,又可使蛋架重量平衡。入孵的时间最好安排在16～17时,这样一般可在白天大批出雏,有利于工作的进行。

(四)入孵后的管理

现代的立体孵化机,机械化、自动化程度较高,管理的重点除随时观察孵化机内的温度、湿度变化情况,以便及时调节外,还主要观察孵化机运转是否正常,所用仪器、仪表有无失灵情况,供水、供电系统是否正常等。若有异常情况出现,应及时排除故障,保证孵化的正常进行。在规模较大的孵化场或经常停电的地区,应自备发电机,以便停电时能立即发电。如没有这种条件,则应在孵化室设有火炉或火墙,以准备临时停电时生火加温。

(五)照蛋

按照规定,孵化期内应照蛋3次,以便及时验出无精蛋和死胚蛋，并了解胚胎生长发育情况。

(六)移盘(或落盘)

鸡蛋19天进行最后一次照检，将死胚蛋剔除后，把发育正常的蛋转入出雏机继续孵化，叫做"移盘"。有时孵化机没有专设出雏机，只在孵化机的下部设有出雏盘，末期将蛋放入出雏盘叫做"落盘"。移盘(落盘)时，如发现胚胎发育普遍延缓，应推迟移盘(落盘)时间。移盘后注意提高出雏机内湿度和增大通风量，停止翻蛋。在育种工作中需要进行系谱孵化时，移盘(落盘)应按同一母鸡的蛋装入出雏盘的同一小格间内或同一系谱孵化罩内，也可将种蛋逐个装入系谱孵化袋内继续孵化。

(七)出雏的处理

在孵化条件掌握适度的情况下，孵化期满后即出壳。出雏期间不要经常打开机门，避免降低机内温度、湿度，影响出雏整齐。一般每2小时拣1次即可，已出壳的雏鸡应待绒毛干燥后分批取出，并将空蛋壳拣出以利继续出雏。出雏开始后应关闭机内的照明灯，避免引起雏鸡的骚动。在出雏末期，对已啄壳但无力出壳的弱雏可进行人工破壳助产。助产要在尿囊血管枯萎时方可实行，否则容易引起大量出血，造成雏鸡死亡。雏鸡从出雏机拣出后即可进行雌雄鉴别和免疫。出雏完毕后应及时清洗、消毒出雏机与出雏盘，以备下次出雏时使用。

(八)做好孵化记录

每批孵化，应将上蛋日期、蛋数、种蛋来源、照蛋情况、孵化结果、孵化期内的温度变化等记录下来，以便统计孵化成绩或做总结工作时参考。孵化记录表的样式见表4-1和表4-2。

表 4-1 孵化记录表

孵化机编号_____ 管理人员_____ 入孵日期_____ 种蛋品种_____ 入孵种蛋数_____

日期或天数	室内（平均）		机内（平均）		照蛋（枚）				受精率（%）	出雏情况（只）				孵化率（%）	健雏率（%）	备注
	温度（%）	湿度（%）	温度（%）	湿度（%）	头照		二照	三照		健雏数	弱雏数	合计	死胎数			
					无精蛋	死精蛋	死胚蛋数	死胚蛋数								

表 4-2 孵化情况一览表

年　月　日

批次	品种	种蛋留用期	入孵日期	入孵时间	入孵蛋数	验蛋（枚）			出雏情况（只）					受精率（%）	受精蛋孵化率（%）	入孵蛋孵化率（%）	出雏结束时间	备注
						无精	死精	破蛋	移盘数	正常雏	弱雏	残死	死胎					
第　批																		

二、传统孵化法

（一）炕孵化法

炕孵化法是我国北方普遍采用的孵化方法。炕孵化设备简单，仅需要有火炕、摊床、棉被和单被等物。

火炕多以土坯或砖砌成，炕上铺有麦秆或稻草，上面再铺上草席，火炕的大小应视房间的大小及孵化量而定。炕高约 70 厘米，宽约 2 米。孵化量大时，可分热炕和温炕，前者放刚入孵的新蛋，后者放已经孵化的老蛋。孵化到中期种蛋将转入摊床上孵化。

火炕孵化应十分注意温度调节。根据不同季节、气候及种蛋的胚龄，通过烧炕的次数与时间、覆盖物的多少、翻蛋、凉蛋等方法来调节孵化温度。鸡蛋入孵头 11 天温度较高，尤以头 2 天最高，12 天后上摊温度可稍低。温度变化情况见表 4-3。

表 4-3　火炕孵化法的孵化温度

孵化日期（天）	1～2	3～5	6～11	12	13～14	15～16	17～21
温度（℃）	41.5～41	39.5	39.0	38.0	37.5	38.0	37.5

火炕孵化一般 5～6 天入孵一批，头照在第 5～7 天，二照在第 11 天。照蛋的同时进行移蛋，头照后将种蛋移至离火源远的地方或移至“温炕”上继续孵化，二照后将种蛋移至摊床上出雏。温炕孵化要求每 4～6 小时翻蛋 1 次，将上下层的蛋、边缘与中间的蛋对调，使之受热均匀，第 19 天后停止翻蛋。

种蛋孵到 11～12 天照蛋后移入摊床。此时应将蛋盘移到摊床上继续孵化，称为上摊。在上摊时应将室温适当提高，以防凉蛋。上摊后仍盖棉被，这时由于胚胎发育很快，种蛋本身产生的热量越来越多，所以更应注意蛋温的调节。随着孵化时间的推移，可将棉被换成毯子、被单等，逐步减少覆盖物。

当孵化到 17～18 天时，将蛋盘单层摆在摊上，以防止蛋温过高，准备出雏。如果是两层摊床，开始上摊应放在上层，因房子上部温度比下部高。到 17～18 天时，从上层移至下层，因出雏时要求蛋温稍低。19 天后停止翻蛋。如果 19 天有少数蛋破壳，则可以听到雏鸡叫声。20 天时有少量雏鸡出壳和半数以上蛋破壳，则说明第 21 天可大量出雏。

出雏期间不要取雏过勤。一般摊上布满一层干毛的雏鸡后再取。对刚出壳的雏鸡不要取，待下次再取。取完雏鸡随即拣去蛋壳，避免影响其他种蛋出雏。将剩余蛋集中在一起，使其继续孵化，等待出雏。一般第一次取雏鸡在半数以上，8～12 小时后取第二次，第三次取雏扫盘，结束本批孵化。

（二）缸孵化法

缸孵化法主要设备有孵缸及蛋箩。孵缸用稻草和泥土制成，壁高 100 厘米，内径 85 厘米，中间放有铁锅或黄砂缸，用泥抹牢。铁锅离地面 30～40 厘米，囤壁一侧开 25～30 厘米的灶口，以便生火加温。锅上先放几块土砖，然后将蛋箩放在上面，一般每箩可放种蛋 1 000 枚。

缸孵分为两期，即新缸期与陈缸期。新缸期为第 1～5 天。种蛋入缸前先使缸内温度达 39℃以上，缸内不能太潮湿。入孵后 3～4 小时开始翻蛋，以后每 4～6 小时翻蛋 1 次，主要将上层蛋与下层蛋、边蛋与心蛋互换位置。第 6～10 天为陈缸期，缸温维持 38℃。上摊以后温度的掌握同火炕孵化。

（三）平箱孵化法

在地面砌筑加温烟道，上面安装用木料、纤维板制成带夹层的保温孵化箱。箱高 1.2 米，宽 1 米，长 1 米或 2 米，由下面烟道供温，上面是孵化部分，箱内设7层架，上6层放孵化蛋盘，底层做一个隔热板。做好入孵前的一切准备工作。

种蛋入孵前关好箱门，蛋盘上放置温度计，烧烟道加温，使上面孵化箱内温度达到38℃。种蛋装盘入孵后每隔4小时把种蛋转动1次。箱内上下层温度可能不同，可根据温差情况上下调盘，使箱内种蛋受热均匀。为保证孵化箱所需温度，每天要烧4或5次烟道。孵化到第19天，可减少烧烟道的次数，让箱内温度保持在36℃即可。孵化到第21天，可向蛋面喷洒55℃温水，增加湿度，从而有利于雏鸡破壳，提高孵化率。

（四）温室孵化法

温室孵化法是在温室中采用活动蛋架翻蛋的方式进行孵化的一种方法。它主要由温室、炉灶火道和蛋架3部分构成。

1．温室　它是孵化的主要部分。温度的大小可根据各自生产规模而定。例如，一间长5米、宽3.5米、高2米的温室，可一次入孵鸡蛋万枚左右。作温室的房子应坐北朝南，地势干燥，保温隔热良好。它的门窗最好用双层，关闭紧密，以利保温。温室的顶部要有出气孔。装设可左右推动的活动门，以便调节温度。温度的热源主要由炉灶和火道组成，也有用热水管或电热丝供热的。炉灶一般安在室外，灶膛比火道低20～30厘米，可用耐火砖砌成。火道可用砖砌，也可用瓦管或旧铁管连接而成，要求密封良好，不漏烟火。火道与炉灶成“U”形，均匀地排列在温室两边；靠近灶端的火道应埋入地下15～20厘米深，然后逐渐向烟囱方向升高，倾斜度约为3°。烟囱设在室外，其高度不应小于火道的长度。

在火道入口或烟囱出口处,可装设活动的铁插板,用以控制火力大小,调节温室温度。

2. 蛋架　蛋架一般安在温室中间,两边为火道和走廊。蛋架的形式大多采用木制活动蛋架,也有的用半自动蛋架。架高一般为 140～160 厘米,分 6～8 层,每层相距 15～20 厘米。最低层离地 30～40 厘米,顶上层距温室天棚40～50 厘米。每层都有放蛋盘的木框,蛋盘套在木框内。各层木框都有转动的轴心,使蛋框可两边倾斜摆动,倾斜度一般为 45°～50°,通过框架的倾斜摆动,达到定期进行翻蛋的目的。

3. 摊床　摊床结构和孵化操作与前几种孵化法相同。鸡蛋在温室内孵化至 14～15 天时,胚胎已能产生自温,此时应转入摊床孵化。也有的不设摊床,而在温室内蛋架底层置接雏盘,把快出壳的蛋放在蛋架下层,小鸡出壳后让其掉入接雏盘中,这样就不需要另设摊床孵化了。

4. 管理要点　温室孵化的操作管理与平箱孵化差不多。要注意蛋架上层的温度通常高于下层的温度,靠近炉灶一端的温度高于靠近烟囱一端的温度。因此,每天应将上下、前后的蛋盘互换位置一次。湿度控制可通过在室内设水盘或洒水来掌握。

(五)水袋孵化法

水袋孵化法是在火炕上,放一高 20 厘米左右的木框,木框中放一塑料袋,袋中放热水。温度是靠烧炕、更换塑料袋中的水来控制的。翻蛋、凉蛋等程序与炕孵化法相同。使用水袋孵化时,要注意以下 5 点:

(1)塑料袋要大于木框,否则塑料袋装水后易于活动,会使种蛋滑落于塑料袋及木框之间,而不能孵化,也不容易翻蛋。

(2)要注意不可使塑料袋漏水。有时把塑料袋内装上水后，并不漏水，当把种蛋放在塑料袋上时，由于种蛋的压力，会使塑料袋渗水而把种蛋泡在水中。

(3)烧炕加温时，要注意不可使室内温度过高，以防摊床上种蛋温度过高。

(4)塑料袋换水时，先放出冷水，然后加热水。放多少水，需加多高温度的水，加多少可提高多少度，应事先试好。加入热水后，应轻轻推动塑料袋，使塑料袋内水温均匀。

(5)入蛋时，种蛋不可放在塑料袋边缘，避免翻蛋时水袋摇动使边蛋与木框相碰。

(六)电褥孵化法

电褥孵化法以电褥子为热源，供热稳定，设备简单，成本低，孵化量可大可小，适合于家庭和专业户使用。孵化室利用普通房屋就可以，但要求室内保温、通风良好，温度保持在 22～24℃即可。

孵化床可用木床代替，床面用谷草、稻草等铺平，上面铺电褥子。电褥子上面再铺一层棉被，通电后使温度达到 40℃。

温度的检查与调节是在蛋中摆放温度计，入孵后每隔 30 分钟检查 1 次，也可用眼皮感温法检查。检查温度时以下层蛋为主，同时也要检查上、中层和边缘的蛋温。蛋温过高时，可通过减少被层、提早翻蛋和凉蛋等措施来降温；蛋温低时，可采取增加被层或延迟翻蛋时间等措施来提高温度。

第五节 孵化效果的检查与分析

种蛋在孵化过程中，通过照蛋、称重、解剖，以及啄壳出雏时的一系列检查，及时发现胚胎发育是否正常，了解胚胎死亡情况并分析其原因后，应及时采取调整孵化条件、改进优质种用土鸡饲养管理和加强种蛋管理等措施，以提高孵化效果和经济效益。

一、照蛋检查

照蛋是在孵化期间用照蛋器透视胚胎发育情况，是孵化工作中必须掌握好的一项技术。通过照蛋可以全面了解胚胎发育情况，了解所采取的孵化条件是否合适，如不合适即进行调整，使胚胎发育正常，以利提高孵化效果。

孵化期间一般可进行1～3次照蛋。对孵化率高且始终稳定在良好状态下的孵化场，一般仅在入孵3～7天进行1次照蛋，即只进行头照；对孵化水平不稳定，尤其是孵化经验不足，或对孵化器性能了解不够的，则以3次照蛋为宜(表4-4)。孵化第18～19天的照蛋与移盘结合进行。

表4-4 发育正常的活胚蛋与各种异常胚蛋的辨别

项目	头照	二照	三照
	入孵天数		
	5～7	10～17	18～19
目的	拣出无精蛋和早期死精蛋，掌握胚胎发育情况，调整孵化条件	抽检孵化器中不同位置胚蛋的胚胎发育情况，调整孵化条件	拣出死胎蛋，确定出雏期和孵化条件

续表 4-4

项目		头照	二照	三照
		入孵天数		
		5～7	10～17	18～19
主要特征	活胚蛋	血管网鲜红，呈放射状，扩散面大，胚胎上浮或隐约可见，可见明显黑色眼点，蛋黄下沉	蛋内布满血管，气室大而界限分明，尿囊在蛋的小头合拢	气室倾斜，内有黑影闪动，除气室外，胚胎占满蛋的整个容积，尿囊血管网不明显
	弱胚蛋	黑色眼点看不到或不明显，血管颜色淡红、纤细，扩散面小	尿囊未在小头处合拢，小头发亮	气室较小且边缘不整齐，可见红色血管，小头发亮
	无精蛋	蛋色浅黄、发亮，蛋黄悬于中央，一般不散黄，看不到血管	散黄	散黄
	死精蛋（血蛋）死胚蛋（毛蛋）	黑色血线或血点、血弧、血环紧贴壳上，有时可见死胚的小黑点静止不动，蛋内混浊，蛋黄沉散	可见死胚黑影，与蛋黄分离并固定在蛋的一侧，血管模糊或无血管，小头发亮	气室小而不倾斜，边缘模糊不清，胚胎不动，见不到"闪毛"
	破蛋	见有裂纹，有时气室在侧面		
	腐败蛋	蛋色呈一致的紫褐色，有异臭味		

二、蛋重的变化

在孵化过程中，由于蛋内水分的蒸发，蛋重逐步减轻。其失重多少，随孵化机中的相对湿度、蛋重、蛋壳质量（蛋壳水汽通透性)及胚胎发育阶段而异,详见表 4-5。

表 4-5 种蛋在不同孵化期中失重情况

孵化天数	6	9	12	15	19
失重(%)	2.5～3	5～7	7.5～9	10～11	12～14

蛋重测定方法:先称一个孵化盘重量;将种蛋码在该孵化盘内称其重量,减去孵化盘重量,得出总蛋重;以后定期称重,求减重的百分率,与表 4-5 中数字对照。一般有经验的孵化人员,可以根据种蛋气室大小以及后期的气室形状,来了解孵化湿度和胚胎发育是否正常。但有时在相同湿度下,蛋的失重可能相差很大,而且无精蛋和受精蛋的失重并无明显差异。故不能以失重多少作为胚胎发育是否正常或影响孵化率的惟一标准,仅作参考指标。

三、出雏时的检查

如出雏时间正常,啄壳整齐,出壳持续时间(开始出壳至全部出完为止)约 40 小时,死胚蛋(毛蛋、脚蛋)的比例约 10%,说明温度掌握得当或基本正确。死胚蛋超过 15%,二照胚胎发育正常,出壳时间提早,弱雏中有明显“胶毛”现象,这是二照后温度太高造成的。如果死胚蛋集中在某一个胚龄时致死,显然说明温度太高。二照胚胎发育正常出壳时间推迟,弱雏较多,体软肚大,死胎比例明显增加,这说明是二照后温度偏低所造成的。

四、死胚的病理剖检和死亡曲线分析

(一)死胚的病理剖检

剖检死胚可能会查明胚胎死亡的原因。种蛋品质不良和孵化条件不适当时，死胚往往出现许多病理变化。因此每次照蛋后，特别是最后一次照蛋和出雏结束时，如果胚胎死亡超出正常死亡数，应将死胚进行解剖。检查死胚外部形态特征，判别死亡日龄，然后剖检皮肤、肝、胃、心脏、肾、腹膜等组织器官，注意其病理变化，如贫血、充血、出血、水肿、肥大、萎缩、变性以及畸形等，从而分析其死亡原因。

（二）死亡曲线分析

在种蛋品质良好、孵化条件控制合理的正常情况下，胚胎也会发生死亡。一般情况下，优秀的孵化率按入孵蛋计算应达到 85%，无精蛋低于 4%～5%，头照死胚蛋不超 2%，二照死胚蛋 2%～3%，落盘后死胚蛋 6%～7%。胚胎死亡有一定的规律，死亡率曲线是一定的，即在 2～4 胚龄和 18～20 胚龄时出现两个死亡高峰。前期死亡高峰是由于入孵 2～4 天正是胚胎迅速生长、形态变化最显著的时期，各种胚胎膜相继形成而其功能尚不完善，此时胚胎对外界环境变化较敏感，一些弱胚很容易死亡，形成第一个死亡高峰；后期死亡高峰是由于入孵 18～20 天时，正是胚胎尿囊呼吸功能减退而肺呼吸功能逐渐加强的时期，此时期如果通风不良、散热不好等，都会使胚胎死亡增多，形成第二个死亡高峰。

当胚胎死亡曲线异常，如孵化前期死胚绝对数量增加，多属遗传因素、种蛋贮藏或凉蛋不当、种蛋消毒不当、孵化温度太高或太低、翻蛋不足所致；孵化中期死胚率高，多属种蛋中维生素和微量元素缺乏、温度不当或种蛋带有病原体所致；后期死胚绝对数量增加，多属孵化条件不正常、遗传因素影响、胚胎有病、气室异位等造成。如果在孵化过程中某一天死胚数量增多，很可能是突然超温或低温所造成。

为了便于检查胚胎死亡原因，每次照蛋时剖检死胚蛋判别其死亡日龄，并登记数量，即可绘制胚胎死亡曲线，然后与正常死亡曲线比较。但是为了简便起见，不需剖检死胚，而按每次照蛋和最后的死胚数量，也可大致确定孵化期胚胎的死亡曲线。

五、影响种蛋孵化率高低的因素

影响孵化率的因素很多，除直接影响孵化成绩的孵化技术条件（如前所述的温度、湿度、通风、翻蛋、机器性能等）外，其他主要来自种鸡、种蛋、海拔高度、季节等方面的因素。

（一）种鸡方面的因素

1. 与遗传育种有关　不同鸡种、品系，甚至各个家系和各个个体之间孵化率均有差异。近亲繁殖的种蛋孵化率就低，杂交种蛋孵化率就高，一般蛋用品种的鸡受精率和孵化率都比肉用品种的高。

2. 与种鸡的年龄有关　初产种母鸡的蛋孵化率低，孵出的小鸡也弱小，种母鸡在 27～55 周龄所产的蛋孵化率最高，而后随年龄增长逐渐下降。

3. 与种鸡产蛋量高低有关　种母鸡产蛋率与孵化率呈正相关，产蛋率高时孵化率也高。

4. 与种鸡的健康状况有关　种鸡感染新城疫、传染性支气管炎、大肠杆菌病、鸡白痢、慢性呼吸道疾病、黄曲霉菌毒素中毒等，均会导致孵化率下降，雏鸡体弱多病。有些疾病，如慢性呼吸道疾病、鸡白痢等会将病原体垂直传播给种蛋，应高度重视。

5. 与种鸡日粮的营养水平有关　种鸡饲料营养水平不足、过量或不平衡等，都不能向种蛋提供充足而平衡的营养以保证胚胎的正常发育。如缺乏维生素 A、维生素 B_2 时，无精蛋增多，2～3天鸡胚死亡率高，生长迟缓，尿酸盐沉积；如缺乏维生素 B_2 时，还可引起鸡胚脚趾卷曲，呈“镰刀”状，绒毛稀少呈结节状；如缺维生素D时，鸡胚8～16天死亡，皮肤出现浆液性囊泡状水肿；如缺维生素 B_{12} 时，鸡胚多死于16～18天，破壳难而闷死于蛋壳内；如矿物质元素缺乏，则会造成鸡胚躯体和四肢变形，破壳困难。

(二)种蛋的因素

种蛋的大小、形状、蛋壳质量，以及运输和保存条件等均与孵化率有关。入孵不合格种蛋增多，如薄壳蛋、砂壳蛋等在孵化中水分蒸发快，鸡胚很容易死亡或发育成弱雏，种蛋在运输中受到碰撞震颤，会引起散黄、系带断裂、蛋壳破裂；种蛋贮存受低温冻伤或受高温影响、消毒方法不正确均可使死胚增多。另外，种蛋产出后由于环境污秽，使种蛋受到污染，在孵化中就会出现爆裂蛋增多，这也会影响孵化率及雏鸡质量。

(三)海拔高度的影响

海拔越高，气压越低，空气含氧量也越少，种蛋的孵化率随海拔高度的升高而降低。但随着养鸡科学技术的发展进步，由于品种的遗传选育对环境适应性的增强，以及营养水平的日趋完善，特别是孵化设备的不断改进，其对温度、湿度、空气等孵化条件的控制越来越准确、适宜，影响鸡胚生长发育的各种条件得到了科学的根本性的改进，所以海拔高度对孵化率的影响也不太明显。实际生产中，在海拔1 900～2 000米的地区，各种条件控制得好，入孵蛋孵化率一般可在75%以上，最好可达85%～90%。

(四)季节性的影响

环境温度过高或过低时所产的蛋，其孵化率也低。夏季高温季节，种鸡采食量下降，若不调整种鸡日粮配方，则营养不足，蛋白稀薄，孵化率低；冬天气温低，种鸡性欲差，同时也常受冻害，种蛋受精率低，致使孵化率下降。

第六节　雏鸡的雌雄鉴别、分级和运输

一、雏鸡的雌雄鉴别

在优质土鸡生产上及早鉴别出雌雄雏鸡，具有重要的经济意义，如果不能掌握这门技术，就不容易进一步提高经济效益。

(一)肛门鉴别法

1. 看肛门张缩　将出壳雏鸡握在手中，使肛门朝上，吹开肛门周围的绒毛，用左右手拇指拨动肛门外壁，观察雏鸡肛门张缩情况。拨动时如果肛门闪动快而有力，就是雄鸡；如果闪动一阵停一会，再闪动一阵，张缩次数少而慢，同时容易将肛门翻开，就是雌鸡。

2. 翻肛门看生殖突起　先轻轻地握住刚出壳的雏鸡，排掉它的粪便，再翻开肛门的排泄口，观察生殖突起的发达程度和状态。观察时主要是以生殖突起的有无和隆起的特征进行鉴别。

雄鸡的生殖突起(即阴茎)位于泄殖腔下端八字皱襞的中央，是一个小圆点，直径 0.3～1 毫米，一般 0.5 毫米，且充实有光泽，轮廓明显。雌鸡的生殖突起退化无突起点，或有少许残余，显然正常型的呈凹陷状。少数雌鸡的小突起不规则或有大突起，但不充实，突起下有凹陷，八字皱襞不发达。有些雄鸡的突起肥厚，与八字皱襞连成一片，且比较发达。

这个方法最好是用来鉴别出壳12～24小时内的雏鸡。因为此时雌雄鸡生殖突起差异最明显，以后随着时间的推移，突起就会逐渐萎缩而陷入泄殖腔的深处，不容易鉴别。

3. 用仪器观察　把安在光学仪器尖端的小玻璃管，从小鸡肛门插入直肠内，通过肠壁来观察卵巢和睾丸，雄鸡左右侧各有1个睾丸，呈黄色，形似香蕉；雌鸡只在左侧有1个卵巢，三角形，呈桃红色，右侧卵巢退化。用这个方法同样要求熟练，否则会弄破肠壁影响鸡的健康成长，熟练后鉴别速度也较快，每6分钟可鉴别100只左右。

(二)伴性遗传羽毛鉴别法

1. 用伴性遗传羽色来鉴别　此法就是应用伴性遗传的羽色这一性状进行鉴别。由于亲代雌鸡的白色羽毛这一性状是显性，亲代雄鸡的红色羽毛这一性状为隐性，因而在子代雏鸡中，凡是白色羽毛的都是雄鸡，凡是红色羽毛的都是雌鸡。例如，我国引进的罗斯、罗曼、伊莎、星杂579等商品代鸡，就是应用这个方法来鉴别雏鸡雌雄的。

2. 用伴性遗传快慢羽来鉴别　用速羽型的雄鸡与慢羽型的的雌鸡进行交配，其子代雏鸡凡是慢羽型的都是雄鸡，凡是速羽型的都是雌鸡。鉴别的操作方法是，将雏鸡翅膀拉开，可看见两排羽毛，前面一排叫主翼羽，后面一排叫覆主翼羽，覆盖在主翼羽上。如果主覆羽的毛管比覆主翼羽的长，就是雌鸡；如果两排翼羽平齐，不分长短，就是雄鸡。

(三)体形外貌鉴别法

1. 看羽毛　雏鸡出壳后4天，开始换新羽毛，如果此时胸部和肩尖已有新羽毛长出，就是雌鸡；没有新羽毛长出，就是雄鸡，雄鸡一般出壳后7天，胸部和肩尖才能见到新羽毛。兼用型鸡和杂交鸡可根据翅、尾羽生长的快慢来鉴别。一般小雌鸡的翅、尾羽长得比小雄鸡快。此外,翼羽形状在小鸡阶段雌雄也有区别。公鸡翅膀长出的新羽毛为尖形,雌鸡的则为圆形;红羽品种小雌鸡的翅羽颜色浅,雄鸡较深。

2. 看鸡冠和肉髯　鸡冠和肉髯是鸡的第二性征,一般来说,雄鸡的冠基部肥厚,冠齿较深,颜色较黄,肉髯明显;雌鸡的冠基部薄而矮小,冠齿较浅,颜色微黄或苍白,肉髯不明显。

3. 看外表　雄鸡的外表特征是头大,眼圆有神;喙长而有尖钩,好啄斗;体长,眼高,脚胫粗,叫声粗短而声音清脆;行走时两只脚的脚印成一条直线,倒抓时双脚和头钩起,握在手中想挣脱,喂食时争吃,而且吃得快。雌鸡与雄鸡相反,头小,眼睛椭圆,反应迟钝,喙短而圆直,性情温和;体圆,眼矮,脚颈细;握在手中无反抗能力,行走时两只脚的脚印互相交叉;叫声细长而声音尖嫩,倒抓时双脚和头伸直;开食迟,吃得慢。

(四)出壳时间鉴别法

同一批孵化的雏鸡,20.5 天时出壳的雄鸡占多数,第 21 天出壳的雌雄鸡数均等,第 21 天以后出壳的雌鸡占多数。

二、雏鸡的分级

每次孵化,总有一些弱雏和畸形雏,孵化成绩越差,弱雏和畸形雏越多。雏鸡经性别鉴定后,即可按体质强弱进行分级,将畸形雏如弯头、弯趾、跛足、关节肿胀、瞎眼、顶脐、大肚、残翅等予以淘汰,弱雏单独饲养。这样可使雏鸡发育均匀,减少疾病感染机会,提高育雏率。健雏与弱雏的挑选可参考表 4-6。

表 4-6 健雏和弱雏的区别

项目	健雏	弱雏
出壳时间	正常时间出壳	过早或最后出壳
绒毛	绒毛整洁，长短适合，色素鲜浓	蓬乱污秽，缺乏光泽，有时绒毛短缺
体重	体态匀称，大小均匀	大小不一，过重或过轻
脐部	愈合良好，干燥，其上覆盖绒毛	愈合不好，脐孔大，触摸有硬块，有黏液，或卵黄囊外露，脐部裸露
腹部	大小适中，柔软	特别膨大
精神	活泼，腿干结实，反应快	痴呆，闭目，站立不稳，反应迟钝
鸣声	响亮而清脆	嘶哑或鸣叫不休
感触	有膘，饱满，挣扎有力	瘦弱，松软，无力挣扎

三、雏鸡的运输

雏鸡经雌雄鉴别，分级装箱后，应尽快在出壳后 24 小时运到育雏舍，如为远地运输，也不能超过 48 小时，避免中途死亡，路途过远可用飞机空运。

运输雏鸡的基本要求是迅速及时、安全舒适，并注意卫生。装雏最好选用专用的雏鸡箱，如箱长为 60 厘米、宽 45 厘米、高 18 厘米的厚瓦楞纸箱或塑料箱，箱的四周和上壁均有通气孔，内分为 4 格，底垫纸屑，每格可容 25 只雏鸡，每箱 100 只。也可利用废弃商品纸箱或木箱代替，但箱内也应设置分隔和通气孔。

运雏最好用备有空调设备的专用运输车。运输前要提前做好清洗消毒，装箱要平稳、牢靠，不能倾斜，不能排过紧，留好通气孔道。如用无空调的专用车辆时，早春运雏要携带御寒的棉被，夏季要携带防雨工具，谨防雨淋，并尽可能在早、晚凉爽时行车。无论何时运雏，途中都要不断检查，发现过冷、过热或通风不良时，应及时采取措施。内河航运方便的地区，如时间允许，则以船运比较安全平稳。雏鸡运到目的地后，应先放在育雏室休息 1～2 小时后，再开食饮水。

第五章　优质土鸡的营养与饲料

饲料是发展养鸡业的物质基础，人们从事养鸡生产的目的，就是为了获得数量多、质量好的鸡蛋和鸡肉。为此，一方面要提高种鸡繁殖率，增加饲养量，另一方面要改良现有鸡的品种，培育新品种，提高其生产性能。而这两个方面都必须有适宜的外界条件来保证。对于鸡机体而言，饲料是极其重要的外部条件，饲料工业是现代化养鸡业的坚强支柱。运用现代营养科学的理论和技术，配制鸡的全价配合饲料，是现代化养鸡发展的前提条件和物质基础。而配合饲料的拟订，又要以饲料的营养价值评定和鸡的营养需要理论为基础。因此，了解优质土鸡的营养需要和饲料特性，熟练地掌握、运用鸡的饲养标准和饲料营养价值表，结合具体的生产条件和经济条件加以科学应用，在现代优质土鸡生产中具有特别重要的意义。

第一节　土鸡的消化特点

土鸡的消化器官（图 5-1）在形态、构造和作用上与家畜有显著不同，因此对饲料的要求和喂养技术与家畜有很大差异。首先，鸡没有软的嘴唇，只有锥形的喙，采食方便，能喙食细碎的饲料；喙有时相当于铁钩，能把落在地面上的饲料，轻而易举地衔起来，并且能断裂成较大块的饲料。口腔无牙齿，饲料在口腔内停留时间很短。唾液腺不发达，淀粉酶含量很少，消化作用不大，只能湿润饲料，以便于吞咽。

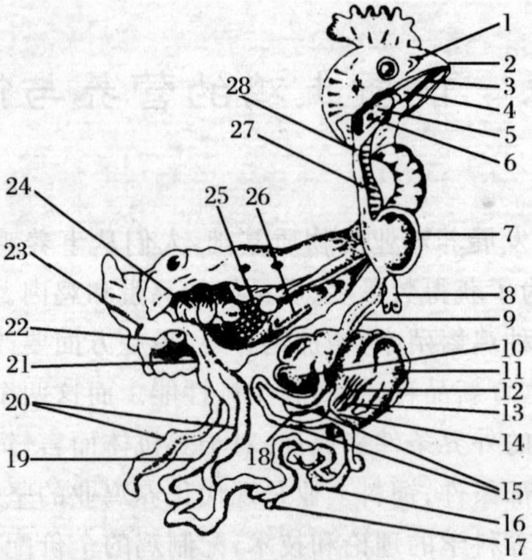

图 5-1　土鸡的消化系统

1.鼻孔　2.喙　3.口腔　4.舌　5.咽　6.喉　7.嗉囊　8.鸣管　9.腺胃　10.肌胃　11.肝　12.胆囊　13.胆管、肝管　14.胰管　15.十二指肠　16.空肠　17.卵黄囊憩室　18.胰　19.回肠　20.盲肠　21.直肠　22.泄殖腔　23.肛门　24.输卵管　25.卵巢　26.肺　27.气管　28.食管

鸡的嗉囊很发达，且富有弹性。它的主要功能是贮存食物，嗉囊分泌液没有消化作用，主要起软化饲料的作用，并且根据胃的需要有节奏地把食物送进胃里。

鸡有一种特殊消化器官——肌胃，俗称"砂囊"或"鸡肫"。肌胃的主体由两片厚实的相对立的侧肌构成，侧肌的末端连接到中央腱膜和两片薄的前后中间肌。

肌胃的肌肉发达，收缩力强，内有一层很坚韧的角质膜，胃内常混有大量砂石，用来代替牙齿磨碎饲料，相当于一盘精制的"小石磨"。若鸡吃不到足够的砂粒，则消化能力下降。因此，在饲养过程中应定期补喂一定量的砂粒。

鸡的小肠由十二指肠、空肠和回肠组成，除十二指肠外，小肠并不存在分界区，故统称小肠，是肠道中最长的部分。

小肠分泌淀粉酶、蛋白酶；胰腺分泌淀粉酶、蛋白酶、脂肪酶，经两根或三根胰管进入十二指肠末端；胆囊分泌胆汁，起中和酸性食糜和乳化脂肪作用，经两根胆管进入十二指肠末端。在这些消化液和共同作用下，将蛋白质分解成氨基酸；将脂肪分解成甘油和脂肪酸；将淀粉分解成单糖。然后，经肠壁吸收后由血液运送到肝脏，再经肝脏的贮存、养分的转化、过滤与解毒作用，把养分运送到心脏，通过血液循环分配到全身组织和器官。

鸡的大肠包括两条发达的盲肠和很短的直肠。由于鸡没有消化纤维的酶，饲料中的粗纤维主要在盲肠中被微生物分解。但小肠内容物只有少量经过盲肠，并且微生物的分解能力也很有限，所以，鸡对粗纤维的消化利用比家畜低得多，在饲养过程中应少喂粗饲料。

泄殖腔是大肠末端的连续部分，是消化系统、生殖系统共同汇合的空腔。因此，鸡粪表面常浮有一层白色的尿酸盐。

鸡的消化道短，饲料代谢快。据试验，饲料排空一般成年鸡和生长鸡只需 4 小时左右，停产鸡约需 8 小时，抱窝鸡约需 12 小时，所以鸡很容易饿。为了保证鸡的高产、稳产和快速生长，每天喂的次数要多，每次喂的数量要少。最好采取常备料方式，供鸡随时采食。

鸡食入饲料，必须经过消化，使其中所含的各种营养物质分解成简单的物质，以易于吸收，供鸡体新陈代谢所用。

蛋白质在胃蛋白酶和胰蛋白酶的作用下，先形成中间产物，再经肠液的消化作用最后分解为氨基酸。糖类物质在体内吸收之前，首先要分解成单糖。淀粉在唾液作用下转化成麦芽糖。然后再在麦芽糖酶的作用下分解为葡萄糖。纤维素的消化是靠肠道内微生物的发酵分解。脂肪的消化主要靠胰液中的脂肪酶，将脂肪分解成甘油和脂肪酸。胆汁也能促进脂肪的消化。

各种营养物质，经过消化过程最后变成简单的小分子的氨基酸、单糖类、脂肪酸、可溶性盐类和维生素，通过肠壁吸收入血液和淋巴内，然后再通过血液循环和淋巴循环运送至全身各处。葡萄糖大部分转变成肝糖原贮藏于肝脏中，或直接被组织分解、利用，同时产生能量，保持体温，或部分转变为脂肪；氨基酸输往身体各组织器官，是构成羽毛、肉、蛋的蛋白质的基本物质，剩余部分分解产生能量或转变为脂肪；脂肪在肠道内消化分解为甘油和脂肪酸，经肠壁吸收后，在机体组织中又重新合成细胞中的脂肪；矿物质主要由小肠吸收，它在渗透压的作用下进入肠绒毛内，维持组织器官的正常机能，促进代谢、骨化和形成蛋壳等。胡萝卜素在肝脏中转化为维生素 A；胆固醇在紫外线的作用下，在皮肤血管中转化为维生素 D_3；维生素 A 和维生素 D_3 贮存于肝脏和蛋中，并有少量贮存于其他器官组织内。

饲料中剩余的不能消化的部分，与消化液、胆汁、黏液、肠道细菌、肠脱落上皮等混合成粪便，通过泄殖腔排出体外。

第二节　土鸡的营养需要

土鸡生产的主要目的，就是通过饲料给鸡提供平衡而充足的营养物质，使之转化为可供人类食用的优质安全鸡肉。按照饲料的常规分析方法，可将土鸡饲料中的营养物质分为水分、蛋白质、碳水化合物、脂肪、矿物质和维生素等6个大类，详见图5-2。这些营养物质对于维持鸡的生命活动、生长发育、产蛋和产肉各有不同的重要作用。只有当这些营养物质在数量、质量及比例上均能满足鸡的需要时，才能保持鸡体的健康，发挥其最大的生产性能。

- 饲料
  - 水分
  - 干物质
    - 有机物
      - 粗蛋白
        - 蛋白质
        - 氨化物
      - 脂肪
      - 碳水化合物
        - 无氮浸出物
          - 糖
          - 淀粉
        - 粗纤维
      - 维生素和酶
    - 粗灰分——矿物质

图5-2 饲料中的营养物质构成

一、水　　分

水是鸡体的重要组成部分，也是鸡生理活动不可缺少的重要物质，鸡缺水比缺食危害更大。雏鸡体内含水约为75％，成年鸡则含55％以上。鸡体内养分的吸收与运输、废物的排出、体温的调节等都要借助于水才能完成。此外，水还有维持鸡体的正常形态、润滑组织器官等重要功能。鸡如果饮水不足，则会导致食欲下降，饲料的消化率和吸收率降低，生长缓慢，产蛋量减少，严重时可引起疾病甚至死亡。各种饲料都含有水分，但远远不能满足鸡体的需要。所以，在日常饲养管理中必须把水分作为重要的营养物质对待，经常供给清洁而充足的饮水。

二、蛋 白 质

蛋白质是鸡体组织的结构物质，鸡体内除水分外，蛋白质是含量最高的物质。蛋白质是鸡体组织的更新物质，机体在新陈代谢中有许多蛋白质被更新，并以尿素或尿酸的形式随尿排出体外。蛋白质还是鸡体内的调节物质，它提供了多种具有特殊生物学功能的物质，如催化与调节代谢的酶和激素，提高抗病力的免疫球蛋白和运输氧气的血红蛋白等。蛋白质还是能量物质，它可以分解产生能量供机体需要。蛋白质缺乏时，会造成雏鸡生长缓慢，种鸡体重逐渐下降、消瘦，产蛋率下降，蛋重降低或停止产蛋。同时，鸡的抗病力降低，影响鸡体的健康，会继发各种传染病，甚至引起死亡。同能量一样，饲料中的蛋白质要经过消化代谢后才能转化为鸡的产品，形成 1 千克鸡肉和鸡蛋中的蛋白质，大约分别需要品质良好的饲料蛋白质 2 千克和 4 千克。

蛋白质是一种复杂的有机化合物，氨基酸是蛋白质的基本组成单位，蛋白质的品质是由氨基酸的数量和种类决定的。目前，已知饲料中的氨基酸种类有 22 种。在众多的氨基酸中，有一部分氨基酸在鸡体内能互相转化，鸡需要量较少，不一定要由饲料直接供给，称为非必需氨基酸。另一部分氨基酸则不能由其他氨基酸转化产生，或虽能产生但数量很少、速度太慢，不能满足需要，必须由饲料直接提供，称为必需氨基酸。鸡的必需氨基酸约有 10 种，即赖氨酸、蛋氨酸、色氨酸、苏氨酸、异亮氨酸、亮氨酸、苯丙氨酸、缬氨酸、精氨酸、组氨酸，生长鸡还要加上甘氨酸、酪氨酸及胱氨酸。饲料中蛋白质不仅要在数量上满足鸡的需要，而且各种必需氨基酸的比例也应与鸡的需要相符。否则蛋白质的营养价值就低，利用效率就差。

如果饲料中某种必需氨基酸的比例特别低，与鸡的需要相差很大，它就会严重影响其他氨基酸的有效利用，这种氨基酸称为限制性氨基酸。通常按其在饲料中的缺乏程度，分别称为第一、第二限制性氨基酸，其余类推。常用鸡饲料中最容易成为限制性氨基酸的为蛋氨酸和赖氨酸，其中蛋氨酸为第一限制性氨基酸，赖氨酸为第二限制性氨基酸。配合饲料时，尤其应注意限制性氨基酸的供给和补充，以提高饲料蛋白质的营养价值。由于蛋氨酸在体内能转化为胱氨酸，饲料中如果含胱氨酸比较充足，便能以较少量的蛋氨酸满足鸡的需要，因此常用蛋氨酸＋胱氨酸的总量来表示对这类氨基酸的需要。

三、碳水化合物

碳水化合物是鸡体最重要的能量来源。鸡的一切生理活动过程都需要消耗能量。能量的单位为焦耳、千焦耳或兆焦耳。由于饲料中所含总能量不能全部被鸡所利用，必须经过消化、吸收和代谢才能释放出对鸡有效的能量。因此，实践中常用代谢能作为制定鸡的能量需要和饲养标准的指标，代谢能等于总能量减去排泄出的粪能、尿能。不同鸡品种及不同生长阶段对代谢能的需要量各不相同。

作为鸡的重要营养物质之一，碳水化合物在体内分解后，产生热量，以维持体温和供给生命活动所需要的能量，或者转变为糖原，贮存于肝脏和肌肉中，剩余的部分转化为脂肪贮积起来，使鸡长肥。当碳水化合物充足时，可以减少蛋白质的消耗，有利于鸡的正常生长和保持一定的生产性能。反之，鸡体就会分解蛋白质产生热量，以满足能量的需要，从而造成对蛋白质的浪费，影响鸡的生长和产蛋。当然，饲料中碳水化合物也不能过多，避免使鸡生长过肥，影响产蛋。

碳水化合物广泛存在于植物性饲料中，动物性饲料中含量很少。碳水化合物可以分为无氮浸出物和粗纤维两类。无氮浸出物又称可溶性碳水化合物，包括淀粉和糖分，在谷实、块根、块茎中含量丰富，比较容易被消化吸收，营养价值较高，是鸡的热能和肥育的主要营养来源。粗纤维又称难溶性碳水化合物，其主要成分是纤维素、半纤维素和木质素，通常在秸秆和秕壳中含量最多，纤维素通过消化最后被分解成单糖（葡萄糖）供鸡吸收利用。碳水化合物中的粗纤维是较难消化吸收的，如日粮中粗纤维含量过高，会加快食物通过消化道的速度，也严重影响对其他营养物质的消化吸收，所以日粮中粗纤维的含量应有所限制。但适量的粗纤维可以改善日粮结构，增加日粮体积，使肠道内食糜有一定的空间，还可刺激胃肠蠕动，有利于酶的消化作用，并可防止发生啄癖。但一般认为，鸡消化粗纤维能力较弱，所以鸡的日粮中粗纤维素含量以3%～4%为宜，不宜过高。

鸡对碳水化合物的需要量，根据年龄、用途和生产性能而定。一般来说，肥育期鸡和淘汰鸡应加喂碳水化合物饲料，以加速肥育。雏鸡和留做种用的青年鸡，不宜喂给过多的碳水化合物，避免过早肥育，影响正常生长和产蛋。

四、脂　　肪

脂肪是鸡体细胞和蛋的重要组成原料，肌肉、皮肤、内脏、血液等一切体组织中都含有脂肪，脂肪在蛋内约占11.2%。脂肪产热量为等量碳水化合物或蛋白质的2.25倍，因此，它不仅是提供能量的原料，也是鸡体内贮存能量的最佳形式，鸡将剩余的脂肪和碳水化合物转化为体脂肪，贮存于皮下、肌肉、肠系膜间和肾的周围，能起保护内脏器官、防止体热散发的作用。在营养缺乏和产蛋时，脂肪分解产生热量，补充能量的需要。脂肪还是脂溶性维生素的溶剂，维生素 A、维生素 D、维生素 E、维生素 K 都必须溶解于脂肪中，才能被鸡体吸收利用。当日粮中脂肪不足时，会影响脂溶性维生素的吸收，导致生长迟缓，性成熟推迟，产蛋率下降。但日粮中脂肪过多，也会引起食欲不振，消化不良和下痢。由于一般饲料中都有一定数量的粗脂肪，而且碳水化合物也有一部分在体内转化为脂肪，因此一般不会缺乏，不必专门给予补充，否则鸡过肥会影响繁殖性能。

需要指出的是，碳水化合物和脂肪都能为鸡体提供大量的代谢能。而生产实践中往往有对鸡的能量需要量重视不够的现象，尤其是忽视能量与蛋白质的比例及能量与其他营养素之间的相互关系。国内外大量的试验证明，鸡同其他家禽一样，具有"择能而食"的本能，即在一定范围内，鸡能根据日粮的能量浓度高低，调节和控制其采食量。当饲喂高能日粮时，采食量相对减少；而饲喂低能日粮时，采食量相应增多，由此影响了鸡对蛋白质及其他各种营养物质的摄入量。因此，配制鸡日粮时，必须注意能量和蛋白质及其他营养物质的适宜比例。否则不仅影响营养物质的利用效率，甚至发生营养障碍。当然也必须考虑到，鸡的这种调节采食量以满足自身能量需要的能力是有一定限度的。如有试验证明，在使用每千克配合饲料能量水平低于 10.1 兆焦时，鸡的活重和生产性能就会下降得很快；高于 11.7 兆焦时，又会使鸡过肥并停止产蛋。显然，饲料的能量水平亦要适度。

五、矿　物　质

鸡体需要的矿物质有 10 多种，尽管其占机体的含量很少（即 3%～4%），且不是供能物质，但它是保证鸡体正常健康、生长、繁殖和生产所不可缺少的营养物质。其主要存在于鸡的骨骼、组织和器官中，有调节渗透压、保持酸碱平衡和激活酶系统等作用，又是骨骼、蛋壳、血红蛋白、甲状腺素等的重要成分。如供给量不当或利用过程紊乱，则易发生不足或过多现象，出现缺乏症或中毒症。通常把鸡体内含量在0.01%以上的矿物质元素称为常量元素，小于0.01%的称为微量元素。鸡需要的常量元素主要有钙、磷、氯、钠、钾、镁、硫；微量元素主要有铁、铜、锌、锰、碘、钴、硒等。这里简要介绍如下。

（一）钙和磷

钙和磷是鸡骨骼和蛋壳的主要组成成分，也是鸡需要量最多的两种矿物元素。

钙主要存在于骨骼和蛋壳中，是形成骨骼和蛋壳所必需的，如缺钙会发生软骨症，成年母鸡产软壳蛋，产蛋量减少，甚至产无壳蛋。钙还有一小部分存在于血液和淋巴液中，对维持肌肉及神经的正常生理功能、促进血液凝固、维持正常的心脏活动和体内酸碱平衡都有重要作用。但钙过多也会影响雏鸡的生长和对锰、锌的吸收。雏鸡和青年鸡日粮中钙的需要量为0.8%～1.0%，种鸡2.5%～3.5%。日粮中钙的含量过多或过少，对鸡的健康、生长和产蛋都有不良影响。

磷除与钙结合存在于骨组织外，对碳水化合物和脂肪的代谢以及维持机体的酸碱平衡也是必要的。鸡缺磷时，食欲减退，生长缓慢；严重时关节硬化，骨脆易碎。产蛋鸡需要磷多些，因为蛋壳和蛋黄中的卵磷脂、蛋黄磷蛋白中都含有磷。磷在饲料营养标准和日粮配方中有总磷与有效磷之分。禽类对饲料中磷的吸收利用率有很大出入，对于植物饲料来源的磷，吸收利用不好，大约只有30%可被利用；对于非植物来源的磷(动物磷、矿物磷)可视为100%有效。所以,家禽的有效磷＝非植物磷＋植物磷×30%。鸡对日粮中有效磷的需要量,雏鸡为0.46%,种鸡为0.5%。

维生素D能促进鸡对钙、磷的吸收。维生素D缺乏时,钙和磷虽然有一定数量和适当比例,但是产蛋鸡也会产软壳蛋,生长鸡也会引起软骨症。此外,饲料中的钙和磷(有效磷)必须按适当比例配合才能被鸡吸收、利用。一般雏鸡的钙与磷(有效磷)比例应为1～2∶1,产蛋鸡应为4～6∶1。钙在骨粉、蛋壳、贝壳、石粉中含量丰富,磷在骨粉、磷酸氢钙及谷物、糠麸中含量较多。因此在放牧条件下,一般不会缺钙,但应注意补饲些骨粉或谷物、糠麸等,以满足对磷的需要。相反,在舍饲条件下,一般不会缺磷,应注意补钙。

(二)氯和钠

通常以食盐的方式供给。氯和钠存在于鸡的体液、软组织和蛋中。其主要作用是维持体内酸碱平衡;保持细胞与血液间渗透压的平衡;形成胃液和胃酸,促进消化酶的活动,帮助脂肪和蛋白质的消化;改进饲料的适口性,促进食欲,提高饲料利用率等。缺乏时,会引起鸡食欲不振,消化障碍,脂肪与蛋白质的合成受阻,雏鸡生长迟缓,发育不良,成鸡体重减轻,产蛋率和蛋重下降,有神经症状,死亡率高。

氯和钠在植物性饲料中含量少,动物性饲料中含量较多,但一般日粮中的含量不能满足鸡的需要,必须给予补充。鸡对食盐的需要量为日粮的0.3%～0.5%,喂多了会引起中毒。当雏鸡饮水中食盐含量达到0.7%时,就会出现生长停滞和死亡;产蛋鸡饮水中食盐的含量达1%时,会导致产蛋量下降。因此,在鸡的日粮中添加食盐时,用量必须准确。特别要注意的是,鱼粉等海产资源也含有食盐。如果饲粮中补了食盐,又用咸鱼粉,总盐量达6%～8%(按饲粮干物质计算),饮水又不足,易发生食盐中毒。

(三)镁

镁是骨骼的成分,酶的激活剂,有抑制神经兴奋性等功能。发生缺镁症的确切原因不明,有人认为日粮中正负离子失调,喂过量施用氯、钾肥的青饲料易发缺镁症。此外,日粮严重缺镁,含钙、磷过高也可发病。

镁缺乏症的主要症状是:肌肉痉挛,步态蹒跚,神经过敏,生长受阻,种鸡产蛋量下降。镁的主要来源有:氧化镁、硫酸镁和碳酸镁等,青饲料、糠麸、饼粕含镁量丰富,但青饲料含镁量变化大,棉饼、亚麻饼含镁特别丰富。常用饲料一般不缺镁,如过量食入钾会阻碍镁的吸收,过量钙、磷也会影响镁的利用。

(四)硫

动物体内含硫约 0.51%,大部分呈有机硫状态,以含硫氨基酸的形式存在于蛋白质中,以角蛋白的形式构成鸡的羽毛、爪、喙、跖、蹼的主要成分。鸡的羽毛中含硫量高达 2.3%～2.4%。硫参与碳水化合物代谢,当日粮中含硫氨基酸不足时,易引起啄羽癖。因鸡能较好地利用含硫氨基酸中的有机硫,故在日粮中搭配 1%～2.5%的羽毛粉对预防啄羽癖有良好效果。

此外,无机硫可合成含硫氨基酸,因此适当补饲无机硫即可满足需要。由于蛋氨酸是含硫氨基酸,并能在动物体内和胱氨酸进行互补,如果饲喂含硫蛋氨酸丰富的动物性蛋白质饲料,则无需补饲无机硫。

(五)铁

铁在动物体内仅占 0.004%左右,但在生理上起着重要作用。它是血红蛋白的组成成分,能使血液运输氧,且是多种辅酶的成分。铁缺乏症的主要症状是:食欲不振,生长不良，雏鸡发生细胞血红蛋白过少性贫血。缺铁鸡的羽毛生长不良。铁的主要来源有：硫酸亚铁、氯化铁、酒石酸铁、豆科植物、青饲料、肝粉、鱼粉等。但是，肝粉、鱼粉的铁利用率较低。过量的铁具有毒性，当每千克日粮中含铁达到5克时就会中毒。日粮中含铁量过多时，可引起营养障碍，降低磷的吸收率，体重下降，还可使鸡出现佝偻病。以放牧为主的生长育肥期土鸡，能采食到含铁较多的青绿饲料，一般不会缺铁。但舍饲鸡，或不放牧青饲料季节的鸡，日粮中应补铁。

（六）铜

铜参加血红蛋白的合成及某些氧化酶的合成和激活。雏鸡缺铜时可发生贫血，生长缓慢，羽毛退色，生长异常，胃肠机能障碍，骨骼发育异常，跛行，骨脆易断，骨端软组织粗大等。但日粮中铜过多亦可引起雏鸡生长受阻，肌肉营养障碍，肌胃糜烂，甚至死亡。铜主要来源于硫酸铜、氯化铜、氧化铜等含铜化合物。

（七）锌

锌是许多酶不可缺少的成分。一般酶和激素的活动离不开锌。它能加速二氧化碳排出体外，促进胃酸、骨骼、蛋壳的形成，增强维生素的作用，提高机体对蛋白质、糖和脂肪的吸收，对鸡的生长发育、寿命的延长和繁殖性能有很大的影响。缺锌时，雏鸡生长缓慢，腿骨短粗，踝关节肿大，皮肤粗糙并起鳞片，羽毛生长受阻并易被磨损脱落，种鸡产蛋量和孵化率下降，胚胎发育不良，雏鸡残次率增加。锌的主要来源有：硫酸锌、氧化锌、碳酸锌，糠麸、饼粕、动物性饲料。酵母含锌量也很丰富。放牧青饲料的土鸡一般不缺锌。

（八）锰

锰是多种酶的激活剂，与碳水化合物和脂肪的代谢有关，锰是骨骼生长和繁殖所必需的。缺锰时，雏鸡的踝关节明显肿大、畸形，腿骨粗短，胫骨远端和跖骨的近端扭转、弯曲；母鸡产蛋量减少，孵化率降低，薄壳蛋和软壳蛋增加。锰的来源有：氧化锰、硫酸锰、氯化锰、碳酸锰，青粗饲料、糠麸含锰丰富，禾谷类子实特别是玉米含锰低，动物性饲料含锰极微。

（九）钴

钴主要存在于肝、脾和肾中，肌肉、血液中含量很少。钴是合成维生素 B_{12}的主要元素，能促进血红素的形成，预防贫血病，提高饲料中氮的利用率，促进磷在骨骼中的蓄积。能加速雏鸡的生长发育，提高母鸡产蛋率、种蛋的受精率及孵化率。

（十）碘

碘是甲状腺的组成成分。动物体内的碘大部分存在于甲状腺中。甲状腺素能提高蛋白质、糖和脂肪的利用率，促进雏鸡生长发育，对造血、循环、繁殖及抵抗传染病等都有显著影响。缺碘时，可引起甲状腺肿大，基础代谢和生活力下降，雏鸡生长受阻，羽毛生长不良，母鸡产蛋率、种蛋受精率和孵化率下降，胚胎后期死亡增多。碘的主要来源有：碘化钾、碘酸钾和含碘食盐。海洋饲料和鱼粉中富含碘。沿海地区不缺碘。在某些山区常常缺碘，日粮中补碘效果非常明显。

（十一）硒

硒过去被认为是有毒物质，近年来研究证明，土壤缺硒地区添加 0.1 毫克/千克硒可预防渗出性素质病和肌肉、肌胃、心肌的白肌病。硒与维生素 E 互相协调，是谷胱甘肽过氧化酶的组成成分。硒是最容易缺乏的微量元素之一，我国东北等一些地区土壤中缺硒，出产的饲料（玉米）中也缺硒。硒缺乏时，鸡表现的症状是血管通透性差，心肌损伤，心包积水，心脏扩大。硒的补充方法是在饲料中按 0.1 毫克/千克添加亚硒酸钠。由于亚硒酸钠毒性很强，必须严格控制添加量。当添加量超过0.1毫克/千克时，人食用鸡肉、蛋后会有不良影响。如添加量超过5毫克/千克时，鸡生长受阻，羽毛蓬松，神经过敏，性成熟延迟，种蛋孵化后出现畸形胚胎。因此，添加亚硒酸钠必须严格掌握剂量，并与饲料彻底拌匀。近年来有机硒的研制和应用得到了广泛的重视。硒的主要来源包括：硒酸钠、亚硒酸钠、蛋氨酸硒、酵母硒和亚硒酸钠维生素E粉或注射液。

六、维 生 素

维生素的主要功能是调节机体内各种生理机能的正常进行，参与体内各种物质的代谢。鸡对维生素的需要虽少，但它们对维持生命机能的正常进行、生长发育、产蛋量、受精率和孵化率均有重大影响。鸡所需的维生素有14种，根据其特性，可分为脂溶性和水溶性两类。脂溶性维生素有维生素A、维生素D、维生素E、维生素K。水溶性维生素有维生素B_1、维生素B_2、泛酸、烟酸、维生素B_6、胆碱、生物素、叶酸、维生素B_{12}、维生素C。目前所用的各种饲料，除青饲料外，所含维生素不能满足鸡的需要，因此，土鸡场要有一定的青绿饲料供给，或使用维生素添加剂来补充维生素的不足。当维生素缺乏时，会引起相应的缺乏症，造成代谢紊乱，影响鸡的健康、生长、产蛋及种蛋的孵化率，严重的可导致鸡只死亡。维生素衡量单位多以毫克/千克表示，有几项是用国际单位(IU)表示的，换算如下：维生素A：1 IU＝0.34毫克维生素醋酸盐＝0.3微克维生素A醇＝0.6微克β-胡萝卜素；维生素D_3：1 IU＝0.25毫克维生素D_3＝30 IU维生素D_2；维生素E：1 IU＝1毫克DL-α生育酚醋酸盐＝1.49毫克生育酚；维生素B_{12}：1 IU＝3.0微克；维生素B_2：

1 IU＝0.25 微克。此外，鸡在逆境因素（转群、拥挤、预防接种、高温、潮湿、运输等）的刺激下，对某些维生素的需要量成倍增长，因此在实践中要根据具体情况来决定给予量。

（一）维生素 A

维生素 A 能保持黏膜的正常功能，促进鸡的生长发育，保持眼黏膜和视力健康，增强对疾病的抵抗能力，提高产蛋率、孵化率。如缺乏维生素 A，初生雏鸡出现眼炎或失明，2 周龄内生长发育迟缓，3 周龄时体质衰弱，运动机能失调，羽毛蓬松。母鸡产蛋少，孵化率低，抗病力弱，易发生各种疾病。维生素 A 是最重要而易缺乏的维生素之一。发现缺乏维生素 A 的症状后，可按常用剂量的 4 倍补给维生素制剂。对患蛔虫病的鸡只应先驱虫再补给。维生素 A 易被阳光、热、酸、氧化等因素破坏，要现配现用。硫酸锰可破坏维生素 A，在实际生产中需要注意。青饲料、苜蓿草、胡萝卜等含有丰富的维生素及胡萝卜素，经常饲喂这些饲料和特制的青贮料，能满足鸡对维生素 A 的需要。

（二）维生素 D

维生素 D 与钙、磷代谢有关，是骨骼钙化和蛋壳形成所必需的营养素。雏鸡缺乏维生素 D 时，产生软骨症、软喙和腿骨弯曲。成年鸡缺乏维生素 D 时，蛋壳质量下降，产无壳蛋或软壳蛋。鸡体皮下、羽毛中的 7-脱氢胆固醇经紫外线照射后可产生维生素 D_3，植物体中的麦角固醇经照射后产生维生素 D_2；长期舍饲的鸡缺少阳光照射时，有时会出现缺乏维生素 D_3，在饲养中应根据情况进行补充。另外，维生素 D_3 的效力比维生素 D_2 高 40 倍，鱼肝油中含有丰富的维生素 D_3，日晒的干草、青饲料中含有维生素 D_2。

（三）维生素 E

维生素 E 有助于维持生殖器官的正常机能和肌肉的

正常代谢作用，维生素 E 又是一种有效的体内抗氧化剂，对鸡的消化道及机体组织中的维生素 A 等具有保护作用。饲料中维生素 E 缺乏或不足时，往往导致公鸡精子少，母鸡受精力差，受精蛋孵化率降低，产蛋量下降。雏鸡患脑软化症、渗出性素质病和白肌病。维生素 E 在麦芽、麦胚油、棉子油、花生油、大豆油中含量丰富，在青饲料、青干草中含量也多。添加维生素 E 可以促进雏鸡生长，提高种蛋孵化率。鸡处在逆境时对维生素 E 的需要量也增加。

（四）维生素 K

维生素 K 的主要生理功能为参与凝血作用。因此，缺乏维生素 K 时，鸡凝血时间延长，导致大量出血，引起贫血症。维生素 K 有 4 种：维生素 K_1 在青饲料、大豆和动物肝脏中含量丰富；维生素 K_2 可在鸡肠道内合成；维生素 K_3 和维生素 K_4 是人工合成的，其活性比自然形成的大 1 倍，并可溶于水，常作为补充维生素的添加剂使用。当饲料中有磺胺类抗生素时，易发生内出血，外伤时凝血时间延长或流血不止。在进行鸡的断喙操作前后 2～3 天，可在饲料或饮水中补加维生素 K，促进凝血。

（五）维生素 B_1（硫胺素）

维生素 B_1 是构成消化酶的主要成分，能防止神经失调和多发性神经炎。缺乏时，正常神经机能受到影响，食欲减退，羽毛松软无光泽，体重减轻；严重时腿、翅、颈发生痉挛，头向后背极度弯曲，呈“观星”姿势，瘫痪倒地不起。维生素 B_1 在糠麸、青饲料、胚芽、草粉、豆类、发酵饲料和酵母粉中含量丰富。它在酸性饲料中相当稳定，但遇热、遇碱易被破坏。

（六）维生素 B_2（核黄素）

维生素 B_2 对体内氧化还原、调节细胞呼吸起重要作用，能提高饲料的利用率，是B族维生素中最为重要而易感不足的一种。不足时雏鸡生长不良，软腿，关节触地走路，趾向内侧卷曲；成鸡产蛋少，蛋黄白，孵化率低。核黄素富含于青饲料、干草粉、酵母、鱼粉、小麦及糠麸中，禾谷类、豆类、块根茎饲料中含量贫乏。平养鸡也可从粪便中采食到一定数量的核黄素。

（七）泛酸（维生素 B_3）

泛酸是辅酶 A 的组成部分，与碳水化合物、脂肪和蛋白质代谢有关。缺乏时，雏鸡生长受阻，羽毛粗糙，骨变短粗，随后出现皮炎，口角有局限性损伤。种蛋孵化率低。泛酸与核黄素的利用有关，一种缺乏时另一种需要量增加。维生素 B_3 很不稳定，与饲料混合时易受破坏，故常用泛酸钙作添加剂。糠麸、小麦、青饲料、花生饼、酵母中泛酸含量较多，玉米中含量较低。

（八）烟酸（维生素 B_5、尼克酸、维生素 PP）

烟酸是抗癞皮病维生素。对碳水化合物、脂肪、蛋白质代谢起重要作用，同时为皮肤和消化道机能所必需，并有助于产生色氨酸。饲料中缺乏时，则会削弱机体新陈代谢；口腔发炎，采食减少，雏鸡生长停滞，羽毛发育不良，生长不丰满，有时脚和皮肤呈现鳞状皮炎。成鸡缺乏烟酸时，产蛋量和孵化率下降。烟酸在酵母、豆类、糠麸、青料、鱼粉中含量丰富，玉米、高粱和禾谷类子实中烟酸呈结合状态而很难利用。当出现可疑烟酸缺乏症时，每千克饲料中加 10 毫克烟酸，见效很快。

（九）维生素 B_6（吡哆醇）

维生素 B_6 有抗皮肤炎作用，与机体蛋白质代谢有关。日粮中缺乏时，鸡体内的多种生化反应遭受破坏，特别是氨基酸的代谢障碍，引起雏鸡食欲减退，生长不良，出现异常性兴奋、间接性痉挛等症状和皮炎、脱毛及毛囊出血；母鸡产蛋量与种蛋孵化率下降，体重减轻，生殖器官萎缩和第二性征衰退等病症。一般饲料原料如糠麸、苜蓿、干草粉和酵母等中含量丰富，且又可在体内合成，故很少有缺乏现象。

（十）胆碱

胆碱是构成卵磷脂的成分，它能帮助血液里脂肪的转移，有节约蛋氨酸、促进生长、减少脂肪在肝脏内沉积的作用。缺乏时，雏鸡生长缓慢，发生腿关节肿大症，且易形成脂肪肝。种鸡产蛋率下降。鱼粉、饲料酵母和豆饼等胆碱含量丰富，米糠、麸皮、小麦等胆碱的含量也较多。但在以玉米为主配合日粮时，由于玉米含胆碱少，应注意添加。

（十一）维生素 B_{12}（钴维生素）

维生素 B_{12}参与核酸合成、甲基合成、碳水化合物代谢、脂肪代谢以及维持血液中谷胱甘肽，有助于提高造血功能，能提高日粮中蛋白质的利用率，对鸡的生长有显著的促进作用。缺乏时，雏鸡生长迟缓，贫血，饲料利用率降低，食欲不振，甚至死亡。种鸡产蛋量下降，蛋重减轻，孵化率降低。维生素 B_{12}在肉骨粉、鱼粉、血粉、羽毛粉等动物性饲料中含量丰富。

（十二）叶酸（维生素 B_{11}）

叶酸对羽毛生长有促进作用，与维生素 B_{12}共同参与核酸代谢和核蛋白的形成。缺乏时，雏鸡生长缓慢，羽毛生长不良，贫血，骨短粗，腿骨弯曲。叶酸在动植物饲料中含量都较丰富，因此，鸡常用日粮中一般不缺乏叶酸。但是在长期服用磺胺类药物时，常使叶酸利用率降低，这种情况下应添加叶酸。对严重贫血的雏鸡，可肌肉注射 50～100 毫克，1 周内可恢复正常。口服效果较差。

（十三）生物素（维生素 H）

生物素也称为维生素 B_4，是抗毒性蛋白因子。参与脂肪和蛋白质代谢，是多种酶系统的组成成分。在肝脏和肾脏中较多。一般饲料中生物素的含量比较丰富，性质稳定，消化道内合成充足，不易缺乏。当日粮中缺乏时，会发生皮炎，雏鸡生长缓慢，羽毛生长不良，种蛋孵化率降低。

（十四）维生素C（抗坏血酸）

维生素C可增强机体免疫力，有促进肠内铁的吸收作用。对预防传染病、中毒、出血等有着重要的作用。缺乏时，鸡发生坏血病，生长停滞，体重减轻，关节变软，身体各部出血，贫血。维生素C在青绿多汁饲料中含量丰富，且鸡体内具有合成维生素C的能力，一般情况下不会缺乏。但当鸡处于应激状态如雏鸡长途运输时，应增加日粮或饮水中维生素C的用量，以增强鸡的抵抗力。

第三节　土鸡的常用饲料

品质优良、营养丰富的饲料是发展养鸡业的物质基础，解决饲料供应和合理利用饲料始终是养鸡业发展所面临的关键问题。鸡体如同一台活的机器，其原料就是各种饲料，经过机体的复杂转化，最后得到营养丰富的各类鸡产品。由于各种饲料所含营养物质的量和比例都有很大差别，且任何一种饲料所含养分均不能完全满足鸡体的需要，因此，了解并掌握各类饲料的营养特性，合理配制和利用饲料，是实现科学养鸡、提高饲养水平、缩短饲养周期、节约饲料、降低成本、增加鸡产品数量和质量的重要环节。

按照饲料的营养特性，可将土鸡的常用饲料分为青绿饲料、能量饲料、蛋白质饲料、矿物质饲料、维生素饲料及添加剂饲料等6大类。

一、青绿饲料

天然水分含量在60%以上的青绿饲料均属此类。青绿饲料具有养分比较全面、来源广泛、消化容易、成本低廉的优点，目前是土鸡放养阶段常用的一类优良、经济的饲料。青绿饲料种类极多，且都是植物性饲料，富含叶绿素。主要包括天然牧草、栽培牧草、蔬菜类饲料、作物茎叶、水生饲料、青绿树叶、野生青绿饲料等。其特点是含水量高，能量低。一般水分含量在75%～90%，每千克仅含代谢能1 255.2～2 928.8千焦。粗蛋白质含量高，一般占干物质重的10%～20%。而且粗蛋白质品质极好，含必需氨基酸比较全面，生物学价值高。维生素，尤其是胡萝卜素含量丰富，每千克可含50～60毫克，高于其他种饲料。钙、钾等碱性元素含量丰富，豆科牧草含钙元素更多。粗纤维含量少，幼嫩多汁，适口性好，消化率高，鸡极喜欢，是放牧季节鸡的良好饲料，从而节省精料。但实践中无论是放牧还是采集野生青绿饲料或是人工栽培的青绿饲料养鸡时，都应注意以下4点：①青绿饲料要现采现喂（包括打浆），不可堆积或用喂剩的青草浆，以防产生亚硝酸盐中毒；②放牧或采集青绿饲料时，要了解青绿饲料的特性，有毒的和刚喷过农药的果园、菜地、草地或牧草要严禁采集和放牧，以防中毒；③含草酸多的青绿饲料，如菠菜、糖菜叶等不可多喂，以防引起雏鸡佝偻病或瘫痪，母鸡产薄壳蛋和软壳蛋；④某些含皂素多的豆科牧草喂量不宜过多，如有些苜蓿草品种皂素含量高达2%，过多的皂素会抑制雏鸡的生长。

二、能量饲料

所谓能量饲料，是指饲料中粗纤维含量低于18%、粗蛋白低于20%的饲料。主要包括谷类子实及其加工副产品和根茎瓜类饲料两大类。这类饲料是养鸡生产中的主要精料，在日粮组成中占50%～70%，适口性好，易消化，能值高，是鸡能量的主要来源。

（一）子实类

1. 玉米　是养鸡生产中最主要，也是应用最广泛的能量饲料。优点是含能量最高，代谢能达13.39兆焦/千克，粗纤维少，适口性强，消化率高，是鸡的优良饲料。缺点是含粗蛋白低，缺乏赖氨酸和色氨酸。黄色玉米和白色玉米在蛋白、能量价值上无多大差异，但黄玉米含胡萝卜素较多，可作为维生素A的部分来源，还含有较多的叶黄素，可加深鸡的皮肤、跖部和蛋黄的颜色，满足消费者的爱好。据报道，国内外近年来已培育出高赖氨酸玉米品种。一般情况下，玉米用量可占到鸡日粮的30%～65%。

2. 大麦　每千克饲料代谢能达11.09兆焦，粗蛋白含量12%～13%，维生素B族含量丰富。大麦的适口性也好，但它的皮壳粗硬，含粗纤维较高，达8%左右，不易消化，宜破碎或发芽后饲喂。用量一般占日粮的10%～30%。

3. 小麦　小麦营养价值高，适口性好，含粗蛋白10%～12%，氨基酸组成优于玉米和大米。缺点是缺乏维生素A、维生素D，黏性大，粉料中用量过大粘嘴，降低适口性。目前在我国，小麦主要作为人类食品，用其喂鸡，不一定经济。如在鸡的配合饲料中使用小麦，一般用量为10%～30%。

4. 稻谷　稻谷的适口性好，但代谢能低，粗纤维较高，是我国水稻产区常用的养鸡饲料，在日粮中可占10%～50%。

5. 碎米　也称米糁，是稻谷加工大米筛选出来的碎粒，粗纤维含量低，易于消化，也是农村养鸡常用的饲料。用量可占日粮的30%～50%，但应注意，用碎米作为主要能量饲料时，要相应补充胡萝卜素或黄色色素。

6. 高粱　含碳水化合物多，是高粱产区的主要能量饲料。其缺点是蛋白质含量少，品质低，含单宁多，适口性差。在鸡日粮配合时，夏季比例宜控制在10%～15%，冬季以15%～20%为宜。

（二）糠麸类

1. 米糠　是稻谷加工的副产品，分普通米糠和脱脂米糠。米糠的油脂含量高达15%，且大多数为不饱和脂肪酸，易酸败，久贮容易变质，故应饲喂鲜米糠。也可在米糠中加入抗氧化剂或将米糠脱脂成糠饼使用。此外，米糠含纤维素较高，使用量不宜太多。一般在鸡日粮中的用量为5%～10%。

2. 麸皮　是小麦加工的副产品，粗蛋白含量较高，适口性好，但能量低，粗纤维含量高，容积大，且有轻泻作用。用量不宜过大，一般可占日粮的5%～15%。

3. 高粱糠　含碳水化合物及脂肪较多，能量较高。因含有单宁多，致使适口性差。蛋白质的含量和品质均低。因此，在鸡的日粮中应比高粱低5%。

4. 次粉　又称四号粉，是面粉工业加工副产品。营养价值高，适口性好。但和小麦相同，多喂时也会产生粘嘴现象，制作颗粒料时则无此问题。一般可占日粮的10%～20%。

（三）根茎瓜类

用做饲料的根茎瓜类饲料主要有马铃薯、甘薯、南瓜、胡萝卜、甜菜等，含有较多的碳水化合物和水分，适口性好，产量高，是饲养土鸡的优良饲料。这类饲料的特点是水分含量高，可达 75%～90%，但按干物质计算，其能量高，而且含有较多的糖分，胡萝卜和甘薯等还含有丰富的胡萝卜素。由于这类饲料水分含量高，多喂会影响鸡对干物质的摄入量，从而影响生产力。此外，发芽的马铃薯含有毒物质，不可饲喂。

三、蛋白质饲料

蛋白质指的是饲料中粗蛋白含量在 20%以上、粗纤维小于 18%的饲料。这类饲料营养丰富，特别是粗蛋白含量高，易于消化，能值较高。含钙、磷多，B 族维生素亦丰富。特别是在鸡的日粮中适当添加一些动物性蛋白质饲料，能明显地提高鸡的生产性能和饲料转化率。

按照蛋白质饲料的来源不同，分为植物性蛋白质饲料和动物性蛋白质饲料两大类。

（一）植物性蛋白质饲料

1．豆饼（粕） 豆饼是大豆压榨提油后的副产品，而采用浸提法提油后的加工副产品则称为豆粕。豆饼（粕）含粗蛋白在 42%～46%，含赖氨酸丰富，是我国养鸡业普遍应用的优良植物性蛋白质饲料。缺点是蛋氨酸和胱氨酸含量不足。试验证明，用豆饼（粕）添加一定量的合成蛋氨酸，可以代替部分动物性蛋白质饲料。此外应注意，豆饼（粕）中含有抗胰蛋白酶等有害物质，因此使用前最好应经适当的热处理。目前国内一般多用 3 分钟 110℃热处理。其用量可占鸡日粮的 10%～25%。

2．菜子饼（粕） 是菜子榨油后的副产品，我国华中、华南、华东一带应用较多。作为重要的蛋白质饲料来源，菜子饼（粕）粗蛋白含量达 37%左右，但能值偏低，营养价值不如豆饼（粕）。且菜子饼（粕）含有芥子硫苷等毒素，过多饲喂会损害鸡的甲状腺、肝、肾，严重时中毒死亡。此外，菜子饼（粕）有辛辣味，适口性不好，因此饲喂时最好应经过浸泡加热，或采用专门解毒剂（如浙江大学饲料研究所研制的 6107 菜子饼解毒剂）进行脱毒处理。在鸡的日粮中其用量一般应控制在 3%～7%。

3. 棉子饼（粕） 棉子饼（粕）有带壳与不带壳之分，其营养价值也有较大差异。含粗蛋白 32%～37%，但应注意棉子饼（粕）含有棉酚等有毒物质，对鸡的体组织和代谢有破坏作用，过多饲喂易引起中毒。可采用长时间蒸煮或 0.05%硫酸亚铁溶液浸泡去毒等方法，以减少棉酚对鸡的毒害作用。其用量一般可占鸡日粮的 5%～8%。

4. 花生饼 是花生榨油后的副产品，也分去壳与不去壳两种，其中以去壳的较好。花生饼的成分与豆饼基本相同，略有甜味，适口性好，可代替豆饼（粕）饲喂。花生饼含脂肪高，在温暖而潮湿的地方容易腐败变质，产生剧毒的黄曲霉毒素，因此不宜久存。其用量占日粮的 5%～10%。

5. 亚麻子饼（胡麻子饼） 亚麻子饼蛋白质含量在 29.1%～38.2%之间，高的可达 40%以上，但赖氨酸仅为豆饼的 1/3。含有丰富的维生素，尤以胆碱含量为多，而维生素 D 和维生素 E 很少。此外，它含有较多的果胶物质，为遇水膨胀而能滋润肠壁的黏性液体，是雏鸡、弱鸡、病鸡的良好饲料。亚麻子饼虽含有毒素，但在日粮中搭配 10%左右不会发生中毒。最好与含赖氨酸多的饲料搭配在一起喂鸡，以补充其赖氨酸低的缺陷。

6. 玉米蛋白粉 是玉米除去淀粉、胚芽及玉米外皮后剩下的产品，也可能包括部分浸渍物或玉米胚芽粕，正常的玉米蛋白粉色泽金黄，色泽越鲜，蛋白质含量越高。玉米蛋白粉有两种蛋白质规格，一种大于 41%，另一种大于 60%。

其蛋氨酸含量较高，但赖氨酸和色氨酸严重不足。用黄玉米制成的玉米蛋白粉含有较高的类胡萝卜素，有很好的着色作用。因此，用于鸡料可节约蛋氨酸添加量，还能有效地改善蛋黄和皮肤的颜色。

（二）动物性蛋白质饲料

1. 鱼粉　是鸡的优良蛋白质饲料。优质鱼粉粗蛋白含量应在50%以上，含有鸡所需要的各种必需氨基酸，尤其是富含赖氨酸和蛋氨酸，且消化率高。鱼粉的代谢能值也高，达12.12兆焦/千克。此外，还含有各种维生素、矿物质和未知生长因子，是鸡生长、繁殖最理想的动物性蛋白质饲料。鱼粉有淡鱼粉和咸鱼粉之分，淡鱼粉质量好，食盐少（2.5%～4%）；咸鱼粉含盐量高，用量应视其食盐量而定，不能盲目使用。若用量过多，盐分超过鸡的饲养标准规定量，极易造成食盐中毒。鱼粉在鸡日粮中的用量一般为2%～8%。

2. 肉骨粉　是屠宰场的加工副产品。经高温高压消毒脱脂的肉骨粉含有50%以上的优质蛋白质，且富含钙、磷等矿物质及多种维生素，因此是鸡很好的蛋白质和矿物质补充饲料，用量可占日粮的5%～10%。但应注意，如果处理不好或者存放时间过长，发黑、发臭，则不能用做饲料，避免引起鸡瘫痪、瞎眼、生长停滞甚至死亡。

3. 血粉　是屠宰场的另一种下脚料。蛋白质的含量很高，为80%～82%，但血粉加工所需的高温易使蛋白质的消化率降低，赖氨酸也易受到破坏。且血粉具有特殊的臭味，适口性差，用量不宜过多，可占日粮的2%～5%。

4. 蚕蛹粉　是缫丝过程中剩留的蚕蛹经晒干或烘干加工制成的，其蛋白含量高，用量可占日粮的5%～10%。

5. 羽毛粉　由禽类的羽毛经高压蒸煮、干燥粉碎而成，粗蛋白含量在85%～90%之间，与其他动物性蛋白质饲料共用时，可补充日粮中的蛋白质。其用量可占日粮的3%～5%。

6. 酵母饲料　是在一些饲料中接种专门的菌株发酵而成的，既含有较多的能量和蛋白质，又含有丰富的B族维生素和其他活性物质，且蛋白质消化率高，能提高饲料的适口性及营养价值，对雏鸡生长和种鸡产蛋均有较好作用。一般在日粮中可加入2%～5%。

7. 河蚌、螺蛳、蚯蚓、小鱼　这些均可作为鸡的动物性蛋白质饲料利用。但喂前应蒸煮消毒，防止腐败。有些软体动物如蚬肉中含有硫胺酶，能破坏维生素B_1。鸡吃大量的蚬，所产蛋中维生素B_1缺少，死胎多，孵化率低，雏鸡易患多发性神经炎，应予以注意。这类饲料用量一般可占日粮的10%～20%。

四、矿物质饲料

鸡的生长发育、机体的新陈代谢需要钙、磷、钠、钾、硫等多种矿物元素，上述青绿饲料、能量饲料、蛋白质饲料中虽均含有矿物质，但含量远不能满足生长和产蛋的需要，因此在鸡日粮中常常需要专门加入石粉、贝壳粉、骨粉、食盐、砂粒等矿物质饲料。

1. 石粉　是磨碎的石灰石，含钙达38%。有石灰石的地方，可以就地取材，经济实用。一般用量可占日粮的1%～7%。

2. 贝壳粉　是蚌、蛤、螺蛳等外壳磨碎制成，含钙29%左右，是日粮中钙的主要来源。其用量可占日粮的2%～7%。

3. 骨粉　是动物骨头经加热去油脂磨碎而成，骨粉含钙29%，磷15%，是很好的矿物质饲料。其用量可占日粮的1%～2%。

4. 磷酸氢钙、磷酸钙　是补充磷和钙的矿物质饲料，磷矿石含氟量高，使用前应做脱氟处理。磷酸氢钙或磷酸钙在日粮中可占1%～2%。

5. 蛋壳粉　蛋壳含钙24.4%～26.5%，粗蛋白12.42%。用蛋壳制粉喂鸡时要注意消毒，避免感染传染病。

6. 食盐　是鸡必需的矿物质饲料，能同时补充钠和氯，一般用量占日粮的0.3%左右，最高不得超过0.5%。饲料中若有鱼粉，则应将鱼粉中的含盐量计算在内。

7. 砂粒　砂粒并没有营养作用，但补充砂粒有助于鸡的肌骨磨碎饲料，提高消化率。放牧鸡群随时可以吃到砂粒，而舍饲的鸡则应加以补充。舍饲的鸡如长期缺乏砂粒，就容易造成积食或消化不良，采食量减少，影响生长和产蛋。因此，应定期在饲料中适当拌入一些砂粒，或者在鸡舍内放置砂粒盆，让鸡自由采食。一般在日粮中可添加0.5%～1%，粒度似绿豆大小为宜。

五、维生素饲料

在放牧条件下，青绿多汁饲料能满足鸡对维生素的需要。在舍饲时则必须补充维生素，其方法是补充维生素饲料添加剂，或饲喂富含维生素的饲料。如不使用专门的维生素饲料添加剂，则青绿饲料、块根茎类饲料和干草粉可作为主要的维生素来源。在目前的饲养条件下，如果能将含各种维生素较多的维生素饲料很好调剂和搭配使用，便可基本满足鸡对维生素的需要。

青菜、白菜、通心菜、甘蓝及其他各种菜叶、无毒的野菜等均为良好的维生素饲料。青嫩时期刈割的牧草、曲麻菜和树叶等维生素的含量也很丰富。用量可占精料的5%～10%。某些干草粉、松针粉、槐树叶粉等也可作为鸡的良好的维生素饲料。此外，常用的维生素饲料还有水草和青贮饲料。适于喂青年鸡和种鸡。以去根、打浆后的水葫芦饲喂效果较好。青贮饲料则可于每年秋季大量贮制，适口性好，为冬季良好的维生素饲料。

六、饲料添加剂

近年来，随着畜牧业的集约化发展，饲料添加剂工业发展很快，已成为配合饲料的核心部分。饲料添加剂是指加入配合饲料中的微量的附加物质（或成分），如各种氨基酸、微量元素、维生素、抗生素、激素、抗菌药物、抗氧化剂、防霉剂、着色剂、调味剂等。它们在配合饲料中的添加量仅为千分之几或万分之几，但作用很大。其主要作用包括：补充饲料的营养成分，完善日粮的全价性，提高饲料利用率，防止饲料质量下降，促进畜、禽食欲和正常生长发育及生产，防治各种疾病，减少贮存期营养物质的损失，缓解毒性，以及改进畜产品品质等。合理使用饲料添加剂，可以明显地提高土鸡的生产性能，提高饲料的转化效率，改善鸡产品的品质，从而提高养鸡的经济效益。

按照目前的分类方法，饲料添加剂分为营养性物质添加剂和非营养性物质添加剂两大类。

（一）营养性物质添加剂

营养性物质添加剂主要用于平衡鸡日粮养分，以增强和补充日粮的营养为目的，故又称强化剂。

1. *氨基酸添加剂*　主要有赖氨酸添加剂和蛋氨酸添加剂。赖氨酸是限制性氨基酸之一，饲料中缺乏赖氨酸会导致鸡食欲减退，体重下降，生长停滞，产蛋率降低。蛋氨酸也是限制性氨基酸，适量添加可提高产蛋率，降低饲料消耗，提高饲料报酬，尤其是在饲料中蛋白质含量较低的条件下，效果更明显。此外，近年来大量研究表明，甜菜碱作为动物代谢过程中的高效甲基供体，能替代部分蛋氨酸。在肉鸡日粮中添加0.06%的甜菜碱与添加0.01%的蛋氨酸，可获得同样的增重效果，明显降低饲料成本。

2. 微量元素添加剂　鸡除了补喂钙、磷等常量元素外，还需要补充一些微量元素，如铁、铜、锌、锰、钴、碘、硒等。在日常的配合饲料中添加一定量的矿物质微量元素添加剂，即可满足鸡对各种微量元素的需要。作为微量元素添加剂的各种试剂最好选择硫酸盐，因为硫酸盐可以促进蛋氨酸的利用，减少对蛋氨酸的需要量。此外，目前对氨基酸微量元素络合物的研究和应用较多，效果明显。如由浙江大学与浙江建德维丰饲料公司共同研制的新型有机硒产品蛋氨酸硒，在肉鸡饲料中添加100毫克/千克，日增重提高15%，且肌肉品质明显改善。广西化工研究院研制的“鸡之宝”，系蛋氨酸、赖氨酸与稀土元素和微量元素的络合物，在日粮中添加1.0‰的复合维生素，替代10‰的预混饲料，可以少加或不加蛋氨酸、赖氨酸，这样不仅提高鸡群的生产性能，而且还明显地降低了饲料成本。在无鱼粉日粮中使用，饲养效果也很好。美国锌宝公司(Zin Pro Corporation)生产的专利产品——锌宝(含锌10%)，每吨饲料添加量为400克，具有抗热应激和低钙应激的作用，提高肉鸡的饲料利用率和改善饲料报酬，增加胸部肌肉产量。

3. 维生素添加剂　维生素添加剂种类很多，有的只含有少数几种脂溶性维生素，如维生素A、维生素D、维生素E、维生素K，有的是含有多种维生素的复合维生素，可根据需要选择使用。一般用量是每100千克日粮中添加10克左右。

(二)非营养性物质添加剂

使用这一类型添加剂的主要目的是提高饲料利用率,增强机体抵抗力和防止疾病发生,杀死和控制寄生虫,防止饲料霉变,保护维生素的效价和功用,提高饲料适口性,从而提高鸡的生产水平。这类添加剂不是鸡必需的营养物质,但添加到饲料中可以产生各种良好的效果,可根据不同的用途选择使用。主要有以下5种。

1. 保健促生长剂　某些药物在用量适当时有预防疫病、促进生长的作用,主要是一些抗生素、高剂量铜和其他人工合成的化合物。使用这类添加剂的主要争议,是它们在鸡体内及产品中的残留和病原菌的抗药性和对人类健康影响的不确定性。因此,对其使用范围、用量、使用期与停药期应严格按照药品说明和国家的有关规定使用。常用的有土霉素、泰乐菌素、杆菌肽锌、维吉尼亚霉素、螺旋霉素、硫酸粘杆菌素、硫酸铜、喹乙醇等。有些药物能抑制或杀灭球虫或其他体内寄生虫,因而也能促进健康、生长,如盐霉素、氯苯胍、潮霉素、越霉素、氨丙啉、莫能霉素、马杜拉霉素等。还有一些含大量乳酸菌、双岐杆菌和其他有益细菌的产品,统称"益生素",可以抑制肠道有害细菌的繁殖,预防泻痢,提高鸡的抗病能力。此外,某些激素也有促进生长的作用,但使用不当会产生副作用。很多中草药也有保健、杀虫和促进生长的作用。

2. 调味增香剂　主要是在饲料中添加鸡喜爱的某种气味,有诱食和增加采食量、提高饲料利用率的作用。有时也用增香剂来掩盖某种饲料组分的不愉快气味,不会使鸡群因饲料组方的变动而减少采食量。特别是对那些具有良好营养价值、价格便宜、但适口性差的饲料原料，适量添加增香剂，不仅可解决适口性差的问题，更重要的是由于使用这些饲料原料而降低了饲料成本。此外，当鸡群由于疾病或饲料中添加治疗药物而导致采食量下降时，增香剂的功用对于维持采食和帮助药物达到疗效有重要作用。以前使用的增香剂有化十香味素，目前推广应用的鸡的增香剂有草类辛辣型禽用调味剂。

3. 酶制剂　添加酶制剂可促进营养物质的消化，促进生长，提高饲料的转化效率。在英国、美国等经济发达国家，饲用酶制剂的使用已很普遍。近几年来，国内酶制剂的研制及其在肉鸡业中的应用研究十分活跃，已有多家企业生产销售。目前，市场上酶制剂的品种繁多，有国产的，也有进口的。如江苏省苏州市太湖酶制剂厂生产的"太湖牌"禽用复合酶，广东省珠海市溢多利酶制剂有限公司生产的溢多利复合酶制剂，美国建明工业（亚洲）有限公司生产的"八宝威(Kemyme)"、芬兰饲料国际有限公司生产的"爱维生"等，这些复合酶制剂都含有淀粉酶、果胶酶、蛋白酶、纤维酶和脂肪酶等。除了酶制剂外，还有单项酶制剂，如德国巴斯夫公司和丹麦诺和诺德公司生产的植酸酶等。

4. 着色剂　在鸡的饲料中添加着色剂（也称增色剂）的目的是增加鸡蛋蛋黄的橘黄色与肉鸡屠体（胫、皮、脂肪）的金黄色，以满足不同地区、不同消费者嗜好和提高产品的商业价值。黄色素是重要的增色剂，其主要成分是叶黄素、玉米黄素和胡萝卜酯醇，在万寿菊花粉、黄玉米、虾青素、干红辣椒粉、优质玉米蛋白粉和苜蓿粉中含量丰富。

市面上销售的着色剂有德国巴斯夫公司生产的露康定黄、露康定红；瑞士罗氏公司生产的加丽素红、加丽素黄。其使用推荐量参见表 5-1 和表 5-2。

表 5-1　露康定黄与露康定红(2∶1)用于肉鸡皮肤着色的推荐量

毫克/(只·天)

肉鸡上市前第7天脚胫色泽	市场要求颜色中等至良好		市场要求颜色非常好	
	白羽肉鸡	黄羽肉鸡	白羽肉鸡	黄羽肉鸡
极　　差	90	90	100	100
白色至粉红	80	75	90	85
粉红至浅黄	70	60	80	70

表 5-2　肉鸡日粮中添加加丽素黄和加丽素红的推荐量

克/吨

屠体颜色(罗氏比色扇值)	着色剂	肉鸡脚胫颜色(罗氏比色扇色值)			
		5	6	7	8
3 度	Y	20	20	20	20
	R	10～15	20～25	30	35
4 度	Y	40	40	40	40
	R	10～15	20	25	30

注:Y 为加丽素黄,R 为加丽素红。

着色剂使用注意事项:

第一,着色剂的着色效果和许多因素有关,如鸡本身的遗传;着色剂的种类及黄红两种颜色的配比;使用时机;饲料原材料种类与质量(特别是玉米和玉米蛋白粉的质量、抗营养因素);饲料加工与贮存条件;环境因素;营养因素;疾病与应激,特别是球虫病、传染性法氏囊病和霉菌毒素;着色剂有效成分含量偏低,达不到商标标示量的要求。

第二,着色剂的价格昂贵,如加丽素红、露康定红每千克 1 300 元;加丽素黄、露康定黄每千克 900 元。所以,着色剂的用量与要求肉鸡屠体和脚胫着色的程度要适当。鸡皮肤黄色达到8度,每吨饲料的着色剂成本就达到80元,盲目要求“黄”的结果是既增加了饲料的生产成本，又加重了消费负担。

第三，在肠道内，类胡萝卜素与维生素A的吸收存在着竞争，而维生素A优先被吸收，所以在使用着色剂时，应适当减少维生素A的用量。若维生素A过多，就会使鸡皮肤和蛋黄变淡。

5. 饲料保存剂　饲料在贮运过程中，容易氧化变质甚至发霉。在饲料中加入抗氧化剂和防霉剂可以延缓这类不良的变化。

(1)抗氧化剂。饲料中的蛋白质、碳水化合物、脂肪，特别是维生素，容易受到空气中氧的氧化，氧化变质的饲料不仅会产生异味，降低采食量，而且由于有效成分的破坏而降低饲料的营养价值。饲料中添加抗氧化剂可防止饲料的氧化变质。常用的抗氧化剂有乙氧基喹啉(乙氧喹或山道喹)，它能防止脂溶性维生素A、维生素E、维生素D、维生素K及各类脂肪、鱼粉、骨粉、肉粉等饲料中易氧化成分的氧化变质。另外，常用的有二丁基羟基甲醛(BHT)和丁基羟基茴香醚(BHA)，这两种抗氧化剂还有较强的杀菌作用。

(2)防霉剂。在高温潮湿的条件下贮存饲料，饲料中污染的霉菌就会大量生长繁殖，一方面消耗了饲料中的营养物质，另一方面在繁殖过程中还会产生大量的霉菌毒素，降低饲料的品质，严重时还会造成鸡的霉菌毒素中毒。因此，除了严格饲料的存入条件外，在加工配合饲料时要加入防腐剂，常用的有丙酸、丙酸钠、丙酸钙、山梨酸、苯甲酸等。

(三)使用饲料添加剂应注意的问题

目前肉鸡的生产过程中广泛使用维生素、微量元素、促生长和氨基酸添加剂等。饲料添加剂一般都由饲料工业部门或兽药厂生产出品，用户应按照使用说明书的要求添加。

但在使用饲料添加剂时，还应注意以下 7 个问题：

(1)不同的饲料添加剂作用不同，在添加前一定要明确目的，根据肉鸡生产的实际需要，正确使用添加剂，不能滥用。

(2)添加剂用量必须适当，一定要按需要量准确地计算与称重，以达到添加的目的和获得最佳饲养效果。

(3)添加剂的选择要注意产品对路。维生素的出厂期越近越好，距出厂期以不超过 3 个月为宜。了解产品的产地、成分和出厂日期。微量元素类应特别注意了解有无当地饲料最缺的那种元素，氨基酸应了解产地、含量和有效值等。

(4)添加剂用量很少，有的 100 千克饲料中只加几克，有的只添加饲料的百万分之几，因此一定要混拌均匀，绝不允许一次性放入日粮中混合，否则有的鸡可能采食过量而引起中毒，有的鸡却根本没有采食到，达不到添加的目的。为了确保搅拌均匀，应先加入少量饲料(载体)，分级预混，逐级扩大，即每次扩大 20～30 倍，经 2 或 3 次预混后，再混入日粮里反复搅拌均匀。在日粮里加入少量预防或治疗性药物时也应按这种方法。

(5)使用维生素添加剂时，首先要考虑其稳定性和生物效价。脂溶性维生素易氧化，稳定性差，在配合饲料时常因接触空气而加快氧化。因此，一次不宜购买太多，避免因长期贮存而降低生物效价。当饲料中添加抗球虫剂时，硫胺素的用量不宜过多，若每千克饲料中硫胺素含量高达 10 毫克时，抗球虫剂的效果明显降低。胆碱是使用量最大的维生素(肉用仔鸡 0～3 周龄，每千克饲料含量高达 1 300 毫克)。有的胆碱产品为液态，需加少量玉米面混合后再添加入饲料中。

(6)使用抗生素(抗菌药物)添加剂时，各种抗生素应交替使用，避免产生抗药性和产品残留量过高；严格控制抗生素添加剂量，特别是对0～3周龄阶段的肉鸡；肉鸡在屠宰前应有一个停药期，以便使产品中抗生素的残留量降到最低程度；少用或慎用人、畜共用的抗生素。

(7)应注意各种饲料添加剂的相互协同作用与拮抗关系。在肉鸡生产中，当日粮胆碱水平较低时，添加剂蛋氨酸才能产生明显的生产效果；同样，只有当日粮蛋氨酸水平低于最适水平时，添加胆碱的饲养效果才会明显。为了使胆碱的作用充分发挥，日粮中必须有足够的硫酸盐。同样道理，为了使硫酸盐起到节省含硫氨基酸的作用，以硫酸锌与B族维生素配合使用，对防治肉鸡锌缺乏症效果显著。再如，钙、磷在酸性环境中被吸收利用，而胆碱碱性强，对钙、磷的吸收有影响；维生素D_3可促进钙、磷的吸收利用，但钙过多会使维生素D_3很快被破坏。综上所述，使用饲料添加剂必须严肃认真，除注意效价和有效期外，还应注意限用、禁用、用法、用量、配伍禁忌等规定。

土鸡常用饲料的营养成分见表5-3。

表5-3　土鸡常用饲料的营养成分　　%

饲　料	干物质	代谢能（兆焦/千克）	粗蛋白质	粗纤维	钙	磷	有效磷	赖氨酸	蛋氨酸+胱氨酸
青苜蓿	29.2	1.42	5.3	10.7	0.49	0.09	0.03	0.20	0.08
大白菜	6.4	0.67	1.4	0.5	0.03	0.04	0.02	0.04	0.04
小白菜	7.9	0.75	1.6	1.7	0.04	0.06	0.02	0.08	0.03
苦荬菜	15.0	1.51	4.0	1.5	0.28	0.05	0.02	0.16	0.06
甘薯藤	13.9	1.05	2.2	2.6	0.22	0.07	0.02	0.08	0.04
绿　萍	6.0	0.67	1.6	0.9	0.06	0.02	0.01	0.07	0.07
槐叶粉	90.3	3.97	18.1	11.0	2.21	0.21	0.07	0.84	0.34

续表 5-3

饲料	干物质	代谢能(兆焦/千克)	粗蛋白质	粗纤维	钙	磷	有效磷	赖氨酸	蛋氨酸+胱氨酸
松针粉	86.6	4.39	7.4	24.1	0.59	0.04	0.02	0.43	0.17
苜蓿草粉	87.0	3.64	17.2	25.6	1.52	0.22	0.10	0.81	0.36
玉米	86.0	13.56	8.7	1.6	0.02	0.27	0.12	0.24	0.38
高粱	86.0	12.30	9.0	1.4	0.13	0.36	0.17	0.18	0.29
小麦	87.0	12.72	13.9	1.9	0.17	0.41	0.22	0.30	0.49
裸大麦	87.0	11.21	13.0	2.0	0.04	0.39	0.21	0.44	0.39
大麦	87.0	11.30	11.0	4.8	0.09	0.33	0.17	0.42	0.36
稻谷	86.0	11.00	7.8	8.2	0.03	0.36	0.20	0.29	0.35
糙米	87.0	14.06	8.8	0.7	0.03	0.35	0.15	0.32	0.34
碎米	88.0	14.23	10.4	1.1	0.06	0.35	0.15	0.42	0.39
粟	86.5	11.88	9.7	6.8	0.12	0.30	0.11	0.15	0.45
次粉	87.0	12.51	13.6	2.8	0.08	0.52	0.14	0.52	0.49
小麦麸	87.0	6.82	15.7	8.9	0.11	0.92	0.24	0.58	0.39
米糠	87.0	11.21	12.8	5.7	0.07	1.43	0.10	0.74	0.44
米糠饼	88.0	10.17	14.7	7.4	0.14	1.69	0.22	0.66	0.56
大豆	87.0	13.55	35.5	4.3	0.27	0.48	0.30	2.22	1.03
大豆饼	87.0	10.54	40.9	4.7	0.30	0.49	0.24	2.38	1.20
大豆粕	87.0	9.62	43.0	5.1	0.32	0.61	0.31	2.45	1.30
棉子饼	92.0	8.16	33.0	12.5	0.36	0.81	0.23	1.34	0.70
棉子粕	88.0	8.16	34.3	11.6	0.62	0.96	0.33	1.28	1.37
菜子饼	88.0	8.16	34.3	11.6	0.62	0.96	0.33	1.28	1.37
菜子粕	88.0	7.41	38.6	11.8	0.65	1.07	0.42	1.30	1.50
花生仁饼	88.0	11.63	44.7	5.9	0.25	0.53	0.31	1.32	0.77
花生仁粕	88.0	10.88	47.8	6.2	0.27	0.56	0.33	1.40	0.81
向日葵仁饼	88.0	6.65	29.0	20.4	0.24	0.87	0.13	0.96	1.02
向日葵仁粕	88.0	8.49	33.6	14.8	0.26	1.03	0.16	1.13	1.19
亚麻仁饼	88.0	9.79	32.2	7.8	0.39	0.88	0.38	0.73	0.94
亚麻仁粕	88.0	7.95	34.8	8.2	0.42	0.95	0.42	1.16	1.10

续表 5-3

饲料	干物质	代谢能（兆焦/千克）	粗蛋白质	粗纤维	钙	磷	有效磷	赖氨酸	蛋氨酸＋胱氨酸
玉米胚芽饼	90.0	7.61	16.7	6.3	0.04	0.46	0.20	0.70	0.78
玉米胚芽粕	90.0	6.99	20.8	6.5	0.06	0.55	0.24	0.75	0.49
玉米蛋白粉	90.1	16.23	63.5	1.0	0.07	0.44	0.17	0.97	2.38
	91.2	14.26	51.3	2.1	0.06	0.42	0.11	0.92	1.90
	89.9	13.30	44.3	1.6	0.05	0.40	0.10	0.71	1.69
玉米蛋白饲料	88.0	8.45	19.3	7.8	0.15	0.70	0.20	0.63	0.62
芝麻饼	92.0	8.95	39.2	7.2	2.24	1.19	0.32	0.82	0.82
麦芽根	89.7	5.90	28.3	12.5	0.22	0.73		1.30	0.63
国产鱼粉	88.0	11.46	52.5	0.4	5.74	3.12	3.12	3.41	1.00
秘鲁鱼粉	88.0	11.67	62.8	1.0	3.87	2.76	2.76	4.90	2.42
血粉（喷雾）	88.0	10.29	82.8	0	0.29	0.31	0.31	6.67	1.72
羽毛粉	88.0	11.42	77.9	0.7	0.20	0.68	0.68	1.65	3.52
皮革粉	88.0	6.19	77.6	1.7	4.40	0.15	0.15	2.27	0.96
肉骨粉	92.6	8.20	50.0	2.8	9.20	4.70	4.70	2.60	1.00
啤酒糟	88.0	9.92	24.3	13.4	0.32	0.42		0.72	0.87
啤酒酵母	91.7	10.54	52.4	0.6	0.16	1.02		3.38	1.33
玉米酒精糟	94.0	5.36	30.6	11.5	0.41	0.66		0.51	1.28

第四节　土鸡的饲养标准

随着饲养科学的发展，根据生产实践中积累的经验，结合消化、代谢、饲养及其他试验，科学地规定了各种畜、禽在不同体重、不同生理状态和不同生产水平下，每头每天应该给予的能量和各种营养物质的数量，这种规定的标准称“饲养标准”。饲养标准在组成上包括两个主要部分，即畜、禽的营养需要量或供给量和畜、禽常用饲料的营养价值表，多采用表格形式，以便于生产实践中参考应用。

目前，现代畜牧业发达国家都制定有本国的各种畜、禽的饲养标准，用于科学饲养，指导生产，提高畜、禽产品率，降低饲料消耗，节省成本，取得最佳的经济效益。世界上较著名的畜、禽饲养标准有美国 NRC 饲养标准、英国 ARC 饲养标准、新日本饲养标准等。根据我国的饲养实践，农业部在 1985 年 12 月正式公布了中国家禽饲养标准及饲料成分。现将其中有关我国地方品种鸡饲养标准列于表 5-4 和表 5-5，供优质土鸡生产者参考应用。由于该标准制定年代较久，各地尚需根据具体实践，制定切合实际的优质土鸡营养需要。

表 5-4　我国地方品种鸡饲养标准

（肉用黄鸡的代谢能、粗蛋白质需要量）

周　龄	0～5	6～11	12 以上
代谢能（兆焦/千克）	11.72	12.13	12.55
粗蛋白质（%）	20.0	18.0	16.0
蛋白能量比（克/兆焦）	17	15	13

表 5-5　我国地方品种鸡饲养标准

（肉用黄鸡的体重及耗料量）　　克/只

周　龄	体　重	每周耗料量	累计耗料量
1	63	42	42
2	102	84	126
3	153	133	259
4	215	182	441
5	293	252	693
6	375	301	994
7	463	336	1 330

续表 5-5

周 龄	体 重	每周耗料量	累计耗料量
8	556	371	1 702
9	654	399	2 100
10	756	420	2 520
11	860	434	2 954
12	968	455	3 409
13	1 063	497	3 906
14	1 159	511	4 417
15	1 257	525	4 942

第五节 土鸡的日粮配合

土鸡的日粮配合又称日粮搭配，是按照土鸡饲养标准的规定，选用适当的饲料配合成为日粮，使这种由多种饲料搭配成的日粮所含营养物质的数量，符合饲养标准的规定量，其目的是以最少的饲料消耗、最低的饲料成本，获得量多质好、经济效益最高的肉鸡产品。

一、日粮配合的意义

目前我国农村养鸡，在饲养上一般都不是根据鸡各个阶段的生长发育、长肉和产蛋等方面对各种营养物质需要来组合各种日粮，而是仅饲喂单一饲料，结果不仅浪费饲料，影响正常生长发育，而且影响鸡只生产性能的发挥。如育雏阶段，由于雏鸡生长强度很大，需要较高水平的蛋白质日粮，但习惯上却采用小米、大米或是小麦和玉米等育肥用的各类饲料而导致雏鸡生长发育受阻。又如种鸡阶段需要较高的蛋白质水平日粮，可是由于日粮单一，蛋白质含量太低，致使蛋鸡不能充分发挥产蛋性能。若在日粮中适当增加一部分蛋白质饲料，如豆饼、鱼粉等，并搭配一部分谷类饲料，提高日粮中蛋白质水平，即可使饲料配合多样化，使单一饲料可能缺乏的某些营养物质得到弥补。此外，还要补充矿物质饲料。青绿饲料缺乏时，还应增补多种维生素。在日粮营养全面的饲养条件下，雏鸡生长速度加快，使体重能及时达到上市标准。这样既缩短了饲养时间，又节省了饲料，降低了饲养成本。因此，科学配合日粮是提高养鸡生产效益的有效方法和根本保证。

二、日粮配合的基本原则

日粮配合是养鸡生产实践中的一个重要环节。日粮配合是否合理，直接影响到鸡生产性能的发挥，以及生产的经济效益。配合过程中应注意以下基本原则：

（一）参照并灵活应用饲养标准，制定各类鸡的最适宜营养需要量

饲养标准是实行科学养鸡的基本依据，但在实际应用时，仍应结合当地鸡的品种、性别、地区环境条件、饲料条件、生产性能等具体情况灵活调整，适当增减，制定出最适宜的营养需要量。最后再通过实际饲喂，根据饲喂效果进行调整。

（二）正确地估测饲料的营养价值

同一种饲料，由于产地不一或收获季节不一，其营养成分也可能存在较大的差异。因此，在进行日粮配合时，必须选用符合当地实际的鸡饲料营养成分表，正确地估测各类饲料的营养价值，对用量较大而又重要的饲料最好实测。

（三）选择饲料时，应考虑经济原则

要尽量选用营养丰富、价格低廉、来源方便的饲料进行

配合，注意因地制宜，因时制宜，尽可能发挥当地饲料资源优势。如在满足各主要营养物质需要的前提条件下，尽量采用价廉和来源可靠、易得的青绿饲料、甘薯、南瓜、马铃薯等代替一部分谷实类饲料，以降低饲养成本。

（四）注意日粮的品质和适口性

忌用有刺激性异味、霉变或含有其他有害物质的原料配制饲料。

影响饲料的适口性有两个方面。一方面是饲料本身的原因，如高粱含有单宁，喂量过多会影响鸡的采食量，因此，以占日粮的5%～10%为宜。另一方面是加工造成的，如压制成颗粒料可提高适口性，而喂的粉料磨得太细，鸡吃起来发黏，会降低适口性。因此，粉料不可磨得太细，各种饲料的粒度应基本一致，避免鸡挑剔。种鸡一般不喂颗粒料。

（五）选用的饲料种类应尽量多样化

在可能的条件下，用于配合的饲料种类应尽量多样化，以利营养物质的互补和平衡，提高整个日粮的营养价值和利用率。饲料品种多还可改善饲料的适口性，增加鸡的采食量，保证鸡群稳产、增产。

（六）考虑鸡的消化生理特点合理配料

如鸡对粗饲料的消化率低；粗纤维在鸡日粮中的含量不能过高，一般不宜超过5%。否则会降低饲料的消化率和营养价值。

（七）日粮要保持相对稳定

如确需改变时，应逐渐更换，最好有1周的过渡期，避免发生应激，影响食欲，降低生产性能。尤其是对产蛋期种母鸡，更要注意饲料的相对稳定。

三、日粮配合的方法

按照饲养标准配制日粮时，由于目前我国供给鸡的饲料种类还不算太多，所以一般生产单位多用试差法，简单易行。尽管目前饲养标准越来越精细，各种营养指标越来越多，但在未采用电子计算机配合日粮前，主要满足的营养指标是不多的，试差法还是比较简便而实用的配合日粮方法之一。此外，还有四方法、公式法等。这里着重介绍试差法这一通行的日粮配合方法。

所谓试差法，即根据饲养标准，结合鸡的品种、年龄、生产性能、当地气候及以往的生产经验，先粗放地配合，然后计算其中的各种养分，并与所制定的营养标准比较，对过多或不足的养分进行调整，直至符合要求为止。由于所规定的营养指标较多，为了便于配合，通常先计算平衡日粮的能量和粗蛋白两项指标，待上述两项指标平衡时，再依次考虑钙、磷、赖氨酸、蛋氨酸指标的平衡。食盐、微量元素及维生素可放在最后定量添加。

现以配制优质种用土鸡产蛋期日粮为例，说明试差法的具体运用。基本原料有玉米、豆饼、菜子饼、进口鱼粉、麸皮、骨粉、石粉与食盐，其日粮配制的程序如下。

第一步：参照土鸡的饲养标准，结合当地实际，拟订种鸡产蛋期的各种营养需要量，查出所用原料的营养成分（表5-6）。

第二步：初步确定所用原料的比例。根据经验，设日粮中各原料比例分别如下：鱼粉 5%，菜子饼 5%，麸皮 10%，玉米 55%，豆饼 17%，食盐与矿物质 8%。

第三步：将 5%菜子饼，5%鱼粉和 10%麸皮，分别用各自的百分比乘以各自饲料中的营养含量。如鱼粉的用量为

5%，每千克鱼粉中含代谢能 12.133 6 兆焦，则 5%鱼粉中含代谢能 0.606 68(12.133 6×5/100)兆焦。其余依次类推，计算结果见表 5-7。

表 5-6 种鸡产蛋期的营养需要量及饲料营养成分

项目		代谢能（兆焦/千克）	粗蛋白（%）	钙（%）	磷（%）	赖氨酸（%）	蛋氨酸+胱氨酸（%）
种鸡产蛋期营养需要		11.385	16.5	3.5	0.6	0.66	0.55
饲料营养含量	玉米	14.060	8.6	0.04	0.21	0.27	0.31
	豆粕	11.046	43.0	0.32	0.50	2.45	1.08
	菜子饼	8.452	36.4	0.73	0.95	1.23	1.22
	进口鱼粉	12.134	62.0	3.91	2.90	4.35	2.21
	麸皮	6.562	14.4	0.18	0.78	0.47	0.48
	骨粉			36.4	16.4		
	石粉			35.0			

表 5-7 三种饲料营养成分计算值

项目	比例（%）	代谢能（兆焦）	蛋白质（%）	钙（%）	磷（%）	赖氨酸（%）	蛋氨酸+胱氨酸（%）
菜子饼	5	0.422 5	1.82	0.037	0.048	0.061 5	0.061
鱼粉	5	0.606 6	3.10	0.196	0.145	0.217 5	0.110 5
麸皮	10	0.656 8	1.44	0.018	0.078	0.047	0.048
合计	20	1.686 1	6.36	0.251	0.271	0.326	0.219 5

第四步：计算豆饼和玉米的用量。上述三种饲料加上矿物质饲料共占 28%，其中含蛋白质 6.36%，代谢能 1.686 兆焦，不足部分用余下的 72%玉米与豆饼补充。现在初步定玉米 55%，豆饼 17%，经计算这两种饲料中含代谢能为 9.606 兆焦，蛋白质 12.04%。与前面三种饲料相加，得代谢能 11.292 兆焦，粗蛋白质 18.4%。与营养需要对照后发现代谢能低 0.213 兆焦，而蛋白质高 1.9%。从饲料营养成分

表中看出，豆饼的蛋白质含量达43%，能量为11.045兆焦/千克；而玉米的蛋白质含量只有8.6%，豆饼的蛋白质相应减少0.344%。现在蛋白质比标准高1.9%，要达到要求，可用0.019/0.344≈5.5%的玉米代替豆饼。这时，玉米占60%，豆饼占12%，再经计算得：代谢能11.464兆焦/千克，粗蛋白16.68%，已基本符合营养需要。接着计算其他成分，列于表5-8。

表5-8 计算日粮成分

项目	比例（%）	代谢能（兆焦）	蛋白质（%）	钙（%）	磷（%）	赖氨酸（%）	蛋氨酸+胱氨酸（%）
菜子饼	5	0.423	1.82	0.037	0.048	0.061 5	0.061
鱼粉	5	0.607	3.10	0.196	0.145	0.217 5	0.110 5
麸皮	10	0.657	1.44	0.018	0.078	0.047	0.048
豆饼	12	1.326	5.16	0.038	0.06	0.162	0.186
玉米	60	8.435	5.16	0.024	0.126	0.294	0.130
合计	92	11.448	16.68	0.313	0.457	0.78	0.536
与标准比较	−8	−0.016	0.18	−3.187	−0.143	0.12	−0.014

第五步：加入矿物质饲料和食盐。根据上面计算可看出，除钙、磷外，其他营养成分已能基本满足需要，因此可加入钙、磷。现补加7%的石粉和1%的骨粉，另外再加入0.3%的食盐，如有条件，可加入0.03%的蛋氨酸。这样配得的日粮含代谢能11.464兆焦/千克，粗蛋白质16.68%，钙3.12%，磷0.612%，食盐0.3%，赖氨酸0.78%，蛋氨酸+胱氨酸0.566%，基本符合营养需要。

以下是优质土鸡饲养各阶段的实用日粮配方，供参考。

育雏期（0～4周龄）：玉米55.5%，四号粉7.0%，麸皮3.0%，豆粕21.0%，鱼粉3.0%，玉米蛋白粉5.0%，酵母粉2.0%，磷酸氢钙1.2%，石粉1.0%，食盐0.3%，预混料1.0%。营养成分为代谢能11.83兆焦/千克，粗蛋白19.5%。

生长期(5～8周龄)：玉米58.5%，四号粉10.0%，麸皮3.0%，豆粕17.0%，鱼粉2.0%，玉米蛋白粉4.0%，酵母粉2.0%，磷酸氢钙1.2%，石粉1.0%，食盐0.3%，预混料1.0%。营养成分为代谢能11.94兆焦/千克，粗蛋白17.4%。

育肥期(9周龄至上市)：玉米61.5%，四号粉10.0%，麸皮4.5%，豆粕11.0%，鱼粉1.0%，玉米蛋白粉4.0%，酵母粉2.5%，菜粕2.0%，磷酸氢钙1.2%，石粉1.0%，食盐0.3%，预混料1.0%。营养成分为代谢能12.25兆焦/千克，粗蛋白16.3%。

第六节　土鸡配合饲料加工及其质量控制

饲料厂用机器按科学配方和工艺大规模生产的饲料叫配合饲料。由于配合饲料具有天然饲料和手工调制所无法替代的优点，能够采用现代营养科学的最新成就，获得最好的生产效果和经济效益，因此在优质土鸡生产中得到了广泛的应用，并由此带来了生产方式的根本性变革。特别在优质土鸡生产日趋专业化、集约化和产业化的今天，配合饲料正发挥着越来越重大的作用。

一、土鸡配合饲料的种类及形状

(一)土鸡配合饲料的种类

土鸡的配合饲料，按所含营养成分的完全程度，可分为全价配合饲料、浓缩料和添加剂预混料3种。

1. 全价配合饲料　这类饲料由多种原料按科学配方制成，其中含有鸡需要的全部营养物质，而且含量、比例适当。用这种饲料喂鸡不需要再添加任何其他饲料，就能获得较好的生产效果，如优质土鸡的育雏期大多采用此种饲料。但在生产上，同样是全价配合饲料，其中所含各种养分的量不完全相同，价格和剂型也不一样。有的饲料养分浓度高，生产效果好，但价格较贵。有的饲料养分浓度稍低，生产效果略差些，但价格较便宜。生产效果最好的料不一定经济效果也最好，应通过试用对比，选择经济效益最佳的饲料。饲料的剂型一般有粉料和颗粒料两种，颗粒料虽略贵于粉料，但效果明显优于粉料，在生产中的使用日趋普遍。有些厂家生产的配合饲料并非全价，应了解还需补加什么饲料。有些产品名为全价配合饲料，实际并非全价，所以也要选择有信誉的厂家的产品。全价配合饲料中都含有添加剂预混料，因此要注意生产日期和避湿避热避光保藏。

2. 浓缩料　也称蛋白质浓缩料。厂家把一些不易购置的蛋白质饲料、矿物质饲料和添加剂预混料，按科学配方制成含蛋白质较高，且富含维生素、矿物质和其他有效成分的饲料，称为浓缩料。用户买回这种饲料，按厂家说明的比例加入一些谷实等能量饲料，便能满足鸡的各种营养需要。这对自己生产粮食的农民或容易买到谷实类饲料的养鸡户、小型饲料厂来说，既方便又经济。但使用浓缩料必须严格按产品说明搭配其他饲料，同时也应注意其质量和妥善贮藏。

3. 添加剂预混料　又叫预混料、预配添加剂，是由一种或多种营养性物质添加剂（氨基酸、维生素、微量元素）和非营养性物质添加剂（抗生素、抗菌药物、酶制剂、抗氧化剂、调味剂等）以某种载体或稀释剂（如玉米粉、麸皮、脱脂米糠等）按一定比例配制而成的均匀混合物。它是配合饲料工业生产的一种半成品，供生产全价配合饲料和浓缩料使用。在生产和使用预混料过程中，应特别注意严格剂量、混合均匀及保藏等问题。否则，轻则无效，重则造成鸡群患病、减产，乃至死亡。

(二)土鸡配合饲料的形状

配合饲料的形状常因饲料的种类和加工方法不同而异，饲料的形状与鸡的采食量、适口性和人的劳动效率都有密切关系，也是人们十分重视的问题，按配合饲料形状不同可分如下 3 种。

1. 粉料　将日粮中多种饲料原料加工成粉状或适宜的粒子，然后加上各种添加剂混合均匀。使用粉料鸡采食慢，吃得均匀，也易消化。种鸡和蛋鸡目前多采用粉料。但粉料不宜太粗，否则鸡易挑食，造成营养不平衡；也不宜太细，否则鸡不易采食，适口性差，特别是高温、干燥季节，易使鸡采食量减少。按国家标准执行要求，对肉鸡前期和产蛋后备鸡前期配合饲料、粉碎玉米等原料配∅2～3 毫米孔的筛片；对肉鸡中后期、产蛋后备鸡中后期则配∅3 毫米孔的筛片；对产蛋鸡配合饲料则需配∅4 毫米孔的筛片。

2. 颗粒饲料　把配合好的粉状饲料用蒸汽处理后，通过机械压制，迅速冷却，干燥而成。颗料大小以直径2.5～3毫米为宜。颗粒饲料营养全面，适口性好，能避免鸡挑食，保证营养完全，并便于储存和运输，鸡舍内粉尘少、空气好，同时由于制粒时高温杀死了一部分病原，在一定程度上减少了通过饲料传播疾病的机会。这种饲料最适宜于肉鸡饲用。但据报道肉鸡用颗粒饲料时腹水综合征、猝死综合征发病率相应较高，使用这种饲料时添加药物会受到限制，添加剂量也难以掌握，往往导致防治效果不理想或中毒，投药拌料时应引起注意。种母鸡在雏鸡期体重不理想时，可适当饲喂一段时间颗粒料，但产蛋期一般不采用，否则往往因采食过量而肥胖，即使使用限量喂饲也常因采食时间短，致使鸡易发生啄癖。

3. *破碎料*　将颗粒饲料打碎成片的一种饲料。具有颗粒饲料的优点，可适当延长采食时间，适合各种年龄的鸡采食。但加工成本高，目前使用的不多。

二、土鸡配合饲料的加工

（一）配合饲料加工工艺

1. *配合饲料的加工工艺*　一般根据配合与粉碎的先后次序不同而分为两种。

（1）先配合后粉碎的加工工艺。先将各种需要粉碎的原料、辅料，按饲料配方比例在一起稍加混合后，送入粉碎机粉碎。然后，在粉碎后的混合料中，再按配方的比例加入其他不需要粉碎的粉状辅料和添加剂预混料，再经混合机充分混合均匀，成为粉状配合饲料，也可压成颗粒料。

加工工艺流程如下：

原料清理除杂→计量入仓→配料→粉碎→混合（粉料包装）→压制颗粒料→成品计量包装

此工艺的优点是：原料仓就是配料仓，节省了储料仓的数量和储量；工艺连续性能强；粉碎机数量可不受限制；工艺流程较简单；更适合于生产颗粒饲料。缺点是：由于粉碎工作不是连续的，因此影响设备效率，耗电量较大，比另一种工艺的步骤多；粒度、容重不同的物料粉碎前就会分级，在配料中配比误差大。这个工艺比较适合于原料种类多、投资节省的小型饲料厂或颗粒饲料车间使用。

（2）原料先粉碎后配合的加工工艺。即先将不同原料分别粉碎，储入饲料仓，然后再按配方比例称量，送入混合机混合而成。

加工工艺流程如下：

原料清理除杂→计量入仓→粉碎→配料→混合(粉料包装)→压制颗粒料→成品计量包装

此工艺的优点是：可按原料和畜、禽生理需要，对不同原料品种加工成不同细度；由于分别粉碎，粉碎机可按饲料的物理选择或调节充分发挥其粉碎效率，省电，减少磨损，提高产量；饲料配比较准确。缺点是：需要较多的配料仓和储料仓以及进出料的附属设备；生产工艺较复杂，建设投资大。

我国目前绝大多数饲料厂采用先粉碎后配料的加工工艺。

2. 颗粒饲料的制作　颗粒饲料是生产上普遍采用的一种料型，与粉料相比，颗粒饲料有以下 4 个优点。

(1)可以减少畜、禽采食饲料过程中的浪费。

(2)便于贮藏、包装、运输。

(3)畜、禽进食颗粒料的速度往往高于进食粉料，从而减少了进食动作的能量消耗，提高了饲料中代谢能用于动物生产与维持的比例。在某些情况下，尤其是肉鸡对颗粒料的进食量也显著高于粉料的进食量。

(4)通过制粒工艺，饲料中某些营养成分的有效性得到提高。例如，压粒提高了饲料对于家禽的代谢能。

颗粒饲料的一般饲养效果表现为，提高了饲料转化率，以及进食量和增重速度，后二者则往往因畜、禽种类与年龄等而有所不同。美国肉鸡饲养者的一般经验是每 100 千克颗粒饲料可较粉料多生产 2 千克鸡肉，并使肉鸡的饲养期缩短 2 天。

3. 饲料膨化技术　饲料膨化技术在资源的开发上越

来越显示其重要作用。对我国饲料工业而言,挤压膨化技术是今后应重点发展的一项技术,因为膨化设备及操作控制技术是现有饲料机械及操作技术中最为复杂和最具有发展前景的技术。

膨化是将物料加湿、加压、加温调质处理,并挤出模孔或突然喷出压力容器,使之因骤然降压而实现体积膨大的工艺操作。按其工作原理的不同,膨化分为挤压膨化和气体热压膨化两种。挤压膨化是对物料进行调质,连续增压挤出,骤然降压,使体积膨大的工艺操作,常采用螺杆式挤压膨化机连续作业;气体热压膨化是将物料置于压力容器中加湿、加温、加压处理,然后突然喷出,使其骤然降压而体积膨大的工艺操作,通常采用回转式压力罐、固定式压力蒸煮罐、连续式热压筒进行间歇式或连续式膨化作业。

膨化饲料除了具有颗粒饲料的一般优点——适口性好、避免饲料分级、减少运输体积、方便饲喂和减少采食过程中的饲料浪费以外,尚有以下 4 个优点。

(1)膨化过程中的热、湿、压力和各种机械作用,能够提高饲料中淀粉的糊化度,破坏和软化纤维结构的细胞壁部分,使蛋白质变性、脂肪稳定,利于鸡的消化吸收,提高了饲料的消化率和利用率。同时,脂肪从颗粒内部渗透至表面,使饲料具有特殊的香味,利于增加肉鸡的食欲。

(2)原料经由高温、高压膨化后可杀死多种有害病菌,可使饲料满足有关卫生要求,从而有效预防肉鸡消化道疾病。

(3)在饲料资源的开发利用上具有特殊重要作用,如用膨化机生产全脂黄豆粉、膨化羽毛粉、血粉、热喷秸秆类,对菜子、棉子进行去毒等。

(4)膨化颗粒饲料含水量低,可以较长时间贮藏而不霉烂变质,便于运输。

(二)配合饲料加工设备

1. 清理设备　清理设备主要是通过筛选和磁选,将主辅原料中的杂物如石块、泥块、麻绳头、碎木片、铁丝、钉等杂质清除掉。在原料接收时多经筛选,去除较大杂物。做法是在进料坑口上设置"栅筛"和"初清筛"。磁选主要是清除金属杂物。目前多采用永磁滚筒,它能自动吸铁,自动脱落,经铁杂质出口排出。

2. 粉碎设备　粉碎工序是饲料加工中的重要工序,粉碎设备也是关键性设备,应重视粉碎质量和效率。粉碎的目的主要是使饲料表面积增大,以促进畜、禽的消化吸收;改善饲料的混合性;满足进一步加工的需要,如制粒、蒸煮膨化等。

粉碎的方法通常有 4 种:挤压、研磨、撞击和切碎剪切。利用上述原理的粉碎设备有碎石机、锤片式粉碎机、磨盘式粉碎机、辊式粉碎机等,此外还有爪式、冲击式、榔头式等,其中锤片式使用最多。

粉碎机的粉碎效率与物料的物理性质有关,如随原料的水分增加,粉碎产量不断下降。因此,在粉碎时保持原料干燥,对降低电耗、机器磨损和产品成本都是很重要的。

3. 配料设备　配料分为容积配料和重量配料两种,容积配料结构简单,造价低,但配比不准,误差较大,混合欠均匀,质量较差。重量式配料的优点是配比准确,混合均匀质量稳定。我国目前饲料企业大多采用重量式配料。

容积配料器有螺旋配料器和叶轮式容积配料器;重量配料设备包括喂料机和配料秤。喂料机是将各配合料仓的物料均匀送给配料秤称重的设备，常用的有螺旋喂料机和叶轮喂料机两种。配料秤主要有机械配料秤、电感配料秤等。

4. 混合设备　目前，我国饲料加工使用较普遍的有立式螺旋混合机、卧式螺带混合机及双螺旋行星式混合机等。

(1)卧式螺带混合机。由机体、螺带轴(叶轴)、连杆机构、上料斗、回风管及自动装置等部分组成。此种形式混合机的优点是：混合效率高，质量好，卸料时间短，残留量少。缺点是占地面积较大。

(2)立式混合机。此机由螺旋部分、机体、进出料口和传动等部分组成。立式混合机的优点是：配备动力小，占地面积小，添加微量成分比较方便，减少提升运输。缺点是：混合均匀度低于卧式混合机，混合时间长，生产效率低，残留量多，容易污染。因此，一般适用于小型饲料厂的干粉料混合。

5. 制粒设备　颗粒饲料机在生产上采用最广泛的是环模式压粒机。此机工作原理是：原料经喂料器送入由环模与滚轮组成的“压粒室”。以环模与滚轮的相对转动，原料被挤压进入模孔，再从外孔挤出，被装于环模外壁之外的切刀切成适宜长度的柱形颗粒。另一种为平模式颗粒机，为一圆形平面，原料自上而下落入“压粒室”，由转动的滚轮将其压入模孔，再从下部的孔眼挤出，由切刀切成所需长度的颗粒。此机优点是：结构简单，造价低，动力消耗少。缺点是：压模之间的摩擦较大，粉料在压粒室内分布均匀度较差。

除了压粒机外，还需要水分调节系统或蒸汽调节系统对粉料进行水分调节，以提高颗粒饲料的温度(一般要达到70℃)，并需要经过吹风冷却系统降温。对辊式破粒机是对干燥后较大的颗粒进行再破碎用的，破碎后经分级筛筛分，达到所要求的粒度，筛下物重送回制粒机制粒。

6. 成品包装设备　厂家可根据具体情况，自行设计半机械化装置，如在成品包下加设出料绞龙，实行点动电控，人工计量和打包。

三、土鸡配合饲料的质量控制

（一）影响配合饲料质量优劣的因素

配合饲料质量的优劣主要取决于 3 个要素，即原料的质量控制技术、配方设计技术和加工工艺技术。

1. 饲料原料的品质控制　饲料原料作为影响饲料质量好坏的第一关口，最为重要。原料质量差，即使配方再科学合理，加工工艺再怎么先进，配出的饲料也不可能改变质量差的局面。由原料品质差引起饲料质量次劣的原因常见有：①原料发霉变质；②水分超标，如玉米水分含量 16%以上；③含有毒素，如劣质花生粕中可能含有黄曲霉菌毒素，劣质鱼粉中可能含有肉毒梭菌毒素等；④营养价值低，如过热的豆粕氨基酸破坏严重；⑤含量达不到标准，如磷酸氢钙中磷含量低于 16%；⑥掺杂做假，如鱼粉中混有血粉、羽毛粉或石粉等；⑦有害物质超标，如磷酸氢钙中氟含量超过 0.18%；⑧原料仓储时间过长引起的虫蛀、变质；⑨熏蒸处理不当引起的怪味等。

2. 配方设计是否科学合理　科学合理的饲料配方是最大限度地发挥产蛋鸡和肉鸡固有的遗传性能，获得更多优质廉价的鸡蛋和鸡肉的重要措施之一。如果饲料配方不合理，即使原料再好，也不可能生产出质量好的饲料，造成饲料资源浪费，鸡只营养不平衡，生产水平低下。近几年来随着养鸡业的迅速发展，饲料厂家在不断增多，多数饲料厂家都在以抓好饲料质量而求得生存，赢得市场，但少数厂家却以生产低档次、低质量的饲料，靠低价位、高利润去骗取客户，这应引起养鸡场（户）的高度重视。

3. 加工工艺控制技术　一般饲料加工工艺流程是：原料→粉碎→配料仓→配料→混合→成品仓→打包。整个工艺流程任何一个环节出问题均会直接影响饲料的质量。常见的问题有：①投料口没有清除设施，麻线、玉米棒、霉块霉变物质一同投入粉碎。②筛孔不合标准或已损坏，所粉碎原料或粗或细，或者根本就没有粉碎，影响鸡只适口性和采食量。③原料串仓，如鱼粉仓中串入麸皮或豆粕，或者豆粕仓中串入玉米粉等，进而直接影响用量和质量。一般要求料仓越远的地方放大宗原料，越近的地方放小宗原料，粉碎拉完一种原料，要走空一段时间，再粉碎下一种原料。④配料时称量不准或忘记放某一种原料。⑤混合时间过短或过长，均匀度差。⑥打包时封口未封好或袋子质量差等。

4. 其他　如成品料受雨水淋，堆放时间过长，或者受高温、高湿的影响，或者饲喂方式不合理，如拌潮料饲喂，当天不能喂完等都会影响饲料的质量。

（二）配合饲料的质量控制

配合饲料生产的质量控制包括国家对整个饲料工业体系的质量控制和饲料厂对自身产品的质量控制。国家的质量控制主要通过饲料法规及有关质量标准的颁布来实现。饲料厂的质量控制包括从原料接收到产品的整个过程。

许多饲料工业比较发达的国家都建立了自己的饲料法规和相应的管理机构及体制。饲料法规的建立和完善不仅是为了保护用户与畜产品消费的利益与安全，同时也有利于饲料工业自身的健康发展。我国饲料工业由 20 世纪 70

年代末期起步，经过20多年的努力，目前年产总量已达6 000多万吨。近年来由于饲料标准化技术的推进，饲料产品质量的监测制度不断完善，产品质量有了进一步的提高。

我国现在通过国家技术监督局发布的有关饲料质量的国家标准有饲料原料标准、饲料添加剂标准、配合饲料标准、预混料标准、浓缩料标准、饲料卫生标准及饲料质量监测方法标准等，这些标准的颁布和执行已在控制我国饲料质量方面起到了积极的作用。

第六章　优质土鸡的饲养管理

我国是世界上养鸡数量最多的国家，劳动人民在长期的生产实践中，创造和总结出了一系列行之有效的饲养管理技术。近年来，我国的优质土鸡生产发展很快，在品种选育、配合饲料、饲养方式、疾病防治、产品加工等方面都取得了长足的进展，土鸡生产正朝规模化、集约化、产业化方向发展，对饲养管理提出了新的更高的要求。因此，继承、借鉴和吸收我国传统养鸡的宝贵经验，积极开展技术创新和技术推广，实行科学的饲养管理，对于充分发挥土鸡的生产潜力，取得最佳的生态、社会和经济效益，保证这一新兴养殖业的持续、快速、健康发展，无疑是一项十分重要而紧迫的工作。

优质商品土鸡的养育可分为育雏期(小鸡，0～4 周龄)、生长期(中鸡，5～8 周龄)和育肥期(大鸡，9 周龄至上市)3 个阶段；优质种用土鸡则可分为育雏期(0～6 周龄)、育成期(7～22 周龄)和产蛋期(23～64 周龄)3 个阶段。各阶段鸡的饲养管理分述于下。

第一节　雏鸡的培育

雏鸡是指 0～6 周龄的小鸡，这阶段的小鸡对环境适应能力差，抗病力弱，稍有不当，容易生病死亡。因此，在雏鸡培育阶段需要给予细心的照料，进行科学的饲养管理，才能获得良好的效果。优质土鸡商品鸡和种用鸡在育雏阶段的饲养管理大同小异，一并介绍如下。

一、雏鸡的生物学特性

（一）雏鸡调节体温的机能较弱，对外界环境温度的变化难以适应，既怕冷，又怕热

刚出壳的雏鸡体温比成年鸡低2℃左右，4日龄开始增高，10日龄后才能接近成年鸡的正常体温。因此，在育雏开始时必须供给较高的温度。这种调节体温的机能要到出壳3周后，绒毛脱落，长上新羽时才较完善。因而在育雏期间，要求温度适宜、平稳，不能忽高忽低、忽冷忽热。

所以，育雏初期必须给予较高的温度。从第2周龄起，可以逐步降温，每周降低2℃。夏季4周龄脱温，冬季则5～6周龄脱温。

（二）雏鸡新陈代谢旺盛，要求饲料营养丰富、全价

雏鸡阶段代谢旺盛，相对增重快，要求有高能量、高蛋白质的饲料来满足其快速生长发育的需要。

（三）胃肠容积小，消化能力差

雏鸡消化道短而容积小，进食量有限；缺乏某些消化酶，肌胃磨碎能力弱，消化系统发育不健全，消化能力差。因此，雏鸡应供给粗纤维含量低、容易消化的日粮，并注意少喂多餐和供足饮水。

（四）群居性强，胆小惊慌

鸡具有很强的群居性，离群独处的雏鸡会鸣叫不止，归群后才安静。胆小自卫能力差，外界强烈的声音刺激可引起鸡群惊恐不安，横冲直撞。所以，育雏期鸡舍内外要避免惊动，保持安静，门窗严密，防止兽害。

（五）抗病力差，容易感染各种疾病

雏鸡体小而弱，机体的防御机能不健全，对外界环境的

应激因素敏感；对病原微生物的侵袭抵抗力差。若饲养管理不善，容易暴发传染病。因此，在育雏期间必须保持垫料干燥，做好环境卫生消毒和接种疫苗的工作，防止疫病发生。

二、育雏期间的条件

（一）合适的温度

温度是育雏成败的关键，必须严格、正确地掌握。育雏温度指育雏室和育雏器的温度。育雏室的温度要比育雏器边缘的温度低些，育雏器边缘的温度又比育雏器内温度低些，形成一定的温差，促使空气对流，使雏鸡能够自由选择适合自己所需的温度（表 6-1）。

表 6-1　育雏期合适的温度　℃

周　龄	育雏器温度	室内温度
1～2 天	35	24
1 周	35～32	24
2 周	32～29	24～21
3 周	29～27	21～18
4 周	27～24	18～16
4 周以后	21	16

注：①表中所列育雏器温度是离底网 5～10 厘米高外的温度。在育雏室内这样高的位置上至少应挂一个温度计。

②32℃是指保温伞沿下的温度，离保温伞越远温度越低。雏鸡可以自由选择适宜的温度。养鸡户如果没有保温伞，可采用提高整个室内温度的办法（如用煤炉或火炕取暖），这样就不要求达到 32℃。

③每周降温幅度不能过大，一般以不要超过 3℃为宜。

衡量温度是否合适，除看温度表外，最可靠的方法是观察雏鸡的动态。温度合适时，小鸡表现活泼好动，羽毛光滑整齐，食欲旺盛，展翅伸腿，行动敏捷，睡眠安静，睡姿伸头舒腿，小鸡均匀地散布在热源周围；温度过低时，小鸡表现行动迟缓，缩颈弓背，闭眼尖叫，睡眠不安，小鸡向热源附近集中，互相挤压，层层堆积；温度过高时，鸡群远离热源，张嘴喘气，呼吸很快，时常喝水。因此，必须经常注意观察小鸡的动态，及时调整温度。

（二）适宜的湿度

10日龄前的小鸡，需要较高的室温，但是当室温提高后，相对湿度就会随之下降。室温提高1℃，湿度下降3.5%～4%。雏鸡生活在过于干燥的环境中，容易脱水，表现为饮水量增加，蛋黄吸收不良，脚趾干瘪，羽毛发脆脱落，发育不整齐。有的因灰尘刺激呼吸道黏膜，诱发呼吸道病。因此，10日龄以前的雏鸡应注意增加室内的湿度，使相对温度保持在60%～70%之间。10日龄后，小鸡呼吸量、饮水量、排粪量相应增加，室内容易潮湿。此时要注意通风换气，勤换垫草，降低湿度，使相对温度保持在55%～60%之间，避免发生球虫病和霉菌病。室内的相对湿度，常采用干湿球温度计测定。干球温度计所表示的温度是空气中的温度，用浸在水中纱布包着的湿球温度计所表示的温度为湿球温度。利用干湿两球所表示的温度差异，即显示空气中所含水分的相对饱和程度。

（三）新鲜的空气

雏鸡生长发育迅速，代谢旺盛。育雏室内鸡群密集，雏鸡呼吸快，排出大量二氧化碳。雏鸡排出的粪便，经微生物分解，不断地产生氨气和硫化氢等不良气体。如果这些气体不及时排出，则会影响雏鸡健康，致使雏鸡食欲减退、生长缓慢、体质变弱等，也可诱发其他疾病的发生。因此，育雏室内应加强通风换气，及时补充新鲜空气。一般新鲜空气中正常氧含量约20%，二氧化碳含量约0.03%。育雏室内二氧化碳的含量要求控制在0.2%左右，不应超过0.5%。氨气含量在0.01‰以下，硫化氢气体的含量在0.006 6‰以下。

通风换气的方法有自然通风和机械通风两种。密封式鸡舍或饲养密度较大的非密闭式鸡舍采用机械通风，如装排气扇或通风机等。开放式鸡舍采用开闭门窗大小来控制通风。为防止通风后室内温度降低，通风前应将室内温度升高1～2℃。自然通风应选在晴天较暖和的中午并逐渐开大门窗。为防冷风直吹舍内，可在窗口、门口加布帘子。

（四）合理的密度

饲养密度指育雏室内单位面积所饲养的鸡数。雏鸡的健康生长发育同饲养密度有密切的关系。密度过大，育雏室内二氧化碳浓度过高，其他有害气体也同时增多，影响雏鸡的饮水、采食，生长发育缓慢，抗病能力下降。鸡群密度过小，栏舍及设备利用率降低，劳动利用率降低，育雏成本增大。鸡群密度安排的原则是宜小不宜大，并随着鸡雏日龄的增大而减少。冬春密度较夏秋密度大一些。

在注意密度的同时，需考虑到鸡群的大小，一般每群的数量不要太大，小群饲养效果好。鸡群大小适中，农村养鸡及小型鸡场以每群300～500只为宜。中型以上鸡场以每群1 000～2 000只育雏效益较好。现代化养鸡，一般鸡群大小为2 500～3 000只。当然，这与管理能力和饲养设备有关，应视情况而定（表6-2）。

表6-2　雏鸡饲养密度　　只/米^2

周　龄	地面平养	网上饲养	笼　养
1～2	30～40	40～50	50～60
3～4	20～30	30～40	30～40
5～6	15～20	20～25	25～30

（五）正确的光照

光照对雏鸡的采食、饮水、运动、健康都有重要作用。为保证雏鸡的生长发育和以后的高产性能，合理的光照方案应从幼雏就开始。光照时间过长，雏鸡会过早性成熟，影响以后成鸡的产蛋性能。光照过强，会影响雏鸡的神经机能，引起啄羽、啄肛等恶癖。光照不足，则影响雏鸡的活动、采食，使发育迟缓。另外青光、黄光等也不宜使用，否则易促使鸡产生恶癖。

刚出壳的头 3 天，幼雏视力弱，为便于采食和饮水，一般采用 24 小时的光照，但也有使用每昼夜 23 小时光照，1 小时黑暗，以便使鸡能适应黑暗的环境，避免万一停电时引起惊慌。

3 天以后可采用自然光照。密闭鸡舍采用人工光照时，应严格控制光照时间和光照强度。每天光照时数不少于6～7 小时，不超过 11 小时。光照强度以 1 英尺烛光（10.76 勒克斯）为宜，即 0.37 平方米有光源 1 瓦。照度与光源高度的关系见表 6-3。

表 6-3　获得 1 英尺烛光的照度所需光源的高度

光源（瓦）	光源的高度（米）	
	使用灯罩	不使用灯罩
15	1.1	0.6～0.7
25	1.4	0.9
40	2.0	1.4
60	3.1	2.1

（六）严格的卫生防疫制度

雏鸡弱小，抗病力差，在群体密集饲养条件下，一旦发病，易于传播，难以控制。因此，要认真控制好环境条件，搞好舍内外的清洁卫生，保持舍内空气新鲜，勤涮洗饲槽、水槽，勤换垫草。严格执行卫生防疫消毒制度，饲具要专人专用，谢绝无关人员入舍参观。

三、育雏前的准备工作

为了顺利完成育雏计划，育雏前要做好充分的准备，其内容是明确育雏人员及其分工；制定育雏计划，如育雏批次、时间、雏鸡品种、数量、来源等；准备好饲料、垫料及所需药品；做好育雏舍及用具的维修；制定免疫程序等。

（一）育雏季节的选择

在人工完全控制鸡舍环境的条件下，全年各季都可育雏，但开放式鸡舍，由于人工不能完全控制环境，则应选择合适的育雏季节。季节不同，雏鸡所处环境不一样，对其生长发育和成鸡的产蛋性能均有影响。育雏可分为春雏(3－5 月份)、夏雏(6－8 月份)、秋雏(9－11 月份)和冬雏(12 至翌年 2 月份)。开放式鸡舍育雏以春季育雏效果最好，秋冬育雏次之，盛夏育雏效果最差。

春季气温逐渐转暖，白天渐长，空气干燥，疫病容易控制，因此春雏生长发育快，体质结实，成活率高，而且育成期正处于夏秋季节，在室外有充分活动和采食青饲料的机会，体质结实，待 9－10 月份开始产蛋，第一年产蛋期长，产蛋多，蛋大，种蛋合格率高。夏季育雏，虽然可充分利用自然温度和丰盛的饲料条件，但气温高，雨水多，湿度大，如果饲养管理稍差，则雏鸡就会表现食欲不佳，易患白痢、球虫等病，发育受阻，成活率低。育成期天气变寒，舍外运动机会少，当年不易开产，第一年产蛋期短，产蛋量少。

（二）育雏设施准备

1. 鸡舍修缮和设备修理　育雏前 1 周对鸡舍要进行全面检查和修缮，主要目的是为了保温。凡门、窗、墙、顶棚、屋顶等有损坏的都要及时修好。特别要严防穿堂风和漏雨。

但在窗户的上角要留一个风斗，便于换气。老鼠洞要堵严，以防伤害鸡和偷吃饲料。灯光要调节好，按每平方米 2～3 瓦设置，要使舍内各处照度均匀。运动场的篱笆要围好。

鸡笼、食槽、水槽等要修理好，注意料槽上面的翻滚横梁是否灵活。其他调剂饲料的用具也要维修妥当，安装好炉子和烟筒，严防漏烟。

2. 消毒　旧的鸡舍要把舍内和运动场地面的旧土彻底清理出去，换上新土。舍内是水泥地面的，可先用清水刷洗干净，再洒上 2%火碱水消毒。墙壁用 10%石灰乳刷白。有过鸡球虫传染病的鸡舍，要用喷灯火焰把室内外地面喷烧一遍，再把鸡舍门窗关严，按室内空间体积每立方米用 5.5 克高锰酸钾加 11 毫升福尔马林溶液熏蒸，经过 1～2 天封闭以后打开门窗通风换气。鸡舍消毒完毕之后，人员进出必须通过门口的消毒池（内有 2%的烧碱溶液），避免再次污染。运动场的篱笆用火碱水喷洒消毒。

料槽、饮水器、运雏箱和饲养的一切用具都要用热碱水洗刷干净，然后放在阳光下晒干。塑料用品、麦秸、稻草、沙子都应在阳光下反复翻动，充分暴晒干燥。不得使用霉烂的麦秸和稻草，否则易引起曲霉菌病。

3. 垫料、育雏器护板和照明灯　进雏前几天，铺置 3～5 厘米厚的干净垫料。垫料切忌霉烂结块，要求干燥、清洁、柔软、吸水性强、灰尘少、无尖硬杂物。常用的垫料有稻草、麦秸、碎玉米轴、锯末、刨花等。优良的垫料对雏鸡腹部有保温作用。

垫料以沙最好，鸡舍垫沙有如下 4 条好处。①沙能吸湿，有利于保持鸡舍的干燥；②利于鸡消化；③有利于鸡散热，尤其在夏季，由于鸡没有汗腺，主要通过翅膀散热，沙子导热性好，鸡躺在沙上，可通过皮肤与沙子的接触直接向外散热;④能够给鸡提供沙浴,促其消化、生长。

在保温伞外围上育雏器护板,在开始育雏时防止雏鸡远离热源。在保温伞下安置一盏照明灯日夜照明,目的是训练雏鸡集中靠近热源处,也为寻食、寻水提供方便。

照明灯的功率不宜大,在育雏的最初 2～3 天内使用,待雏鸡熟悉保温伞之后即可撤去。

4. 试温　雏鸡进场前 2 天,育雏舍和保温伞要进行调温、试温。舍温要求达到育雏开始时的温度,一切设施均要进行检查,并反复运转试用,证明正常后才准使用,避免日后经常出现故障,影响生产。保温伞不能在雏鸡到达的前一天就预先开启,因为这样会使伞内的垫料过于干燥,雏鸡因呼吸散发的水分过多,而有发生脱水的危险。

(三)水料药准备

1. 供水　初生雏从温度较高的孵化器出来,在出雏室停留,或经过长途运输,都必须适时供应饮水。初生雏到达之前应在育雏舍内摆置充裕的饮水器,每 100 只雏鸡应用 2 个 4.5 升大小的塔式饮水器。饮水器要放在保温伞边缘之外的垫料上,均匀分布,并使饮水器高度适合雏鸡饮用。此时最重要的是保证每只雏鸡有充裕的饮水位置,而并非供应的水量。饮水器在雏鸡到达前 4 小时应装好水,并在此时开启保温伞,这样就可给饮水加温。饮水适宜的温度在 18℃以上,不能供应凉水。饮水必须清洁。

2. 饲料准备　雏鸡的饲料要求新鲜,品质良好,颗粒大小适中,易于采食,且营养丰富,易消化。雏鸡的饲料有开食饲料和配合饲料两种。开食饲料常在 1～3 天内喂,常用玉米屑、小米、碎米(干的或事先泡过的均可)等易于采食的饲料。3 日龄后就可改喂配合饲料。也有一开始就喂配合饲料的。为了满足雏鸡生长发育的需要,应保证充足的饲料供应量。

3. 药物准备　育雏常备的抗菌药有庆大霉素、卡那霉素、青霉素、链霉素、痢特灵、土霉素、氟哌酸、环丙沙星、北里霉素等；常用的消毒药有百毒杀、过氧乙酸、爱迪福、卡西安、威岛、抗毒威、高锰酸钾、福尔马林等。

（四）雏鸡的选择

选择质量好的雏鸡是养鸡成败的关键所在。为使鸡群健康和生长发育整齐一致，育雏前必须进行雏鸡的选择。一般根据出壳时间和雏鸡的外部形态判断其强弱。健康应符合下列条件：①在正常的时间范围内出壳；②体重符合品种标准；③雏鸡的绒毛松软，清洁有光泽，长短正常，腹部大小适中，柔软，脐部愈合良好，干燥，上覆有绒毛（凡脐孔大、钉脐、卵黄囊外露、无绒毛覆盖者均属不良的雏鸡）；④雏鸡表现活泼，脚干结实，反应快，鸣叫响亮，触之饱满，挣扎有力。

从孵化房来说，鸡苗出壳当天，孵化人员就把雏鸡按强弱、大小、健残进行选择分装好，每箱 100 只（另加 2%），这是习惯上的做法。一般情况下，客户不必担心，但要注意下列情况的鸡苗：肚脐收集不好或开裂，腹大，绒毛粘结，脱水脚干，腿软，站立不稳，腿外张，瞎眼歪嘴，颈脖扭曲，个体偏小等。这些畸形、残次的鸡苗应捡出。

四、育 雏 方 式

人工育雏按其占用地面和空间的不同及给温方法不同，把管理要求与技术分为 4 种方式。

（一）笼育

笼育指在特制的笼中养育雏鸡。育雏笼由笼架、笼体、食槽和承粪盘（板）组成。一般笼架长为 2 米，高 1.5 米，宽 0.5米，离地面30厘米，每层为40厘米，共分3层，每层4

笼，每架12笼，在上下笼之间留有10厘米的空间，以放入承粪盘（或承粪板）。承粪盘（板）可以是固定的，用刮粪板刮粪；也可以是活动的，可每日或隔日定期调换清粪。实际使用以活动的较好。每个笼子制成长50厘米、宽50厘米、高30厘米的规格，笼四周用铁丝、竹或木条制成栅栏，食槽和饮水器可排列在栅栏外，雏鸡隔着栅栏将头伸出吃食、饮水。笼底可用铁丝制成不超过1.2厘米大小的网眼，使鸡粪掉入承粪盘。采用热水或暖气管加热，也可用地下烟道升温加热或室内煤炉加温，还可采用电热加温方法。上述加热方法中，以地下烟道加热的方法为优，主要可使上下层鸡笼的温差缩小。笼育方式的优点在于能经济利用鸡舍的单位面积，节省垫料和热能，降低成本，提高劳动生产率，还可有效控制球虫病的发生和蔓延。

目前，塑料育雏笼或机械化生产的定型育雏笼产品已到处有售，如上海金山农牧机械厂生产的塑料育雏笼为层叠拼装式，可拆开消毒，另外配备加温系统。育雏时需要注意的是栅栏间隔较大，幼雏易跑出笼外，因此育雏前需用铁丝或其他材料加密，待2周龄左右时再拆去。北京市通县养鸡设备厂生产的育雏笼为组装式。每列笼子长×宽×高为400厘米×60厘米×175厘米，每组笼子长×宽×高为100厘米×60厘米×173厘米，每层笼高为32厘米，底层笼底离地高度为23厘米，食槽可调高度为1，2，5，8，14厘米，笼门采食间距调节范围为1.8～4厘米，加热器功率为250瓦，控温范围为10～40℃，每平方米笼面可养雏鸡66只。在饲养中，要根据鸡体不断生长的情况经常作横向分群，即开始时用尽可能少的笼育雏，以后逐步分群到其他笼中。还要根据鸡龄及时调高食槽高度。另外，笼内各层均有控温仪，需将温度调至各笼相近为止，以减少上下层笼温差过大而影响育雏效果。

另外，中国农业科学院科技开发公司生产的电热育雏笼由加热、保温和活动笼3部分组成。这3部分可以组合在一起，也可以分开使用，活动笼数量可随便组装，分层控制温度，由6个独立结构的笼体组成1个单元。

（二）地面育雏

把雏鸡放在铺有垫料的地面上进行饲养的方法称为地面育雏。从加温方法来说大体可分为地下烟道育雏、煤炉育雏、电热或煤气保温伞育雏、红外线灯育雏及远红外育雏等。

1. 地下烟道育雏　地下烟道用砖或土坯砌成，其结构形式多样，要根据育雏室的大小来设计。较大的育雏室，烟道的条数要相对多些，采用长烟道；育雏室较小，可采用“田”字形环绕烟道。其原理都是通过烟道对地面和育雏室空间进行加温，以升高育雏温度。地下烟道育雏优点较多：①育雏室的实际利用面积大；②没有煤炉加温时的煤烟味，室内空气较为新鲜；③温度散发较为均匀，地面和垫料暖和，由于温度是从地面上升，小鸡腹部受热，因此雏鸡较为舒适；④垫料干燥，空气湿度小，可避免球虫病及其他病菌繁殖，有利于小鸡的健康；⑤一旦温度达到标准，维持温度所需要的燃料将少于其他方法，在同样的房屋和育雏条件下，地下烟道的耗煤量比煤炉育雏的耗煤量至少省1/3。因此，烟道加温的育雏方式对中小型鸡场和较大规模的养鸡户较为适用。值得注意的是，在设计烟道时，烟道的口径进口处应大，往出烟处应逐渐变小，由进口到出口应有一定的上升坡势，烟道出烟处切不可放在北面，要按风向设计。

为了提高热效率和育雏室的利用率，可采用平顶天花板加笼育的方法。在管理上，天花板要留有通风出气孔，根据室温及有害气体的浓度经常进行调节，必要时应在出气孔处安装排风扇，以便在温度过高等紧急情况下加强排气，按育雏温度标准调节室温。

2. 煤炉育雏　煤炉可用铁皮制成或用烤火炉改制而成，炉上设有铁皮制成的伞形罩或平面盖，并留有出气孔，以便接上通风管道，管道接至室外，以便排出煤气。煤炉下部有一进气孔，并用铁皮制成调节板，以便调节进气量和炉温。煤炉育雏的优点是：经济实用，耗煤量不大，保温性能稳定。在日常使用中，由于煤炭燃烧需要一段时间，升温较慢，因此要掌握煤炉的性能，要根据室温及时添加煤炭和调节通风量，确保温度平稳。在安装过程中，炉管由炉子到室外要逐步向上倾斜，漏烟的地方用稀泥封住，以利于煤气排出。若安装不当，煤气往往会倒流，造成室内煤气浓度大，甚至导致小鸡煤气中毒。

在较大的育雏室内使用煤炉升温育雏时，往往要考虑辅助升温设备，因为单靠煤炉升温，要达到所需的温度，需消耗较多的煤炭，但在早春很难达到理想的温度。在具体应用中，用煤炉将室温升高到15℃以上，再考虑使用电热伞或煤气保温伞以及其他辅助加温设备，这样既节省燃料和能源成本，也能预防煤炉熄灭、温度下降而无法及时补偿的缺陷。

3. 保温伞育雏　保温伞可用铁皮、铝皮、木板或纤维板制成，也可用钢筋和布料制成，热源可用电热丝或电热板，也可用石油液化气燃烧供热。伞内附有乙醚膨胀饼和微动开关或电子继电器与水银导电表组成的控温系统。在使用过程中，可按雏鸡不同日龄对温度需要来调整调节器的旋钮。保温伞的优点是：可以人工控制和调节温度，升温较快而平衡，室内清洁，管理较为方便，节省劳力，育雏效果好。问题是要有相当的室温来保证，一般说来，室温应在15℃以上。这样保温伞才有工作和休息的间隔，如果保温伞一直保持运转状态，会烧坏保温伞，缩短使用寿命；另外，如遇停电，在没有一定室温情况下，温度会急剧下降，影响育雏效果。通常情况下，在中小规模的鸡场中，可采用煤炉维持室温，采用保温伞供给雏鸡所需的温度，炉温高时，室温也较高，保温伞可停止工作，炉温低时，室温相对降低，保温伞自动开启。这样在整个育雏过程中，不会因温差过高过低而影响雏鸡健康。同时，也可以获得较为理想的饲料报酬。

4. 电热板或电热毯育雏　原理是利用电热加温，小鸡直接在电热板或电热毯上取得热量，电热板和毯配有电子控温系统以调节温度。

5. 红外线灯育雏　指用红外线灯发的热量育雏。市售的红外线灯为250瓦，红外线灯一般悬挂在离地面35～40厘米的高度，在使用中红外线灯的高度应根据具体情况来调节。雏鸡可自由选择离灯较远处或较近处活动。红外线灯育雏的优点是：温度均匀，室内清洁。但是，一般也只作辅助加温，不能单独使用，否则，灯泡易损，耗电量也大，热效果不如保温伞好，成本也较大，一盏红外线灯使用24小时耗电6度，费用昂贵。停电时温度下降快。

6. 远红外育雏　采用远红外板散发的热量来育雏。根据育雏室面积大小和育雏温度的需要，选择不同规格的远红外板，安装自动控温装置进行保温育雏。使用时，一般悬挂在离地面1米左右的高度。也可直立地面，但四周需用隔网隔开，避免小鸡直接接触而烫伤。每块1 000瓦的远红外板的保暖空间可达10.9立方米，其热效果和用电成本优于红外线灯，并且具有其他电热育雏设备共同的优点。

7. 地下暖管升温育雏　其方法是在鸡舍建筑时，于育雏室地面下埋入循环管道，管道上铺盖导热材料。管道的循环长度和管道间隔可根据需要进行设计。其热源可用暖气或工业废热水循环散热加温。这种方法的优点是：热量散发均匀，地面和垫料干燥，差不多所有的雏鸡都有舒适的生活环境，可获得比较理想的育雏效果。如果利用工业废水循环加热，则可节省能源和育雏成本，比较适用于工矿企业的鸡场。

（三）网上育雏

网上育雏是把雏鸡饲养在铁丝网、特制的塑料网或竹帘上，网眼大小一般不超过1.2厘米见方。加温方法可采用热水、热气管或地下烟道等方法。网上育雏的优点是：可节省大量垫料，鸡粪可落入网下，全部收集和利用，增加效益。此外，由于雏鸡不接触鸡粪和地面，环境卫生能得到较好的改善，减少了球虫病及其他疾病传播的机会。还由于雏鸡不直接接触地面的寒、湿气，降低了发病率，育雏成活率较高。但要注意日粮中营养物质的平衡，满足雏鸡对各种营养物质的需要，达到既节省成本，又提高育雏效果的目的。

（四）自温育雏

在农村中，大多数养鸡户因没有条件建造有保温和加温系统的育雏室，因此往往采用多种方法自温育雏，用具简单，各有特色。

1. 稻草窝育雏　其方法是用稻草编成草窝，上口直径为50～60厘米，底面直径为80～100厘米，可养100只鸡至2周龄。在稻草窝底用10厘米左右厚度的短稻草或稻壳或锯木屑作为垫料，在窝的上口盖棉被、棉毯以保温，进雏前可在垫料下放3或4个装满热水的盐水瓶，完全靠雏鸡散发的温度维持环境温度。每隔2小时，将雏鸡放出窝外喂食、饮水、运动半小时左右，再捉回窝内。要经常检查窝内的温度是否适宜雏鸡的生长发育，如果温度较高，则可掀去厚的覆盖物，换上较薄的覆盖物，或掀开一些覆盖物以散发热量，或疏散鸡群密度以降温；如果温度偏低，则可将布毯换成棉衣、棉被等盖上，或加大鸡群密度来提高窝内温度。值得注意的是，在温度偏低而加盖棉被时，要注意不可盖得太严实，以防闷死雏鸡；反之，在窝内温度偏高，雏鸡羽毛潮湿时，不能马上掀去布毯或棉被，要掀开部分，让窝内温度慢慢下降，使雏鸡羽毛逐渐干燥。

2. 笆斗、纸箱和箩筐育雏　其方法和注意事项同稻草窝育雏。

自温育雏的方法很多，但都是利用自然物体加盖覆盖物的保温性，以及调整鸡群密度来调节温度的。其优点是：节约能源，降低饲养成本。但管理上比较严格，要避免雏鸡堆死和闷死，要做到早上看鸡的精神，晚上看鸡的食欲，休息时看鸡的睡眠，掌握好温度。自温育雏是比较原始的饲养方法，只适于小群饲养，有条件时尽可能采用如上所述各种人工给温育雏的方法，这样才会获得更好的饲养效果。

五、雏鸡的饲养

（一）雏鸡开食和饲喂

雏鸡首次吃料叫“开食”。雏鸡进入育雏室饮水以后就可开食。开食的迟早直接影响雏鸡的食欲、消化和今后的生长发育。从出壳到干毛、饮水、开食，这个过程越早越好，一般不能晚于36小时。一般认为雏鸡出壳后21小时饮水、24小时开食最为合适，最多不能超过48小时。

雏鸡开食料应该喂给新鲜配合饲料。有些地区群众习惯用小米、碎玉米或碎大米喂雏鸡。其实这种习惯不好，因为单纯用某一饲料营养不全面，蛋白水平太低，长期使用，生长发育就会受影响。有这种习惯的地方,3天之内用水泡过的小米喂食是可以的,以后必须饲喂配合饲料。因为配合饲料是根据鸡不同生长发育阶段的营养需要,用多种饲料配制而成的。不同的生长发育阶段用不同的配合饲料,这样能充分满足鸡的不同生长发育阶段的营养需要,饲料效率高,鸡生长发育快。若搞配合饲料条件不具备,也可用混合饲料。即由能量饲料、蛋白质饲料、矿物质饲料按照一定配方组成,能够满足鸡对能量、蛋白质、钙、磷、食盐等营养物质的需要,如再搭配一定量的青粗饲料或添加剂,即可满足鸡对维生素、微量矿物质元素的需要。目前,这种饲料适合我国广大农村家庭饲养和集体饲养使用。

饲喂次数,在前2周每天喂4～6次,其中早5时和晚22时必须各喂1次。第3～4周每天4次,5周以后每天3次。

在头3天内可把饲料撒在水盘、纸盘或塑料布上,让幼雏采食。4天以后应逐渐采用料槽。2周内料槽里始终保持1厘米厚的料。也可定时给料。如果是笼养或小床育雏,从第三周起可以自由采食,也就是将一天的饲料一次喂入,雏鸡随时都能采食。但这样做必须是槽在笼(网)外,鸡能采食,不能进入槽内。还应注意每天的喂料量,能当天基本吃完,不存底,避免雏鸡挑食,造成摄入的营养物质不平衡。

(二)雏鸡的饮水

出雏24小时后就应饮水。出壳后的幼雏腹部卵黄囊内部还有一部分卵黄尚未吸收完,这部分营养物质要3～5天才能基本吸收完。尽早利用卵黄囊的营养物质,对幼雏生长发育其有明显的效果。雏鸡饮水能加速这种营养物质的吸收利用。另一方面,雏鸡在育雏室的高温条件下,因呼吸蒸发量大,需要饮水来维持体内水代谢的平衡,防止脱水死亡。

1～2 周龄内的雏鸡，要求水温与室温相近，可用凉水预温来解决。最初 2 天水温要求为 16～20℃。最初 3 天，饮水中应加 5%蔗糖、0.01%维生素 C 和 1 000 IU/只鸡青霉素，增强雏鸡抵抗力。另外要防止断水、缺水，应该做到饮水不断，随时自由饮用。间断饮水使鸡群干渴，造成抢水，且易使一些雏鸡被挤入水中淹死，或身上沾水后冻死。即使使用真空饮水器也难以避免这种现象发生。

六、雏鸡的管理

（一）温度管理

雏鸡个体小，绒毛稀，特别是刚出壳的雏鸡，周身毛孔还张开着，不能适应天气的变化。温度过低，雏鸡容易发生打堆，着凉拉稀；温度过高，容易引起食欲下降或呼吸器官疾病。因此，要按适当的温度标准，随时调节温度，以维持雏鸡正常生长发育所需的温度。如果限于条件，达不到育雏所需温度时，略低于 1～2℃也不要紧，但必须做到温度恒定，切忌忽高忽低，因为在忽冷忽热的育雏环境中，雏鸡最容易发生疾病，造成死亡。

管理雏鸡第一周是关键时期，尤其前 3 天最为重要。必须昼夜有人值班，细心照料。切不可麻痹大意，避免造成不可挽回的经济损失。

（二）实行“全进全出”的饲养制度

现代肉鸡生产几乎都采用“全进全出”的饲养制度。所谓“全进全出”制度是指同一栋鸡舍在同一时间里只饲养同一日龄的鸡，又在同一天出场。这种饲养制度简单易行，优点很多。在饲养期内管理方便，易于控制适当的温度，便于机械作业。出场以后便于彻底打扫、清洗、消毒，切断病原的循环感染。熏蒸消毒后密闭一个星期，再养下一批雏鸡，这样又能保持鸡舍的卫生与鸡群的健康。这种“全进全出”的饲养制度比在同一栋鸡舍里几种不同日龄的鸡同时存在的连续生产制增重快、耗料少、死亡率低。

（三）做好优选及淘汰工作

为了保持鸡群整齐度，生产出优质产品，提高经济效益，必须对鸡群实行优选。淘汰时应注意以下5点：①死亡率高度集中期间每天进行淘汰；②前3周进行严格淘汰，因为此时淘汰经济损失较小；③对于离群病雏，应经周密检查进一步证实无发展前途后进行淘汰；④雏鸡一旦出现跗关节扭曲或瘫痪，就将其淘汰，避免消耗大量饲料，因为这些鸡只通常发展成囊肿，使胴体几乎降低两个等级；⑤患有慢性病的鸡只是传染的根源，它影响其他鸡体的健康，必须淘汰。对于并不离群独居的慢性病鸡，应进一步检查，这些鸡只通过与其他健康鸡比较，表现为抑郁、嗜眠等症状，以及脚部冰凉、脚和喙缺少色素、眼睛迟钝、冠髯苍白等。

（四）公母分群饲养

根据公母雏鸡的不同生理特点，随着自别雌雄商品鸡种的培育和初生雏鸡雌雄鉴别技术的提高，近年来许多优质商品土鸡的生产者采用公母分群的饲养制度。

1. 公母分群饲养的优越性　公母分群后，同一群体中个体间差异较小，均匀度提高，便于机械化屠宰加工，可提高产品的规模化水平。由于公母鸡在生长速度和饲料转化率方面的差异，可确定不同的上市日龄，以适应不同的市场需求。如母鸡作快餐炸鸡用，公鸡作分割加工，这样既可以提高生产效率，也可使产品更规格化。另外，公母鸡分群饲养比混养时的增重快；分群饲养比混群饲养节省饲料，每千克体重耗料可减少1.5%左右。

2. 公母分群饲养的科学依据　公母雏鸡性别不同，其生理基础有所不同，因而对生活环境、营养条件的要求和反应也不同。主要表现为：生长速度不同，公鸡生长快，母鸡生长慢，6 周龄时公鸡体重比母鸡重 20%；沉积脂肪的能力不同，母鸡比公鸡沉积脂肪的能力强得多，反映出对饲料要求不同；羽毛生长速度不同，公鸡长羽慢，母鸡长羽快；表现出胸囊肿的严重程度不同；对温度的要求也不同。

3. 公母分群后的饲养管理措施　主要有以下 4 个方面：

(1)按经济效益分期出场。根据优质商品土鸡的生长发育规律，一般公鸡最佳出场日龄为 90 天左右，母鸡为 120 天左右。

(2)按公母调整日粮营养水平。公鸡能更有效地利用高蛋白日粮。饲喂高蛋白饲料能加快公鸡生长速度，而且在体内主要是增加蛋白质。公鸡前期日粮可以把蛋白质水平提高到 22%。母鸡不能有效地利用高蛋白质饲料，而且多余的蛋白质在体内转化为能量，沉积脂肪，很不经济。在饲料中添加人工生产的赖氨酸后公鸡反应迅速，生长速度和饲料报酬都有明显提高，而母鸡反应很慢。饲喂金霉素可提高母鸡的饲料效率，而对公鸡无效。

(3)按公母提供适宜的环境条件。公鸡羽毛生长慢、体型大，胸部囊肿比母鸡严重，应提供松软的垫料，并增加垫料厚度，加强垫料管理。公鸡前期长羽速度慢，要求室温稍高些，后期公鸡比母鸡怕热，室温以低些为宜。

(4)分群饲养要注意防疫卫生，防止意外事故。要彻底搞好鸡舍及舍内设备消毒；厚垫料饲养应特别重视对厚垫料的管理，不能忽视鸡只一直生活在垫料上这一基本情况；注意观察接种疫苗的实际效果，免疫后最好进行血清检测，以证明免疫的实际效果；重视舍外环境消毒。

（五）适时断喙

断喙就是切去一部分“鸡嘴”。土鸡生性好斗，在育雏过程中，由于密度过大，光照太强，通气不良，饲料配合不当，某些氨基酸或微量元素缺乏，致使鸡群发生啄癖（雏鸡和中大鸡阶段主要是啄羽、啄趾，开产以后主要是啄肛）。啄癖发生后鸡群骚乱不安，互啄出血，追逐不舍，如不及时采取措施，则会造成严重损失。断喙能有效地防止啄癖的发生，使鸡喙失去啄破能力而又不影响采食。另外，断喙可避免挑食，还能减少部分饲料浪费。

断喙的时间、方法和工具：一般情况下雏鸡在 10 日龄前后，种用鸡在育成期 14～16 周龄尚需进行第二次断喙。方法是，上喙断去 1/2，下喙断 1/3。断喙工具要用断喙器，也可用 200 瓦烙铁，连切带烫，防止出血，同样能取得良好效果。

断喙应注意事项：断喙器有一定的热度，切面要整齐；断喙后鸡嘴上短下长，才符合要求；断喙过长不易止血，一定要止血后才能放手；断喙前后 2～3 天在饲料和饮水中补充维生素 K；鸡群患病或免疫接种时不进行断喙，以减少应激。

（六）环境卫生及防疫

搞好环境卫生、疫苗接种及药物防治工作，是养好优质土鸡的重要保证。鸡舍的入口处要设消毒池，垫料要保持干燥，饲喂用具要经常涮洗，并定期用 0.2％的高锰酸钾溶液浸泡消毒。

对于鸡白痢病，在 1～7 日龄鸡饲料中应加 0.3％的土霉素或 0.04％痢特灵加以控制，从 15 日龄起饲料中加入抑制球虫病药物，如饲料中加入 0.05％的速丹或 0.05％～

0.06%的优素精(又称盐霉素),以控制球虫病的发生。

第二节 生长期的饲养管理

优质商品土鸡生长期一般指5~8周龄,也称中鸡。此时育雏已结束,鸡体增大,羽毛渐趋丰满,鸡只已能适应外界环境温度的变化,是生长高峰时期,也是骨架和内脏生长发育的主要阶段,期间采食量将不断增加。这个时期要使优质土鸡的机体得到充分的发育,羽毛丰满,健壮。优质土鸡生长期的饲养管理与育雏期有相似之处,但由于其本身的特点,生产上应着重做好以下几方面工作。

一、调整饲料营养

根据优质土鸡不同生长发育阶段的营养需要特点,及时更换相应饲养期的饲料是加速其生长发育的重要手段。中鸡阶段发育快,长肉多,日采食量增加,获取的蛋白质营养较多,应专门配制相应的饲料,促进生长。

二、公母分群饲养

由于公母鸡的生理基础不同,他们对生活条件的要求和反应也不一样。一般公鸡羽毛长得较慢,易受环境的影响,争斗性也强,同时对蛋白质及其中的赖氨酸等的利用率较高,因而增重快,饲料效率高。此外,公鸡个大体壮,竞食能力强。而母鸡由于内分泌激素方面的差异,沉积脂肪能力强,因而增重慢,饲料效率差。公母混群饲养时,公母体重相差能达300~500克。分群饲养一般只差125~250克。因此,公母分养,不仅可有效地防止啄癖,减少损失,且能使各自在适当的日龄上市,便于实行适宜于不同性别的饲养管理制度，有利于提高增重、饲料效率和整齐度，以及降低残次品率。对于未能在出雏时鉴别雌雄的土鸡品种，目前养鸡户多在中鸡 50～60 日龄，外观性别区分较为明显时进行公母分群饲养。

三、防止饲料浪费

中鸡的生长较为迅速，体形骨骼生长快，又由于鸡有挑食的习性，因此很容易把饲料槽中的饲料撒到槽外，造成污染和浪费。为了避免饲料的浪费，一方面随着鸡的生长而更换饲料器，即由小鸡食槽换为中鸡食槽；另一方面应随着鸡只的增长，升高饲料槽的高度，以保持饲料槽与鸡的背部等高为宜。

四、防止产生恶癖

我国绝大多数优质土鸡对紧迫环境应激表现比肉鸡明显，如饲养密度过大，室内光线过强，饲料中缺乏某些氨基酸或其比例不平衡及某种微量元素缺乏等都会造成啄羽、啄趾、啄肛等恶癖，生产者应严加预防。中鸡阶段鸡只生长加快，舍外活动量加大，容易发生啄癖现象。防治恶癖要找出原因，对症下药。发生恶癖时一般降低光照强度，只让鸡看到吃食和饮水，并改善通风条件。断喙是防止发生恶癖的有效措施，常在雏鸡 10 日龄左右，利用断喙器进行断喙。

五、供给充足、卫生的饮水

生长期的鸡只采食量大，如果日常得不到充足的饮水，就会降低食欲，造成增重减慢。通常肉鸡的饮水量为采食量的 2 倍，一般以自由饮水 24 小时不断水为宜。为使所有鸡只都能充分饮水，饮水器的数量要充足且分布均匀，不可把饮水器放在角落，要使鸡只在1～2米的活动范围内便能饮到水。

水质的清洁卫生与否对鸡的健康影响很大。应供给洁净、无色、无异味、不混浊、无污染的饮水，通常使用自来水或井水。每天加水时，应将饮水器作彻底清洗。对饮水器消毒时，可定期加入0.01%的百毒杀溶液。这样既可以杀死致病微生物，又可改善水质，增加鸡只的健康。但鸡群在饮水免疫时，前后3天禁止在饮水中加消毒剂。

六、做好舍外放牧饲养工作，加强户外运动，逐渐增加草、虫、谷等的采食量

这是优质土鸡饲养方式与肉用仔鸡工厂化密闭式饲养的最大区别。优质土鸡放牧饲养，就是把生长鸡放到舍外去养。凡有果树、竹林、茶园、树林和山坡的地方都可以用来放牧优质土鸡，开展生态型综合立体养殖。放牧的好处很多，可以使鸡得到充足的阳光、运动，以及杂草、虫子、谷物、矿物质等多种丰富的食料，促进鸡群生长发育，增强体质。放牧既省饲料，又省人力和房舍。

放牧以前，首先要停止人工给温，使鸡群适应外界气温。其次要求所有的鸡晚上都能上栖架。此外，还要训练鸡群听到响音时就能聚集起来吃料。采用放牧法饲养，鸡舍要求简易、严密而又轻便，也要能防兽害。鸡舍一般要求用铁丝或木条做成。按每平方米容纳20～30只设置，由于鸡的密度大，要求周围通风。

从鸡舍转移到放牧地，或从一放牧地转移到另一个放牧地，都要在夜间进行。第二天要迟些放鸡，使其认窝，食槽和饮水盆应放在门口使其熟悉环境。头5天仍按舍饲时的饲料量饲喂，以后早晨少喂，晚上喂饱，中午基本不喂。

夏季气候多变，常有暴风雨，要注意天气预报，避免遭受意外损失。晚上要关门窗，以防兽害。在果林放牧，当果树打农药时，要注意风向，为避免鸡吃死虫，以隔离饲养几天为好。

目前在我国南方大部分地区，种鸡场与部分有技术和场地的专业户负责育雏和接种各种疫苗，小鸡脱温后再卖给土鸡养殖户。保温育雏的农户，每批养几千只，1个多月后出售，每只可赚0.50～1.00元。脱温后的雏鸡，搬到山坡上或果林园里，或旱作地里放牧饲养，把养鸡和林果生产结合在一起。具体做法是：在山坡或果林园里搭盖简易棚舍，购进脱温的鸡苗，平时鸡群活动于果树林下，啄吃虫类和杂草，定时喂料，终日供水，在晚上或遇到刮风下雨时，便把鸡群赶回棚舍。牧地空气新鲜，阳光充足，鸡群自由出入。鸡的运动量大，所以体质健壮，羽毛光亮，肌肉结实，肉味鲜浓，非常畅销，每只土鸡可赚3～5元。鸡粪自然成为林果的肥料，果树长势良好。果园经过2年放牧养鸡后，龙眼树高约3米，树冠约2米，大的达3米。而没有养鸡的相类似的果园，龙眼树高仅1米，最大的树冠也才1.4米。若果树苗太幼嫩，则不宜放牧养鸡，避免伤害树苗。还有一种放牧方式是：在山坡下挖鱼塘，鱼塘基上建棚舍，放牧养鸡。鸡粪流入塘中喂鱼，鸡、鱼结合，经济效益很好。

第三节　育肥期的饲养管理

优质土鸡的育肥期是指9周龄至上市阶段，也称大鸡。此期的饲养管理要点在于促进肌肉更多地附着于骨骼及体内脂肪的沉积，增加鸡的肥度，改善肉质和皮肤、羽毛的光泽，做到适时安全上市。在饲养管理方面应着重做好以下工作。

一、鸡群健康观察

进入大鸡后，土鸡处于旺盛的生长发育阶段，稍有疏忽，就会产生严重影响。这就要求饲养人员不仅要严格执行卫生防疫制度和操作规程，按规定做好每项工作，而且必须在饲养管理过程中，经常细心地观察鸡群的健康状况，做到及早发现问题，及时采取措施，提高饲养效果。

对鸡群的观察主要注意下列4个方面：

(1)每天进入鸡舍时，要注意检查鸡粪是否正常。正常粪便应为软硬适中的堆状或条状物，上面覆有少量的白色尿酸盐沉淀。粪便的颜色有时会随所吃的饲料有所不同，多呈不太鲜艳的色泽(如灰绿色或黄褐色)。粪便过于干硬，表明饮水不足或饲料不当；粪便过稀，是食入水分过多或消化不良的表现。淡黄色泡沫状粪便大部分是由肠炎引起的；白色下痢多为白痢病或传染性法氏囊病的征兆；深红色血便，则是球虫病的特征；绿色下痢，则多见于重病末期(如新城疫等)。总之，发现粪便不正常应及时请兽医诊治，以便尽快采取有效防治措施。

(2)每次饲喂时，要注意观察鸡群中有无病弱个体。一般情况下，病弱鸡常蜷缩于某一角落，喂料时不抢食，行动迟缓。病情较重时，常呆立不动，精神委顿，两眼闭合，低头缩颈，翅膀下垂。一旦发现病弱个体，就应剔出隔离治疗，病情严重者应立即淘汰。

(3)晚上应到鸡舍内细听有无不正常呼吸声，包括甩鼻(打喷嚏)、呼噜声等。如有这些情况，则表明已有病情发生，需做进一步的详细检查。

(4)每天计算鸡只的采食量，因为采食量是反映健康状况的重要标志之一。如果当天的采食量比前一天略有增加，说明情况正常；如有减少或连续几天不增加，则说明存在问题，需及时查看是鸡只发生疾病，还是饲料有问题。

此外，还应注意观察有无啄肛、啄羽等恶癖发生。一旦发现，必须马上剔出受啄的鸡，分开饲养，并采取有效措施防止蔓延。

二、加强垫料管理

保持垫料干燥、松软是地面平养中、大鸡管理的重要一环。潮湿、板结的垫料，常常会使鸡只腹部受冷，并引起各种病菌和球虫的繁殖滋生，使鸡群发病，要使垫料经常保持干燥必须做到：

(1)通风必须充足，以带走大量水分。

(2)饮水器的高度和水位要适宜。使用自动饮水器时，饮水器底部应高于鸡背 2～3 厘米，水位以鸡能喝到水为宜。

(3)带鸡消毒时，不可喷雾过多或雾粒太大。

(4)定期翻动或除去潮湿、板结的垫料，补充清洁、干燥的垫料，保持垫料厚度 7～10 厘米。

三、带鸡消毒

事实证明，带鸡消毒工作的开展对维持良好生产性能有很好的作用。一般 2～3 周龄便可开始，大鸡阶段春秋季可每 3 天 1 次。夏季每天 1 次，冬季每周 1 次。使用 0.5% 的百毒杀溶液喷雾。喷头应距鸡只 80～100 厘米处向前上方喷雾，让雾粒自由落下，不能使鸡身和地面垫料过湿。

四、及时分群

随着鸡只日龄的增长，要及时进行分群，以调整饲养密度。密度过高，易造成垫料潮湿，争抢采食和打斗，抑制育肥。优质土鸡育肥期的饲养密度一般为10～13只/米²，在饲养面积许可时，密度宁小勿大。在调整密度时，还应进行大小、强弱分群，同时还应及时更换或添加食槽。

五、减少应激

应激是指一切异常的环境刺激所引起的机体紧张状态，主要是由管理不良和环境不利造成的。

管理不良因素包括转群、测重、疫苗接种、更换饲料和饮水不足、断喙等。

环境不利因素有噪音，舍内有害气体含量过多，温、湿度过高或过低，垫料潮湿过脏，鸡舍及气候变化，饲养人员变更等。

根据分析，以上不利因素在生产中要加以克服，改善鸡舍条件，加强饲养管理，使鸡舍小气候保持良好状况。提高饲养人员的整体素质，制定一套完善合理、适合本场实际的管理制度，并严格执行。同时应用药物进行预防，如遇有不利因素影响时，可将饲粮中多种维生素含量增加10%～50%，同时加入土霉素、杆菌肽等。

六、搞好卫生防疫工作

1. *人员消毒*　非鸡场工作人员不得进入鸡场；非饲养区工作人员不经场长批准不得进出饲养区；进出饲养区必须彻底消毒；饲养等操作人员进鸡舍前必须认真做好手、脚消毒。

2. *鸡舍消毒*　饲养鸡舍每周带鸡用消毒药水喷雾1或2次。

3. *病死鸡及鸡粪处理*　病死鸡必须用专用器皿存放，经剖检后集中焚烧。原则上优质土鸡饲养结束后一次清粪。

七、认真做好日常记录

记录是优质土鸡饲养管理的一项重要工作。及时、准确地记录鸡群变动、饲料消耗、免疫及投药情况、收支情况，为总结饲养经验、分析饲养效益积累资料。

八、正确抓鸡、运鸡，减少外伤

优质商品土鸡活鸡等级下降的一个重要原因是创伤，而且这些创伤多数是在出售鸡时抓鸡、装笼、装卸车和挂鸡过程中发生。为减少外伤出现，优质土鸡大鸡出栏时应注意以下 8 个问题：

(1)在抓鸡之前组织好人员，并讲清抓鸡、装笼、装卸车等有关注意事项，使他们胸中有数。

(2)对鸡笼要经常检修，鸡笼不能有尖锐棱角，笼口要平滑，没有修好的鸡笼不能使用。

(3)在抓鸡之前，把一些养鸡设备如饮水器、饲槽或料桶等拿出舍外，注意关闭供水系统。

(4)关闭大多数电灯，使舍内光线变暗，在抓鸡过程中要启动风机。

(5)用隔板把舍内鸡隔成几群，防止鸡挤堆窒息，方便抓鸡。

(6)抓鸡时间最好安排在凌晨进行，这时鸡群不太活跃，而且气候比较凉爽，尤其是夏季高温季节。

(7)抓鸡时要抓鸡腿，不要抓鸡翅膀和其他部位，每只手抓 3 或 4 只鸡，不宜过多。入笼时要十分小心，鸡要装正，头朝上，避免扔鸡、踢鸡等动作。每个笼装鸡数量不宜过多，尤其是夏季，防止闷死、压死。

(8)装车时注意不要压着鸡头部和爪等，冬季运输上层和前面要用苫布盖上，夏季运输中途尽量不停车。

九、适时出栏

根据目前优质商品土鸡的生产特点，公母分饲一般母鸡 120 日龄出售，公鸡 90 日龄出售。临近卖鸡的前 1 周，要掌握市场行情，抓住有利时机，集中一天将同一房舍内活鸡出售结束，切不可零卖。此外注意，上市前 1～2 周，土鸡尽量不用药物，以防残留，确保产品安全。

第四节 优质土鸡季节性管理要点

一、炎热季节的饲养管理

炎热气候条件下，优质土鸡的生长和饲料转化率低于最佳状态的影响因素主要是温度。饲料采食量随温度的上升而下降。在 28～36℃的范围内，认真考虑日粮的配制可以获得稳定生长的利益，当然鸡对南方地区（热带气候）与长江流域及其以北地区的高温反应不同，热带环境使鸡处于相对稳定的高温，因而能适应这样气候，而北方则昼夜温差较大，采用不用的饲养管理方法具有现实意义。

（一）饲料蛋白质和氨基酸的供给

在 5～27℃条件下如营养需要得到满足，则优质土鸡可保持正常生长。由于温度上升，鸡的采食量下降。通过提高饲料营养物质的浓度（除能量外）能够保持正常生长。因此在高温季节，极其重要的一条就是，每天摄取的营养物质尤其是蛋白质和氨基酸量必须满足生长的需要。

（二）饲料能量的供给

在 5～27℃条件下，鸡能够通过调节饲料采食量来满足能量需求。在高温下,每天的采食量可能成为生长鸡营养中的主要问题。高温造成采食量下降,使营养物质的供应不能满足生长的需要,因而生长会随温度升高而减慢。显然,当鸡处于能量负平衡的情况下,不管蛋白质和氨基酸供应如何,生长肯定变慢。研究表明,高温条件下能量摄入量可以随日粮能量水平的增加而提高。

(三)进行适当的饲养控制

通过适当的饲养控制,可部分消除超过 28℃的高温气候所带来的许多不良影响,在生产中具体应注意以下 9 点:

(1)一般说来,在炎热气候下使用高能量、高蛋白的高浓度日粮是有利的;采用低能量、高蛋白日粮饲养方法,效果欠佳。

(2)仔细监测饲料采食量,是确定日粮配方时必须考虑的一个重要的先决条件,否则就不可能了解各种营养物质的每天绝对需要是否得到满足。

(3)高温使呼吸蒸发散热增加,呼吸加快,血液中碱储减少,在日粮中添加 2%的碳酸氢钙能改善热环境下的生长状况。

(4)增加喂料次数来刺激鸡的食欲,从而提高日粮的营养物的供应量,促进生长。

(5)使用颗粒料可增加采食量,从而提高代谢能的摄入量。

(6)供给清洁充足的饮用水非常重要,因为水的排泄是鸡散发多余热量的有效方法。因而供给凉水是减少热应激所必需的,同时应有足够的饮水器。

(7)大量饮水会增加垫料湿度,造成垫料板结,增加腿病,影响羽毛光泽。高温环境下增加湿度对生长的影响尤为严重,因此要加强垫料管理。

(8)排泄量的增加带走了大量的B族维生素，这种情况下很容易影响生长，因此必须增加50%以上的B族维生素添加量。同时添加维生素C，可缓解热应激。

(9)通风可增加鸡的对流散热量，并可降低鸡舍温度，改善鸡舍气体环境。加强炎热季节的通风管理有很重要的意义。

二、梅雨季节的饲养管理

在我国，夏季到来之前有很长一段时间的梅雨季节。雨季影响优质鸡的主要原因是鸡舍内湿度加大，垫料潮湿，饲料霉变，部分生产单位不能获得清洁的饮用水等，很可能因此导致球虫病暴发，氨气浓度升高，霉菌毒素中毒、呼吸道疾病感染的危险性增加，大肠杆菌病暴发。为此，应做好以下雨季管理工作：

(1)雨季到来之前要修理房屋，疏通鸡舍周围的排水沟。下雨时应关好门窗或把窗帘放开，避免雨水进入鸡舍，防止鸡群受凉或发生其他问题。

(2)储备好足够的干垫料，厚垫草应勤翻动，保持垫料干燥，潮湿结块的垫料应清扫出鸡舍，降低舍内氨气浓度。

(3)防止饲料原料受潮，饲料的一次配合量不能过多，鸡舍内的配合饲料应放在高于地面的平台上，防止饲料回潮、霉变。

(4)应定期使用高压水泵冲洗水管、清理水箱，清除污泥和有机物质。

(5)饮水水源应加以保护，土壤和有机物质污染会使水变浑，这些浑水是细菌性疾病(尤其是大肠杆菌病)和继发性感染的潜在来源。雨水或河水应储存在沉淀池中，并用明矾作预处理，然后投放漂白粉等含氯消毒剂。

(6)应在有关专家的指导下，为优质土鸡配合专用的饲料，并在饮水中加入抗应激维生素。

(7)在雨季，鸡场里蚊子、苍蝇等是一大问题。它是某些寄生虫病、细菌病和病毒病的传播媒介，应采取有效措施加以控制，并做好球虫等疾病的预防工作。

三、寒冷季节的饲养管理

寒冷季节用于维持体温所消耗的饲料能量会大幅度增加，从而加大饲料成本。因此，做好冬季保温工作非常重要，为此应做好以下工作：

(1)修好门窗，配好玻璃，防止漏风。

(2)考虑保温常会减少通风换气量，舍内气体环境变差，因此在晴天的中午前后应打开窗户通风，阴天也要打开背风一侧的窗户换气。

(3)由于天气寒冷、下雪等原因，冬天应多备些饲料、垫料等常用物品，以防急用。

第五节　种鸡的饲养管理

优质种用土鸡饲养管理的目的，即是提供量多质优的种蛋。其生产阶段大体可以分为：0～6周龄为育雏期，7～22周龄为育成期，23周龄以后至淘汰(约64周龄)为产蛋期。优质种用土鸡生长快速且沉积脂肪的能力较强，无论在生长阶段还是在产蛋阶段，如果不执行适当的限制饲养制度，则种母鸡会因体重过大、脂肪沉积过多而导致产蛋率下降，种公鸡也会因过肥过大而导致配种能力差、精液品质不良，致使受精率低下，甚至发生腿部疾病而丧失配种能力，而产蛋率与受精率都直接影响优质土鸡雏鸡的产量。为了提高种鸡的繁殖性能及种用价值，必须着重抓好以下几个方面的关键技术。

一、育成鸡的限制饲养

（一）限制饲养的作用

1. 可以使鸡取得合理的营养，以维持营养平衡　由于控制饲料喂量，鸡群于第二天喂料前，能将头天喂的料粉末都吃得干干净净，使按要求设计的饲料营养能全部被鸡摄取，从而确保鸡的营养平衡。反之，过量地投喂饲料，让鸡群从容不迫地挑拣，从而养成挑食、偏食粒状谷类的习惯，致使食入的能量过多，蛋白质、维生素不足，营养不平衡，严重影响种鸡的生产。

2. 增加运动，有利于骨骼脏器的发育　由于控制饲喂，在早上投料前饲料槽内已干干净净没有剩料，鸡只因空腹饿肚而在鸡舍内来回转圈，当投料时整个鸡群都争先恐后跳跃争食，从而引发鸡群的运动。这种运动不仅能增强其消化力，而且有助于扩张骨架，使内脏容积扩大，长成胸部宽阔、肩膀高耸、脚爪十分有力的强壮体型。

3. 减少饲料消耗，降低饲养成本　鸡的限制饲养，可以理解为减少饲料喂量的一种饲养方式，可能节省饲料费用 20%～30%。

4. 降低腹脂沉积，减少产蛋期的死亡率　控制饲喂可以降低鸡体腹脂沉积量的 10%～30%，能防止因过肥而在开产时发生难产、脱肛，产蛋中、后期可以预防脂肪肝综合征的发生。过肥的鸡在夏天耐热力差，容易引起中暑、死亡。试验资料表明，限制饲养不仅能使鸡的产蛋潜力得到充分发挥，而且鸡的死亡率也可以减少一半左右。

5. 使鸡群在最适当时期性成熟，并与体成熟同步　控制饲喂可以使幼、中雏骨骼和各种脏器得到充分发育。在整个育成期间人为地控制鸡的生长发育，保持适当的体重，可使之在适当的时期达到性成熟并与体成熟同步。有关研究表明，限制饲养的母鸡其活重和屠体体脂肪重量比自由采食的低，但其输卵管重量，不论绝对值还是占体重的百分比都有所增加，而且长度显著增加，同时这种母鸡在发育期间滤泡数增多，其发育速度较快。所以，其后的产蛋量、蛋重均有所提高，种蛋的合格率一般可提高5%左右。

6. 提高鸡群的整齐度　有关材料表明，全群中个体的体重接近标准体重的越多，整群鸡的产蛋高峰就越高，高峰的持续时间也就越长。限制饲养是通过控制鸡群的生长速度来控制体重，使绝大多数个体的体重控制在标准体重要求的范围之内的有效手段。一般要求鸡群的整齐度为，80%～85%的鸡体重分布在全群平均数±10%的范围之内。这样的鸡群其开产日龄比较一致，产蛋率和种蛋合格率均较高。

以70%的鸡控制在标准体重范围之内为基础，整齐度每增减3%，平均每只鸡每年产蛋量亦相应增减4个。所以，整齐度的增加可能增加产蛋量，而降低整齐度将减少产蛋量。

（二）限制饲养的方法

限制饲养是通过人为控制鸡的日粮营养水平、采食量和采食时间，控制种鸡的生长发育，使之适时开产。

1. 限时法　主要是通过控制鸡的采食时间来控制采食量，以此来达到控制体重和性成熟的目标。优质种用土鸡多采用这种方法。

(1)每天控喂。每天喂给一定量的饲料和饮水，或规定饲喂次数和每次采食的时间。这种方法对鸡的应激较小，是小型土种鸡比较适宜的方法。

(2)隔日控喂。大型土种鸡多采用喂1天,停1天。把2天控喂的饲料量在1天中喂给。此法可以降低种鸡因竞争食槽而造成采食不均的影响。如果每天喂给的饲料很快被吃完,则仅仅是那些最霸道的鸡能吃饱,其余的鸡挨饿,结果整群鸡还是生长不一致。由于一次给予2天的饲料量,所以无论是霸道鸡还是胆小鸡都有机会分享到饲料。例如,每只鸡每天喂料量是80克,2天的喂料量为160克,将160克饲料在喂料日一次性投给,其余时间断料。

(3)每周控喂2天。即每周喂5天,停喂2天。一般是星期日、星期三停喂。喂料日的喂料量是将1周中应喂的饲料均衡地分作5天喂给(即将1天的控喂乘7除以5即得)。

2. 限质法　即限制饲料的营养水平。一般采用低能量、低蛋白质或同时降低能量、蛋白质含量以及赖氨酸的含量,达到控制鸡群生长发育的目的。在种鸡的实际应用中,同时控制日粮中的能量和蛋白质的供给量,而其他的营养成分如维生素、常量元素和微量元素则应充分供给,以满足鸡体生长和各种器官发育的需要。

3. 限量法　即规定鸡群每天、每周或某个阶段的饲料用量。种用土鸡一般按自由采食量的70%～90%计算供给量。

在生产中要根据种用土鸡的品种、鸡舍设备条件、育成的目标和各种方法的优缺点来选择限制饲养制度,防止产生“在满足营养需要的限度内,体重控制越严生产性能越好”的片面认识。

(三)限制饲养的注意事项

(1)限制饲养开始前应将病弱鸡挑出,因它们不能耐受这种方法,避免损失。

(2)限制饲养一定要有足够的食槽、饮水器和合理的鸡舍面积，使每只鸡都有机会均等地采食、饮水和活动。

(3)限制饲养主要是控制摄取能量饲料，而维生素、常量元素和微量元素要满足鸡的营养需要。因此，要根据实际情况，结合饲养标准制定饲喂量，否则，会造成不应有的损失。

(4)限制饲养会引起过量饮水，容易弄湿垫料，所以要控制供水。一般在喂料日从喂料开始到采食完后 2 小时内给水；停料日则上下午各给 2 小时饮水。在炎热的季节不宜限水，而且应加强通风，勤换垫料。切记，限制饮水不当往往会延迟性成熟。

(5)限制饲养会引进起饥饿应激，容易诱发恶癖，所以应在控饲前对母鸡进行正确的断喙，公鸡还需断趾。

(6)限制饲养时应密切注意鸡群健康状况。在鸡群患病、接种疫苗、转群等应激时，要酌量增加饲料或临时恢复自由采食，并要增喂抗应激的维生素 C 和维生素 E 等。

(7)在育成期公母鸡最好分开饲养，以有利于体重控制的掌握。

(8)在停饲日不可喂砂粒。平养的育成鸡可按每周每 100 只鸡投放中等粒度的不溶性砂粒 300 克作垫料。

(9)定期检查体重，提高鸡群的均匀度。应每周随机抽样测体重一次，如小群种鸡可抽取 50～100 只，超过 10 000 只的鸡群每隔 1～2 周抽出 1%的数量，定期称重，作为下周投料限饲的依据。

二、实行正确的光照制度

对优质种用土鸡限制饲养的另一重要手段是控制光照。对种鸡正确使用光照，可促进脑下垂体前叶的活动，加速卵泡生长和成熟，提高产蛋量。采用人工控制光照或补充光照，严格执行各种光照制度是保证高产的重要技术措施。

(一)生长期的光照管理

光照分自然光照与人工光照(灯光)两种，无论哪一种光照对鸡的性成熟期、产蛋量、蛋重、受精率、孵化率等都有影响，因此正确掌握生长期(包括育雏期和育成期)的光照时间是至关重要的。此期间的光照原则是：时间宜短，中途不宜逐渐延长；强度宜弱，不可逐渐增强。

生长鸡每天光照时间一般要在 8～10 小时，最多不超过 11 小时。如果光照时间过长或在此期间逐渐延长光照时间，都会使鸡提早产蛋，最终降低产蛋量和蛋重。这是因为过于早产的鸡容易早衰，影响产量潜力的充分发挥。光照强度以 5～10 勒克司为宜。光线过强，鸡会显得烦躁不安，在密集饲养条件下往往会造成严重的啄食癖。

1. 饲养在开放式鸡舍的鸡群　鸡群处在自然光照的条件下，由于季节性的变化，日照时间长短不同，所以要根据当地日照时间的长短掌握。我国处于北半球，绝大多数地区位于北纬 20°～45°之间，冬至(12 月 22 日前后)日照时间最短，以后逐渐延长；而到夏至(6 月 22 日前后)日照时间最长，以后又逐渐缩短。在这种日照状况下，开放式鸡舍可采用以下的采光方法。

(1)完全利用自然光照。目前养鸡户大多都是开放式鸡舍，历来又有养春雏的习惯，一般春夏季孵出的雏鸡(4－8月份)，在其生长后期正处在日照逐渐缩短或日照较短的时期，在产蛋之前所需要的光照时间长短与当时的自然光照时间长短差不多，所以一般养鸡户在此期间采用自然光照，不必增加人工光照，既省事又省电。但是，控制性成熟和开产期，除了光照管理外，还应配合限制饲喂。

(2)补充人工光照。秋冬雏(9月份至翌年3月份),其生长后期正处在日照逐渐延长或日照时间较长的时期。在此期间育雏和育成,如完全利用自然光照,通常会刺激母鸡性器官加速发育,使之早熟、早衰,为防止这种情况发生,一般可采用以下两种方法予以人工光照补足。

一种是恒定光照法,即将自然光照逐渐延长的状况变为稳定的较长光照时间。从孵化出壳之日算起,根据当地日出日落的时间,查出18周龄时的日照时数(如为13小时),除了1～3日龄为24小时光照外,从4日龄开始到18周龄均以此为标准,日照不足部分均用人工补充光照。补充光照应早晚并用。恒定光照时间13小时,即早上5时开灯,到日出为止;下午从日落开灯,到18时关灯。采用此方法时,要注意在生长期中每天光照时数绝不能减少,更不能增加。

另一种是渐减光照法,即首先算出鸡群在18周龄时最长的日照时间,再补充人工光照,使总的光照时间更长,然后再逐渐减少。如从孵化出壳之日算起,根据当地气象资料查出18周龄时的日照时数为15小时,再加上4.5个小时人工光照为其4日龄时总的光照时数(自然光照为15小时,再加4.5小时人工光照,总计光照时数为19.5个小时),除1～3日龄为24小时人工光照外,从第一周龄起,每周递减光照时间15分钟,直至18周龄时,正好减去4.5小时,为当时的自然光照时间即15小时。

2. 饲养在密闭式鸡舍的鸡群　由于密闭式鸡舍完全采用人工光照,所以光照时间和强度可以人为控制,完全可按照规定的制度正确地执行。

一种是采用恒定的光照方法,即1～3日龄光照24小时,4～7日龄为14小时,8～14日龄为10小时,自15日龄起到 18 周龄光照时间恒定为 8 小时。

另一种是采用渐减的光照方法，即 1～3 日龄光照 24 小时，4～7 日龄 14 小时，从 2 周龄开始每周递减 20 分钟，直到 18 周龄时光照时间为 8 小时 20 分钟。

3. 不同光照方法对性成熟的影响　试验表明，在生长期间，同一品种在相同的饲养管理条件下，仅是光照方法的不同其性成熟程度也不同。

渐减法比恒定法更能延缓性成熟期，可推迟 10 天左右，且其他各种经济指标都好于恒定法。渐减法的最少光照时间以不少于 6 小时为限。

恒定法的照明时间越长，性成熟越早，通常以 4～8 小时为宜。

几种光照方法对推迟性成熟的程度依次为：渐减法大于恒定法（光照时间短的大于光照时间长的），而恒定法大于自然光照。

（二）产蛋期的光照管理

此阶段光照管理的主要目的是给以适当的光照，使母鸡适时开产和充分发挥其产蛋潜力。

种鸡产蛋期的光照原则是：时间宜长，中途切不可缩短，一般以 14～16 小时为宜；光照强度在一定时期内可渐强，但不可渐弱。

实践证明，在生长期光照合理，产蛋期光照渐增或不变，光照时间不少于 14～15 小时的鸡群，其产蛋效果较好。从生长期的光照控制转向产蛋期的光照，应注意以下两个方面：

（1）改变光照方式的周龄。鸡到性成熟时，为适应产蛋的需要，光照时间的长度必须适当增加。有资料认为，如估计母鸡在23周龄时产蛋率为5%,那么应该在母鸡开产前4周,即应在19周龄时作第一次较大的增加光照。产蛋期的光照时间必须在光照临界值以上,最低应达到13小时。其趋势是从增加光照时间以后,应逐渐达到正常产蛋的光照时间14～16小时后恒定。光照最长的时间(如16小时)应在产蛋高峰(一般在30～32周龄)前1周达到为好。

(2)产蛋期光照方式的转变。必须从生长期的光照方式正确地转变成产蛋期的光照方式,这样才能达到稳产、高产的目的。

利用自然光照的鸡群,在产蛋期都需要人工光照来补充日照时间的不足。但从生长期光照时间向产蛋期光照时间转变时,要根据当地情况逐步过渡。春夏雏的生长后期处于自然光照较短时期,可逐周递增,补加人工光照0.5～1小时,至产蛋高峰周龄前1周达16小时为好。对于生长期恒定光照在14～15小时的鸡群,到产蛋期时可恒定在此水平上不动,也可少量渐增到16小时光照为止。在生长期采用渐减光照法和短时间恒定光照(如8小时)的鸡群,在产蛋期应用渐增光照法,使母鸡对光照刺激有一个逐渐适应的过程,这对种鸡的健康和产蛋都是有利的。递增的光照时间可以这样计算:从渐增光照开始周龄起到产蛋高峰前1周为止的周龄数除以递增到14～16小时的光照时间递增总时数,其商数即为在此期间每周递增的光照时间数。

至于生长期饲养的密闭鸡舍的鸡群,可计算从生长后期改变光照时的周龄到产蛋高峰周龄前1周的周龄数除以改变光照时的起始光照小时到14～16小时的增加光照时数,其商数即为此期间每周递增的光照时数。如到18周龄时光照时数为8小时,到达产蛋高峰前1周的周龄为29

周，此时的光照时数要求达 16 小时，期间周龄数为 11 周，所增加的光照时数为 16－8＝8 小时，每周递增 40～45(8×60÷11)分钟，可在 29 周龄时达到光照 16 小时的目标。

三、防止啄食癖

种用土鸡笼养条件下的啄食癖发生程度较轻，而在平养条件下，啄食癖往往多发。啄癖包括啄羽、啄肛、啄趾、啄翅等。造成啄食癖的原因很多，如光线太强、鸡舍通风不良、空气郁闷、饲养密度过大、缺食、断水、日粮营养成分不平衡、鸡发生创伤流血后引起其他鸡啄食等。防止啄食癖的主要措施是进行断喙。

四、产蛋期间温度的控制

高温环境对种鸡产蛋甚为不利。因为鸡无汗腺，再加上羽毛的覆盖，靠皮肤蒸发散热的热量是很有限的，因此鸡几乎完全靠呼吸来蒸发散热，环境温度越高，鸡的体温越高，呼吸率也越高。当环境温度高达 37.8℃时有些鸡就会发生中暑死亡。产蛋鸡比较耐寒，但舍温偏低同样是有害的。对成年鸡来说，适宜的温度范围为 5～27℃。13～16℃产蛋率较高。15.5～20℃产蛋的饲料效率较高，20～25℃公鸡精液品质最好。超过 30℃，母鸡产蛋量和公鸡精液品质均下降。因此要求鸡舍内温度，夏季不超过 30℃，冬季不低于 5℃。

五、种鸡的日常管理

(一)适宜的生活空间和饲具

种用土鸡多数以平面饲养为主，其适宜的生活空间和饲具见表 6-4。

表 6-4 种用土鸡适宜的生活空间和饲具

类别	材料或器具	育雏期（0～6 周）	育成期（7～22 周）	产蛋期（23～64 周）
地面	垫草	20～25 只/米^2	8～12 只/米^2	6～7.5 只/米^2
饲具	1/3 垫草、2/3 板条	—	7～10 只/米^2	6～8 只/米^2
	食槽	5 厘米/只	7 厘米/只	9 厘米/只
	饲料盘	1 个/100 只鸡（1～10 日龄）	—	—
饮水器	直径 30～35 厘米吊桶	3 个/100 只鸡	8 个/100 只鸡	8 个/100 只鸡
	水槽	2.5 厘米/只	2.5 厘米/只	2.5 厘米/只
	圆水桶	2 只/100 只鸡	2 只/100 只鸡	2 只/100 只鸡
产蛋箱	—	—	—	1 个/4 只母鸡

注：1. 通风不良鸡舍，每只鸡应有 50%多余的生活空间。
2. 天气炎热时，应增加饮水器数量。

（二）正确断喙、断趾

为防种公鸡在交配时其第一足趾及距伤害母鸡的背部，应在雏鸡阶段将公雏的第一足趾和距的尖端烙掉。同时为了防止大群饲养的鸡群中发生啄癖，一般在 7～10 日龄断喙。对母鸡，一般上喙断去 1/2，下喙断去 1/3，断喙长度一定要掌握好，过长止血困难，过短很快又长出来，断喙后应呈上短下长的状态。对公雏，只要切去喙尖足以防止其啄毛即可，不能切得太多，避免影响其配种能力。

专用的电动断喙器有大小两个孔，可以根据雏鸡大小来掌握，一般用右手握鸡，大拇指按住鸡头，使鸡颈伸长，将喙插入孔内踏动开关切烙。没有断喙器时，可用 100～500 瓦的电烙铁或普通烙铁，将其头部磨成刀形，操作时可左手握鸡，右手持通电的电烙铁或烧红的烙铁按要求长度进行切割，也可用剪刀按要求剪后再用烙铁烫平其喙部，烙烫可起到止血作用。

为防止断喙时误伤舌头，可将脖子拉长，舌头就会往里缩。断喙后 2～3 天内，为防止啄食时喙与食槽底部碰撞而出血，一般要多加料和水，停止控饲和接种各种疫苗。为加速血液凝固，可在饲料及水中添加维生素 K。

（三）管理措施的变换要逐步平稳过渡

从育雏、育成到产蛋的整个过程中，由于生理变化和培育目标的不同，在饲养管理等技术措施上必然有许多变化，如育雏后期的降温、不同阶段所用饲料配方的变更、饲养方式的改变、抽样称重、调整鸡群以及光照措施等的变换，一般来说都要求有一个平稳而逐步变换的过程，避免因突然改变而引起新陈代谢紊乱或处于极度应激状态，造成有些鸡光吃不长、产蛋量下降等严重的经济损失。例如，在变更饲料配方时，不要一次全换，可以在 2～3 天内新旧料逐步替换。在调整鸡群时，宜在夜间光照强度较弱时进行，捕捉时要轻抱轻放，切勿只抓其单翅膀或单腿，否则有可能因鸡扑打而致残。公鸡放入母鸡群中或更换新公鸡亦应在夜间放入鸡群的各个方位，可避免公鸡斗殴。一般在鸡群有较大变动时，为避免骚动，减少应激因素的影响，可在实施方案前 2～3 天开始在饮水中添加维生素 C 等。

（四）认真记录与比较

这是日常管理中非常重要的一项工作。必须经常检查鸡群的实际生产记录，如产蛋量、各周龄产蛋率、饲料消耗量、蛋重、体重等，同时与该鸡种的性能指标进行比较，找出问题并采取措施及时修正。认真记录鸡群死亡、淘汰只数，解剖结果、用药及其剂量等，以便于对疾病的确诊和治疗。

（五）密切注意鸡群动态

通过对鸡群动态的观察可以了解鸡群的健康状况。平养和散养的鸡群可以抓住早晨放鸡、饲喂以及晚间收鸡时观察。如清晨放鸡及饲喂时，健康鸡表现出争先恐后、争采食料、跳跃、打鸣、扑扇翅膀等精神状态；而病、弱鸡则有耷拉脖子、步履蹒跚、呆立一旁、紧闭双眼、羽毛松乱、尾羽下垂、无食欲等症状。病鸡经治疗虽可以恢复，但往往也要停产很长一段时间，所以病鸡宜尽早淘汰。

检查粪便的形态是否正常。正常粪便呈灰绿色，表面覆有一层白霜状的尿酸盐沉淀物，且有一定硬度。粪便过稀，颜色异常，往往是发病的早期症状，如患球虫病时粪便呈暗黑或鲜红色；患白痢病时排出白色糊状或石灰浆状稀粪，且肛门附近污秽、沾有粪便；患新城疫的病鸡粪便为黄白色或黄绿色的恶臭稀粪。总之，发现异常粪便要及时查明原因，对症治疗。

晚间关灯时可以仔细听鸡的呼吸声，如有打喷嚏声、打呼噜的喉音等响声，则表明患有呼吸道病，应隔离出来及时治疗，避免波及全群。

检查鸡舍内各种用具的完好程度与使用效果。如饮水器内有无水，其出口处有无杂物堵塞；对利用走道边建造的水泥食槽，其上方有调节吃料间隙大小横杆的，要随鸡体生长而扩大，检查此位置是否适当；灯泡上灰尘抹掉了没有，以及通风换气状况如何等。

(六)严格执行卫生防疫制度

按免疫程序接种疫苗。严格入场、入舍制度，定期消毒，保持鸡舍内外的环境清洁卫生，经常洗刷水槽、食槽。保证饲料不变质。

(七)根据季节的变换进行合理的管理

1. 冬季　冬季气温低，日照时间短，应加强防寒保暖工作。如鸡舍加门帘，北面窗户用纸糊缝或临时用砖堵死封严，或外加一层塑料薄膜，或覆加厚草帘保温。

冬季有舍外运动场的鸡舍要推迟放鸡时间，在鸡群喂饱后再逐渐打开窗户，待舍内外温度接近时再放鸡。大风降温天气不要放鸡。

禁止饮用冰水或任鸡啄食冰霜。有条件的鸡场可用温水拌料，让鸡饮温水。

冬季鸡体散热量加大，在饲料中可增加玉米的数量，使之获得更多的能量来维持正常代谢的消耗。此外，冬季应按光照程序补足所需光照时数。

2. 春季　春季气温逐渐转暖，日照逐渐增长，是一年中产蛋率最高的季节。要加强饲养管理，注意产蛋箱中垫料的清洁，勤捡蛋，减少破蛋和脏蛋。

由于早春天气多变，应注意预防鸡感冒。春季气温渐高，各种病原微生物容易滋生繁殖，在天气转暖之前应进行一次彻底的清扫和消毒。加强对鸡新城疫等传染病的监测或接种预防。

3. 夏季　夏季日照时间增长，气温上升，管理的重点是防暑降温，促进食欲。可采用运动场搭凉棚，鸡舍周围种植草皮减少地面裸露等方法以减少鸡舍受到的辐射和反射热。及时排出污水、积水，避免雨后高温加高湿状况的出现。

早放鸡、晚关鸡，加强舍内通风，供给清凉饮水。针对夏季气温高，鸡的采食量减少，可将喂料时间改在早晚较凉爽时饲喂，少喂勤添。同时要调整日粮，增加蛋白质成分而减少能量饲料（如玉米等）的用量。

4. 秋季　秋季日照时间逐渐缩短，要按光照程序补充光照。昼夜温差大，应注意调节，防止由此给鸡群带来不必要的损失。

在调整鸡群及新母鸡开产前，要实施免疫接种或驱虫等卫生防疫措施。做好入冬前鸡舍防寒的准备工作。

六、种公鸡的饲养管理

孵化率的高低在很大程度上取决于种公鸡的授精能力，所以，种公鸡饲养管理的好坏对种母鸡的饲养效益的实现及对其后代生产性能的影响是极其重要的。

为了培育生长发育良好、具有强壮体格、体重适宜、气质活泼、性成熟适时、性行为强且精液质量好、授精能力强且利用期长的种公鸡，必须根据公鸡的生理和行为特点，做好有关的饲养和管理工作。

（一）种公鸡的常见问题及饲养目标

种公鸡生长速度快，育成期和成年期都容易超重，结果使受精率降低，尤其在45周龄后，受精率降低更为严重。这是肉用种公鸡饲养中普遍存在而影响最大的问题。

饲养种公鸡的主要目标是：育成健壮的种公鸡；保持较高的受精率；种公鸡全程死亡率与废弃淘汰率低。这三大目标中任一目标的实现都要求种鸡保持准确的标准体重，亦即只有保持全程体重都符合标准，才能达到上述三项目标。也可以说，保持全程体重都符合标准是饲养种公鸡的中心任务和最直接的目标。

（二）种公鸡育成的方式与条件

为了尽量减少公鸡腿脚部的疾患，一般认为，肉用种公鸡在育成期间无论采用哪种育成方式都必须保证有适当的运动空间，大多数都推荐全垫料地面平养或者是1/3垫料与2/3栅条结合的饲养方式。同时，它的饲养密度要比同龄母鸡少30%～40%。

（三）种公鸡的体重控制与限制饲养

过肥过大的公鸡会导致动作迟钝，不愿运动，追逐能力差，往往影响精子的生成和授精能力；而且由于腿脚部负担加重，容易发生腿脚部的疾患，尤其到40周龄后更趋严重，以致缩短了种用时间。所以普遍认为，种公鸡至少从7周龄左右开始直至淘汰都必须进行严格的限制饲养，应按各有关育种公司提供的标准体重要求控制其生长发育。

（四）公母分槽饲喂

严格控制料量及营养水平是准确控制种公鸡体重的根本措施。

（1）育成期公母种鸡必须分群饲养，分别按要求控制采食量。公鸡采食量高峰比母鸡早，约在24周龄（即母鸡开始产蛋时）时采食量高峰已经到来。

（2）成年期群饲的种鸡必须公母混群饲养，但要实行分槽饲喂。喂母鸡的饲槽或料桶上需要加上专用的隔栅，栅条距离必须在4.1～4.2厘米间，只允许母鸡采食，公鸡头却伸不进去，无法采食。喂公鸡的料桶应吊高，距地面在41～45厘米间，公鸡站立刚能吃到料，母鸡则够不着采食。

（五）断喙、剪冠、断趾

由于自然交配时，公鸡要依靠喙来保持躯体平衡，所以对种公鸡断喙必须严格准确，要求断喙长度适宜，即留长一点，上下喙都切掉1/3，保持长短相等。为了减轻公鸡斗伤程度及便于采食，种公鸡出壳当天要进行剪冠。为了防止交配时公鸡抓伤母鸡及减轻争斗，同时还需要断趾，即将后趾和内侧趾在末端的趾甲根处烙掉趾甲。

（六）选种与配种

于6～7周龄时公鸡应选种一次，将鉴别错误、腿脚有缺陷及体重过轻的不健康公鸡淘汰掉，按1∶8选留够。与育成期母鸡合群时再选淘一次，剔出畸形及体重低于标准

10%的公鸡，使留种公母鸡配比以 1∶13 左右为宜。配种期间发现腿跛或生病的公鸡必须随时淘汰。到了 48～52 周龄时，可给每 100 只母鸡增加 3 或 4 只公鸡。

第七章　优质土鸡疾病防治

疾病是养鸡业的大敌。疾病的种类很多，归纳起来，可分为三大类，即由于饲养管理不善而引起的疾病，如外伤、饲料中毒及缺乏某种营养等，称为普通病；由于寄生虫寄生在鸡体内或体表引起的疾病称为寄生虫病；由病原微生物引起，具有一定的潜伏期和症状，并能传播蔓延的疾病称为传染病。尽管与其他家禽相比，土鸡的适应性和抗病力较强，但有些疾病特别是传染病一旦发生，往往引起鸡群大批死亡，造成严重的经济损失。近年来，随着优质土鸡规模化、集约化和产业化生产的发展，预防和控制土鸡的疾病工作显得尤为重要。如何有效地防治鸡病，是优质土鸡养殖场生产经营成功的一个重要保障。如果防治不力，轻则影响鸡群健康，重则导致鸡只发病死亡。为此，必须高度重视优质土鸡的疾病防治工作，严格贯彻“以防为主，防治结合”的方针，采取综合性防治措施，降低发病率、死亡率，提高成活率，确保鸡群健康和养鸡生产的顺利进行。

第一节　土鸡疾病发生特点

我国优质土鸡规模化发展起步较晚，但发展速度快，成为当前肉鸡生产中产业化前景最为广阔的重要行业。与此同时，疾病发生频繁，危害甚大，其中环境被各种病原体污染是最重要的原因。就目前情况而言，我国土鸡疾病发生具有如下特点。

一、死亡率高

有些集约化养鸡场或养鸡专业户的鸡只死亡率高达20%左右，严重的批次可达30%～70%，甚至全群毁灭或被淘汰。造成死亡的原因比较复杂，各地各户（场）也不尽相同。但总的来说，发生的主要原因离不开疾病。

二、疾病发生的种类增多，危害严重

危害养鸡业最严重的是传染性疾病，而传染病中又以病毒性传染病发生最多，危害最大。如鸡马立克氏病，通常以2～4月龄发病率最高，多发于40～60日龄，快速型肉用仔鸡此时已达上市屠宰日龄，死亡率不高。而优质土鸡由于生产周期长达3～4个月，马立克氏病极易发生，造成大批死亡，常需进行两次免疫。

三、新的疫病不断发生和流行

近年来，我国已发生并不同程度地流行过传染性贫血、传染性脑脊髓炎、病毒性关节炎、禽流感、肾型传染性支气管炎、腺胃型传染性支气管炎、大肝脾病、网状内皮组织增殖病、包涵体肝炎、鸡弯曲菌病等疫病。

四、细菌病的危害日趋严重

这在禽场布局合理，设备较好，技术水平及免疫程序较完善、合理，病毒病控制较为理想的鸡场尤为突出。大肠杆菌病、支原体病、沙门氏菌病等已成为养鸡场的常见疾病，此类细菌病对种鸡场危害极为严重。

五、原先的次要疾病变成主要疾病

如鸡的大肠杆菌病、葡萄球菌病、绿脓杆菌病等，近几年来，在某些鸡场、季节，成为危害养鸡生产的主要疾病，损失巨大，甚至超过了像新城疫这样的烈性传染病。

六、原有疾病出现非典型化和慢性化（或急性化）的新特点

其主要表现在流行特点、临床病状及病理变化等方面上，如鸡新城疫的非典型化和慢性化，成年鸡白痢沙门氏菌病的急性化等。

七、疫病并发、继发或重复感染病例增多

在一定程度上致使临床诊断与现场防治变得更为复杂和困难，加大了经济损失。

八、营养代谢病及中毒性疾病造成的危害日益严重

如腹水症、猝死症、药物中毒和腿病等。由于致病因素相同，多是群体性发病。

九、寄生虫病多发

优质土鸡大多采用地面平养方式，球虫病极易流行，预防和治疗费用大。另外，土鸡在生长期和育肥期采取舍外放养方式，大量采食草、虫、菜等，易受各类寄生虫侵袭。

十、呼吸道疾病的发生相对较少

对普通肉鸡而言，典型的呼吸道疾病有鸡传染性支气管炎、传染性喉气管炎、鸡支原体病、鸡传染性鼻炎。这四种疾病在不同地区、不同季节虽然各有特点，但其共同特点是危害性大，尤其是鸡支原体病需特别注意，由于其广泛存在和具有垂直传播的特点，已成为某些养鸡专业户甚至大规模鸡场的病原，严重干扰了对其他传染病的防疫效果，尤其是在寒冷的地区和季节。优质土鸡由于长期采用放养方式，活动量大，大量接触新鲜空气和阳光，因而呼吸道疾病的发生较普通肉鸡相对较轻。

第二节　土鸡疾病综合防治技术

随着优质土鸡集约化养殖业发展，鸡群处于各种错综复杂的疾病严重威胁之下。同时，新疾病不断出现，给鸡病的防治工作带来了新的困难。实践证明，要控制鸡群的疾病发生，首先应该认真抓好养鸡场的综合卫生防疫工作。

一、鸡舍场地的合理选择

养鸡场应选择在背风向阳、地势高燥、易于排水、通风良好、水源充足、水质良好，以及远离屠宰场、肉食品加工厂、皮毛加工厂的地方。规模较大的鸡场，生产区和生活区应严格分开。鸡舍的建筑应根据本地区主导风向合理布局，从上风头向下风头，依次建筑饲料加工间、孵化间、育雏间、育成间、成鸡间。种鸡舍最好单独建在另一处。此外，还应建立隔离间、加工间、粪便和死鸡处理间等。

二、把好鸡种引入关

鸡群发生疫病，多数是由于从外地或外单位引进了病鸡和带菌种蛋所致。为了切断疫病的传播，应坚持自繁自养。若需从外地引进鸡只或种蛋时，应首先了解当地有无疫情。若有疫情则不能购买，无疫情时，引进前也要进行严格检疫。新引进的鸡群应隔离观察 20～30 天，确认无疫病后方可与其他鸡只合群。若从外地引进种蛋，必须在种蛋入孵前进行严格消毒。

三、采取科学的饲养管理，增强鸡体抗病力

（一）满足鸡群营养需要

疾病的发生与发展，与鸡群体质强弱有关。而鸡群体质强弱除与品种有关外，还与鸡的营养状况有着直接的关系。如果不按科学方法配制饲料，鸡体缺乏某种或某些必需的营养元素，就会使机体所需的营养失去平衡，新陈代谢失调，从而影响生长发育，体质减弱，易感染各种疾病。另外，有时虽然按科学方法配制了饲料，但由于饲喂方式不科学，也会影响机体的正常代谢功能，营养的消化吸收减弱或受阻，也会使机体的体质减弱、生长发育受阻。因此，在饲养管理过程中，要根据鸡的品种、大小、强弱不同，分群饲养，按其不同生长阶段的营养需要，供给相应的配合饲料，采取科学的饲喂方法，以保证鸡体的营养需要。同时还要供给足够的清洁饮水，注意鸡体的体质锻炼，增加放牧时间或运动时间，提高鸡群的健康水平。只有这样，才能有效地防御多种疾病的发生，特别是防止营养代谢性疾病的发生。

（二）创造良好的生活环境

饲养环境条件不良，往往影响鸡的生长发育，也是诱发疫病的重要因素。要按照鸡群在不同生长阶段的生理特点，控制适当的温度、湿度、光照、通风和饲养密度，尽量减少各种应激反应，防止惊群的发生。

（三）采取"全进全出"的饲养方式

所谓"全进全出"，就是同一栋鸡舍在同一时期内只饲养同一日龄的鸡，又在同一时期出栏。这种饲养方式简单易行，优点很多，既便于在饲养期内调整日粮，控制适宜的舍温，进行合理的免疫，又便于鸡出栏后对舍内地面、墙壁、房

顶、门窗及各种设备彻底打扫、清洗和消毒。这样可以彻底切断各种病原体循环感染的途径，有利于消灭舍内的病原体。

（四）做好废弃物的处理工作

养鸡场的废弃物包括鸡粪、死鸡和孵化房的蛋壳、绒毛、死残雏鸡等。养鸡场一般在下风向最低位置的地方或围墙外设废弃物处理场。鸡粪一般是鸡群转（出）栏后，进行一次性清理或经常性清理，直接装上卡车或用编织袋包装好，当肥料出售。暂卖不出的应有粪棚贮存，避免日晒雨淋，造成污染和浪费。死鸡要深埋或焚烧，有条件的地方可加工作为饲料。如在法国，死鸡通常用专门的卡车收集起来，然后送去炼油，最后的剩余物作动物饲料。蛋壳加工为矿物质饲料或进行无害处理。绒毛的污染是孵化房一个严重的问题，应通过安装吸尘设备来加以解决。

（五）做好日常观察工作，随时掌握鸡群健康状况

逐日观察记录鸡群的采食量、饮水表现、粪便、精神、活动、呼吸等基本情况，统计发病和死亡情况，对鸡病做到“早发现、早诊断、早治疗”，以减少经济损失。

四、严 格 消 毒

（一）鸡场、鸡舍门口处的消毒

鸡场及鸡舍门口应设消毒池，经常保持有新鲜的消毒液，凡进入鸡舍必须经过消毒；车辆进入鸡场，轮子要经过消毒池。工作人员和用具固定，工作人员不能随便去别的鸡舍串门。用具不能随便借出借入。工作人员每天进入鸡舍前要更换工作服、鞋、帽。不准非工作人员和参观者随便进入鸡舍。进入鸡舍必须洗澡更衣，工作服要定期消毒。消毒池内常用3%～5%煤酚皂液（来苏儿）、10%～20%石灰乳或2%烧碱溶液等。亦可用草席及麻袋等浸湿药液后置于鸡舍进出口处。场内的工作鞋不许穿出场，场外的鞋不许穿进场内。

（二）鸡舍的消毒

在进鸡之前一定要彻底清洗和消毒鸡舍。建筑物可先用水冲去表面灰尘，除去所有的污染物，包括全部换除垫草。空舍时间一般需要2周以上。常选用3%～5%煤酚皂液、10%～20%漂白粉乳剂或烧碱溶液或30%草木灰水，或20%石灰乳等进行喷雾或洗刷。

（三）种蛋消毒

有些病能通过蛋传递给雏鸡，刚产下的蛋易被粪便及垫料污染，存放时间越长，细菌繁殖得越多，超过30分钟，病菌就可以通过蛋壳气孔进入蛋内。故种蛋最好产出后随即熏蒸消毒，然后存放在消毒好的储藏室内，在入孵之前再进行一次消毒。种蛋可用0.1%新洁尔灭喷雾消毒或洗涤消毒，常用福尔马林加高锰酸钾熏蒸消毒。此外，还可用抗生素药物如青霉素、链霉素0.02%浓度，或土霉素、庆大霉素0.05%浓度，在水温37.8℃时浸泡15分钟进行洗涤消毒，此种消毒要等蛋温下降后才可入孵或放入储蛋室备用。

（四）饲养设备消毒

饲养设备包括料槽、笼具、水槽、蛋架、蛋箱等。料槽应定期洗刷，否则会使饲料发霉变质；水槽要每天清洗。一般用清水冲洗后，可选用5%的煤酚皂液、0.5%过醋酸或3%烧碱溶液、0.1%新洁尔灭溶液喷洒消毒。

（五）粪便消毒

粪便常用堆积发酵，利用产生的生物热进行消毒。如用消毒药，可用漂白粉按5∶1比例，即1千克鲜粪便加入200克漂白粉干粉，拌和后消毒。也可用石灰消毒。

鸡场常用消毒剂参见表7-1。

表7-1　鸡场常用消毒剂一览表

药　名	药物特性	使用说明	备　注
煤酚皂溶液(来苏儿)	本品可造成菌体蛋白凝固、变性，对繁殖型病原体有良好的杀灭作用，但对芽孢和病毒的作用不强	一般以2%～5%的浓度用做洗手、鸡舍、设备和用具等的消毒，以5%～10%的浓度用于排泄物的消毒	由于本品有臭味，不宜用于蛋、肉的消毒
氢氧化钠(苛性碱、烧碱)	对细菌、病毒和寄生虫卵均有强大的杀灭力，且能溶解其蛋白质	一般以2%～3%的浓度用于鸡舍、非金属器具、运输工具和门口消毒池的消毒	对金属有较强的腐蚀性，不宜用于金属制品消毒。使用时应注意安全防护，进鸡前需用清水洗去残余的烧碱
草木灰水	主要含有氢氧化钾和碳酸钾，消毒原理同氢氧化钠	一般以新鲜草木灰10千克加水50千克煮沸30分钟，去渣后，用于鸡舍地面的喷洒消毒	
石灰乳	本品为生石灰(主要成分 CaO)，加水成为熟石灰[主要成分 $Ca(OH)_2$]。$Ca(OH)_2$ 在水中解离出 OH^- 和 Ca^{2+}，造成病原体界质pH值改变和蛋白质与Ca形成Ca结合蛋白而起杀灭作用	一般以1份生石灰加1份水配成熟石灰，然后再用水配成10%～20%的浓度，用于鸡舍墙面、地面及排泄物的消毒	宜现配现用，因为熟石灰存放过久会吸收空气中的二氧化碳，变成碳酸钙而失去作用

续表 7-1

药　名	药物特性	使用说明	备　注
漂白粉（含氯石灰）	本品为次氯酸钙、氯化钙和氢氧化钙的混合物，次氯酸钙在水中分解出次氯酸，继而转化为初生氯和活性氯，从而对细菌的原浆蛋白产生氧化和氯化反应而起杀菌作用	通常以 5～10 克/米^3 的剂量用做饮水消毒；1%～3%用于非金属用具的消毒。10%～20%乳剂用于鸡舍和排泄物的消毒。干粉剂与粪便以 1∶5 的比例用于粪便消毒	本品在酸性环境中杀菌力强，在碱性环境中杀菌力弱。温度升高时杀菌力增强。本品对金属和动物皮肤有一定的腐蚀作用，应注意预防
高锰酸钾	本品为强氧化剂，可使各种病原微生物的蛋白质氧化变性，而起杀菌作用。本品的氧化性能常被用于加速福尔马林的蒸发消毒	本品常以 0.05%浓度用于皮肤、黏膜、创面和饮水的消毒，以 0.01%～0.02%饮服可预防某些肠道传染病。常以本品 15 克，福尔马林 30 毫升用于每立方米空间的鸡舍或孵化种蛋的熏蒸消毒	本品易氧化失效，应密封保存、现配现用
过醋酸（过氧乙酸）	本品为强氧化剂，对细菌芽孢、霉菌、病毒均有强烈的杀灭作用	以 0.2%溶液浸泡除金属和橡胶制品以外的用具。以 0.5%用于鸡舍和运输工具的喷洒消毒。以 10～15 毫升（20%过醋酸溶液/米^3）的剂量将其稀释成 3%～5%的溶液后进行熏蒸消毒，熏蒸时相对湿度以 60%～80%为宜	本品对组织有刺激性和腐蚀性，对金属和橡胶制品也有腐蚀性，应注意安全防护

续表 7-1

药名	药物特性	使用说明	备注
新洁尔灭(溴苄烷胺)	本品为季铵盐类阳离子表面活性剂,对杀菌和去污有特种效力,有较强的渗透力。本品性质稳定,毒性低,无腐蚀性。消毒对象广、效力强、速度快,对多种病原菌和某些病毒均有较强的杀灭作用	本品以 0.1%用于皮肤消毒或种蛋的喷雾和浸泡消毒。以 0.5%～2%用于禽舍、工具等消毒	本品可用于金属用具的消毒,忌与肥皂或碱类接触,避免拮抗失效
甲醛溶液(含甲醛 40%即为福尔马林)	本品为强还原剂,可使病原微生物的蛋白质发生烷化反应而变性。是一种作用强烈的广谱消毒剂,对细菌、芽孢、病毒均有杀灭作用	以 2%福尔马林用于用具浸泡消毒。以每立方米空间 15～30 毫升福尔马林加等量水加热熏蒸;亦可与高锰酸钾起氧化熏蒸消毒	有强烈的刺激性气味,操作时要注意安全
农福	对病毒、细菌和虫卵均有较强的消毒功效,在严重污染的环境中亦有较强的消毒功效,正常稀释时无腐蚀性,使用后有效期可长达 1 周	以 1∶100～300 的浓度用于鸡舍及设备的消毒	
农乐(均毒敌)	本品为广谱消毒剂,对多种畜、禽的病原微生物均有良好的杀灭效果	用法、用量同农福	以热溶液使用,效果更好

续表 7-1

药名	药物特性	使用说明	备注
雅好生	本品为广谱消毒剂，安全，无刺激性臭味，对多种畜、禽的病原微生物均有良好的杀灭作用	一般预防性消毒时，以1%溶液用于产品、鸡舍、设备和各种器械的消毒，严重疫病发生时用3%的浓度	忌与热水、含碱性或肥皂水共用。贮存温度不要超过40℃

五、实施有效的免疫计划，认真做好免疫接种工作

免疫接种是指给鸡注射或口服疫苗、菌苗等生物制剂，以增强鸡对病原的抗病力，从而避免特定疫病的发生和流行。同时，种鸡接种后产生的抗体还可通过受精蛋传给雏鸡，提供保护性的母源抗体。因此，要特别重视鸡的免疫接种工作。

（一）土鸡的免疫接种程序

优质土鸡饲养周期较长，其接种疫苗与肉用仔鸡应有所不同。此外，各土鸡场鸡病的流行特点和规律不同，免疫接种程序也不一样。各鸡场应根据当地土鸡的发病特点和本场实际情况，制定出科学、合理的免疫接种程序，做好各种疫苗的接种工作。表7-2与表7-3是优质商品土鸡和种用土鸡的免疫程序，供各地参考应用。

表7-2 优质商品土鸡的免疫程序

日龄	防治疫病	疫苗	接种方法
1	马立克氏病	HVT或“814”弱毒苗	皮下注射
	鸡痘		刺种
3	新城疫	Lasota	滴鼻
	传染性支气管炎	H_{120}	

续表 7-2

日　龄	防治疫病	疫　苗	接种方法
8	新城疫	Lasota	肌肉注射或滴鼻
11～13	传染性法氏囊病	弱毒苗	滴口
15	新城疫 传染性支气管炎	新支灭能苗	皮下注射
17～19	传染性法氏囊病	弱毒苗	饮水
21	新城疫	NDI 系	肌肉注射
28	传染性喉气管炎	弱毒苗	单侧滴眼
45～50	新城疫	NDI 系	肌肉注射
75～80	新城疫	NDI 系	肌肉注射

表 7-3　优质种用土鸡的免疫程序

日　龄	防治疫病	疫　苗	接种方法	备　注
1	马立克氏病	HVT 与“814”二价苗	肌肉注射	在出雏室进行
7～10	新城疫	克隆-30 或 IV 系	滴鼻、点眼	根据监测结果确定首免日龄
	传染性支气管炎	H_{120}	滴鼻、点眼	
10～13	传染性法氏囊病	弱毒苗	饮水	根据监测结果确定首免日龄
14～15	马立克氏病		皮下注射	
20～24	传染性喉气管炎	弱毒苗	点眼或饮水	疫区使用
	鸡痘	弱毒苗	刺种	
25～30	新城疫	IV 系或克隆-30 油苗（0.3 毫升）	肌肉或皮下注射	

续表 7-3

日 龄	防治疫病	疫 苗	接种方法	备 注
	传染性法氏囊病	弱毒苗	饮水	
	霉形体病	油苗	肌肉或皮下注射	
	传染性鼻炎	油苗(0.5毫升)	肌肉或皮下注射	
50～60	传染性支气管炎	H_{120}	饮水	
	传染性喉气管炎	弱毒苗	饮水	
70～90	新城疫	IV系或克隆-30	喷雾或饮水	首选喷雾
	禽脑脊髓炎	弱毒苗	饮水	疫区使用
110～120	新城疫	油苗	肌肉或皮下注射	
	鸡痘	弱毒苗	刺种	
	新城疫	油苗	肌肉或皮下注射	
	传染性鼻炎	油苗(1毫升)	肌肉或皮下注射	
	传染性法氏囊病	油苗	肌肉或皮下注射	
	产蛋下降综合征	油苗	肌肉或皮下注射	
	禽脑脊髓炎	油苗	肌肉或皮下注射	
	传染性支气管炎	H_{52}	饮水	

(二)土鸡免疫接种的常用方法与要求

不同的疫苗、菌苗对接种方法有不同的要求,归纳起来主要有滴鼻、点眼、饮水、气雾、刺种、肌肉注射及皮下注射等7种方法。

1. 滴鼻、点眼法　主要适用于鸡新城疫Ⅱ系、Lasota系疫苗、传染性支气管炎疫苗及传染性喉气管炎弱毒型疫苗的接种。

滴鼻、点眼可用滴管、空眼药水瓶或5毫升注射器(针尖磨秃),事先用1毫升水试一下,看有多少滴。2周龄以下的雏鸡以每毫升50滴为好,每只鸡2滴,每毫升滴25只鸡,如果一瓶疫苗是用于250只鸡的,就稀释成250÷25=10(毫升)。比较大的鸡以每毫升25滴为宜,上述一瓶疫苗就要稀释成20毫升。

疫苗应用生理盐水或蒸馏水稀释,不能用自来水,避免影响免疫接种的效果。

滴鼻、点眼的操作方法:术者左手轻轻握住鸡体,食指与拇指固定住小鸡的头部,右手用滴管吸取药液,滴入鸡的鼻孔或眼内,当药液滴在鼻孔上不吸入时,可用右手食指把鸡的另一个鼻孔堵住,药液便很快被吸入。

2. 饮水法　滴鼻、点眼免疫接种虽然剂量准确,效果确实,但对于大鸡群,尤其是日龄较大的鸡群,要逐只进行免疫接种,费时费力,且不能在短时间内完成全群免疫,因而生产中常采用饮水法,即将某些疫苗混于饮水中,让鸡在较短时间内饮完,以达到免疫接种的目的。

适用于饮水法的疫苗有鸡新城疫Ⅱ系、Lasota系疫苗、传染性支气管炎疫苗、传染性法氏囊病疫苗等。为使饮水免疫接种达到预期效果,必须注意以下8个问题。

(1)在投放疫苗前,要停供饮水2～3小时(依不同季节酌定)，以保证鸡群有较强的渴欲，能在2小时内把疫苗水饮完。

(2)配制鸡饮用的疫苗水，需在用时按要求配制，不可事先配制备用。

(3)稀释疫苗的用水量要适当。正常情况下，每500份疫苗，2日龄至2周龄用水5升，2～4周龄7升，4～8周龄10升，8周龄以上20升。

(4)水槽的数量应充足，可以供给全群鸡同时饮水。

(5)应避免使用金属饮水槽，水槽在用前不应消毒，但应充分洗刷干净，不含有饲料或粪便等杂物。

(6)水中应不含有氯和其他杀菌物质。盐碱含量较高的水，应煮沸、冷却，待杂质沉淀后再用。

(7)要选择一天当中较凉爽的时间用苗，疫苗水应远离热源。

(8)有条件时可在疫苗水中加5%脱脂奶粉，对疫苗有一定的保护作用。

3. 翼下刺种法　主要适用于鸡痘疫苗、鸡新城疫Ⅰ系疫苗的接种。进行接种时，先将疫苗用生理盐水或蒸馏水按一定倍数稀释，然后用接种针或蘸水笔尖蘸取疫苗，刺种于鸡翅膀内侧无血管处。小鸡刺种一针即可，较大的鸡可刺种两针。

4. 肌肉注射法　主要适用于接种鸡新城疫Ⅰ系疫苗、鸡马立克氏病弱毒疫苗、禽霍乱$G_{190}E_{40}$弱毒疫苗等。使用时，一般按规定倍数稀释后，较小的鸡每只注射0.2～0.5毫升，成鸡每只注射1毫升。注射部位可选择胸部肌肉、翼根内侧肌肉或腿部外侧肌肉。

5. 皮下注射法　主要适用于接种鸡马立克氏病弱毒疫苗、新城疫Ⅰ系疫苗等。接种鸡马立克氏病弱毒疫苗，多采用雏鸡颈背皮下注射法。注射时先用左手拇指和食指将雏鸡颈背部皮肤轻轻捏住并提起，右手持注射器将针头刺入皮肤与肌肉之间，然后注入疫苗液。

6. **气雾法** 主要适用于接种鸡新城疫Ⅰ系、Ⅱ系、La-sota系疫苗和传染性支气管炎弱毒疫苗等。此法是用压缩空气通过气雾发生器，使稀释的疫苗液形成直径为1～10微米的雾化粒子，均匀地悬浮于空气中，随呼吸而进入鸡体内。气雾接种应注意以下5个问题。

(1)所用疫苗必须是高价的、倍量的。

(2)稀释疫苗应该用去离子水或蒸馏水，最好加0.1%的脱脂奶粉或明胶。

(3)雾滴大小要适中，一般要求喷出的雾粒在70%以上，成鸡雾粒的直径应在5～10微米，雏鸡30～50微米。

(4)喷雾时房舍要密闭，要遮蔽直射阳光，保持一定的温、湿度，最好在夜间鸡群密集时进行，待10～15分钟后打开门窗。

(5)气雾免疫接种对鸡群的干扰较大，尤其会加重鸡病毒、霉形体及大肠杆菌引起的气囊炎，应予以注意，必要时于气雾免疫接种前后在饲料中加入抗菌药物。

(三)接种疫苗时应注意的事项

(1)严格按说明书要求进行接种疫(菌)苗。疫苗的稀释倍数、剂量和接种方法等，都要严格按照说明书规定进行。

(2)疫苗应现配现用。稀释时绝对不能用热水，稀释的疫苗不可置于阳光下暴晒，应放在阴凉处，且必须在2小时内尽快用完。

(3)接种疫苗的鸡群必须健康。只有在鸡群健康状况良好的情况下接种，才能取得预期的免疫效果。对环境恶劣、疾病、营养缺乏等情况下的鸡群接种，往往效果不佳。

(4)妥善保管、运输疫苗。生物药品怕热,特别是弱毒苗必须低温冷藏,要求在0℃以下,灭活苗保存在4℃左右为宜。要防止温度忽高忽低,运输时要有冷藏设备。若疫苗保管不当,不用冷藏瓶提取疫苗,存放时间过久而超过有效期,或冰箱冷藏条件差,均会使疫苗降低活力,影响免疫效果。

(5)选择接种疫苗的恰当时间。接种疫苗时,要注意母源抗体和其他病毒感染时,对疫苗接种的干扰和抗体产生的抑制作用。

(6)接种疫苗的用具要严格消毒。对接种用具必须事先按规定消毒。遵守无菌操作要求,接种后所用容器、用具也必须进行消毒,以防感染其他鸡群。

(7)注意接种某些疫苗时能用和禁用的药物。在接种禽霍乱活菌苗前后各5天,应停止使用抗生素和磺胺类药物;而在接种病毒性疫苗时,在前2天和后5天要用抗菌药物,以防接种应激引起其他病毒感染;各种疫苗接种前后,均应在饲料中添加比平时多1倍的维生素,以保持鸡群强健的体质。

此外,由于同一鸡群中个体的抗体水平不一致,体质也不一样,因此,同一种疫苗接种后反应和产生的免疫力也不一样。所以,单靠接种疫苗扑灭传染病往往有一定的困难,必须配合综合性防疫措施,才能取得预期的效果。

鸡场常用疫苗及其使用方法参见表7-4。

六、采用药物防治疾病,提高鸡群健康水平

除对鸡群进行科学的饲养管理,做好消毒隔离、免疫接种等工作外,合理使用药物防治鸡病,也是搞好疾病综合性防治的重要环节之一。鸡场应本着高效、方便、经济的原则,

表 7-4 鸡场常用疫苗及其使用方法

疫苗名称	用 途	用法及用量	接种后生效日期(天)	免疫期	保存温度和时间	备 注
鸡新城疫Ⅰ系疫苗	预防鸡新城疫	2月龄以上鸡,1 000倍稀释苗肌肉注射1毫升或100倍稀释苗刺种	3	2年	0～4℃3个月；26～30℃7天	疫苗稀释后必须当天用完
鸡新城疫Ⅱ系疫苗	预防鸡新城疫	10倍稀释后,给雏鸡滴鼻、点眼或饮水	7～9	4～6个月	0～4℃3个月；26～30℃7天	疫苗稀释后必须当天用完
鸡新城疫L系弱毒冻干苗	预防鸡新城疫	7～10日龄雏鸡用10倍稀释苗滴鼻,每只2滴。每毫升原苗加适量水,供800～1 000只雏鸡饮用。每毫升疫苗25倍稀释喷雾雏鸡80～100只。间隔30天,二次免疫	7～14	3个月	0～4℃3个月	疫苗稀释后必须当天用完
马立克氏病冻干苗	预防鸡马立克氏病	按规定稀释后,在1日龄鸡肌肉和皮下注射0.2毫升	10～14	1年	0～4℃半年	疫苗稀释后必须当天用完

续表 7-4

疫苗名称	用途	用法及用量	接种后生效日期(天)	免疫期	保存温度和时间	备注
鸡法氏囊疫苗	预防鸡法氏囊病	每毫升疫苗用 50 毫升冷开水稀释,于 20 日龄雏鸡滴入嘴内 0.5 毫升进行初免。隔 20 天,按上法再进行二次免疫	7	终生	4℃半年	疫苗稀释后必须当天用完
鸡痘疫苗(鹌鹑化弱毒)	预防鸡痘	按规定稀释后,1～2 月龄鸡翅内侧皮下刺种 1 或 2 次	6～8	6 个月	0～4℃1 年	疫苗稀释后必须当天用完
鸡痘蛋白筋胶活毒苗(鸽痘原)	预防鸡痘	10 倍稀释苗涂在鸡腿外侧拔去 20 根羽毛的毛孔内	14～21	3～4 个月	2～10℃半年	疫苗稀释后必须当天用完
鸡霍乱弱毒冻干苗	预防鸡霍乱	用于 3 月龄以上鸡,按规定每只鸡的用量加 0.5 毫升氢氧化铝胶生理盐水稀释摇匀,每只胸部肌肉注射 0.5 毫升	3～14	3 个月,有的达 12 个月	0℃ 6 个月	用时将疫苗瓶摇动

续表 7-4

疫苗名称	用途	用法及用量	接种后生效日期(天)	免疫期	保存温度和时间	备注
鸡传染性支气管炎弱毒($H_{120}H_{52}$)苗	预防传染性支气管炎	H_{120}用于初生雏鸡,H_{52}用于3周龄以上的鸡。用灭菌生理盐水稀释10倍,滴鼻,每鸡滴1滴,饮水按标签说明按鸡1～2小时饮水量稀释疫苗,供饮用	5～8	H_{120}苗2个月,H_{52}苗6个月		
鸡产蛋下降综合征灭活苗	预防鸡产蛋下降综合征	用于60日龄以上蛋用母鸡,19周龄接种1次,或开产前3～4周免疫1次,过4～10周后再免疫1次。每次肌肉注射0.5毫升	14	4个月以上		

通过饲料、饮水或其他途径有针对性地对鸡使用一些药物，以有效地防止各种疾病的发生和蔓延。如在饲料中添加多种维生素、微量元素和氨基酸等，可起到弥补饲料养分不足和防治疾病的作用；许多抗菌药物不但可以杀灭病菌，还有促进鸡只生长、改善饲料利用率的作用，如土霉素、金霉素、喹乙醇和杆菌肽锌等，可作为生长促进剂使用。为防止鸡寄生虫感染，可使用驱虫净、可爱丹、氯苯胍等抗寄生虫药物。此外，为防止饲料发霉变质可加入丙酸钙等防腐剂；为防止饲料的氧化分解，可添加乙氧基喹啉（山道喹）、丁基化羟基甲苯（BHT）等抗氧化剂。值得注意的是，长期对鸡使用某一种化学药物防治疾病，易在鸡体内产生耐药菌株，从而使药物失效或达不到预期效果。因此，需要经常进行药物敏感试验，选择高效敏感化学药物进行防治。

优质土鸡主要疫病药物预防参考程序如下：

(1)鸡沙门氏菌病（鸡白痢、鸡伤寒、鸡副伤寒）和大肠杆菌病。在1～25日龄用痢特灵、氯霉素、氟哌酸等药物交替使用。

(2)鸡球虫病和盲肠肝炎。在20～80日龄，用痢特灵、克球粉、氯苯胍，马杜拉霉素等药物交替使用。

(3)鸡支原体病。发生于15～180日龄，以20～70日龄较多见，可于多发日龄，全群用恩诺沙星、泰乐菌素、北里霉素等药物预防。污染群可于1日龄即用链霉素进行预防。

(4)传染性鼻炎。4周龄以上用磺胺类、土霉素、链霉素等药物预防。

(5)鸡霍乱。4周龄以上用喹乙醇每100千克饲料加2.5～3.5克，连喂2周。产蛋期中，每月用喹乙醇预防用药5～7天。

土鸡常用药物及其使用方法参见表7-5。

表 7-5 土鸡常用药物及其使用方法

名称	规格	用途	剂量和用法	作用和注意事项
磺胺噻唑（ST）	片剂：0.5 克/片	治疗传染性鼻炎、支原体病、雏鸡白痢	鸡群治疗：①100 克干料加 1 片；②在饲料中按 0.5%～0.1%拌入；③饮水，每 500 克水加 1 片 个体治疗：成鸡首次 0.5 片/只，以后每次 0.25 片/只 疗程：连用 3～5 天，配合少量小苏打喂	1. 磺胺类药物如长期服用，成鸡可导致产软壳蛋，甚至停产。仔鸡生长停滞，故不可久服
磺胺嘧啶（SD）	片剂：0.5 克/片	鸡霍乱、鸡球虫病	鸡群治疗：①100 克干料加 1 片；②在饲料中按 0.5%～0.1%拌入；③饮水，每 500 克水加 1 片 个体治疗：成鸡首次 0.5 片/只，以后每次 0.25 片/只 疗程：连用 3～5 天，配合少量小苏打喂	2. 磺胺脒内服后在肠内很少吸收，故不用于全身感染的治疗
磺胺脒（SG）	片剂：0.5 克/片	鸡球虫病、呼吸道、肠道细菌性炎症	鸡群治疗：①每 100 克干料加 2～3 片；②按饲料的 1%拌入喂用 个体治疗：首次 1 片/只，以后每次 0.5 片/只 疗程：①连用 3～4 天；②喂 2 天停 4 天，再喂 1 天停 4 天，再喂 1 天	3. 内服磺胺类药物应给予等量的碳酸氢钠，并给鸡充分饮水

续表 7-5

名称	规格	用途	剂量和用法	作用和注意事项
磺胺甲基嘧啶(SM)	片剂：0.5 克/片	治拉稀、球虫病、伤寒、副伤寒	鸡群治疗：①每 100 克干料加 0.5 片；②每 500 克水加 1～2 片，饮 1 天隔 1 天；③按饲料 0.25%～0.5%拌料喂用 个体治疗：0.5 片/只 疗程：拉稀连用 3 天；鸡伤寒药量加倍连用 7 天，或饮水连用 5 天；球虫病连用 4 天	
磺胺二甲基嘧啶(SMP_2)	片剂：0.5 克/片	球虫病、副伤寒	鸡群治疗：饮水，每 500 克水加 2 片； 疗程：①连用 2 天；②连用 3 天，停 2 天，再喂 3 天	
磺胺甲氧嗪(SMP)(长效磺胺 A)	片剂：0.5 克/片	鸡霍乱、球虫病	鸡群治疗：①每 100 克干料加 1 片；②按饲料 0.5%拌入喂用 个体治疗：每只每次 0.5 片，每天 1 次	
青霉素钾(钠)	针剂：20 万 IU/支，40 万 IU/支，80 万 IU/支	防治球虫病、螺旋体病	鸡群治疗：①按 2 万 IU/10 只的量，溶于少量水中限制在 2 小时内用完，连用 3 天；②按 2 万 IU/10 只的量加入饲料中连用 3～4 天 个体治疗：①肌肉注射 5 万 IU/只(成年鸡)；②内服 2 000 IU/只(雏鸡)	1. 对革兰氏阳性菌有杀灭作用 2. 本品水溶液极不稳定，应现用现配 3. 不宜和其他药物混用
硫酸链霉素	针剂：100 万 IU/支	防治禽霍乱、溃疡性肠炎、慢性呼吸道病、葡萄球菌病	鸡群治疗：饮水，每 500 克水加 1 支 个体治疗：口服 5 万 IU/千克体重；肌肉注射 10 万～20 万 IU/次，每天 2 次	1. 对革兰氏阴性菌杀灭作用强 2. 肌肉注射，个别鸡会发生过敏死亡 3. 内服不易吸收，主要用于肠道抑菌

续表 7-5

名称	规格	用途	剂量和用法	作用和注意事项
盐酸土霉素	片剂：小片 0.05 克/片，大片 0.25 克/片	防治鸡白痢、鸡霍乱、伤寒、副伤寒	鸡群治疗：按饲料拌入喂用 个体治疗：①成鸡内服 1～2 小片/(只・次)或 1/4 大片/(只・次)；②肌肉注射 0.1～0.2 克/(只・次)，每天 2 次	本品忌与碱性药物配合
盐酸四环素	片剂：0.25 克/片，粉针：0.1 克/片	防治鸡霍乱	鸡群治疗：①按饲料 0.04%拌入喂用；②饮水，每 2.5 千克加 1 片 个体治疗：对鸡霍乱急性暴发可按每千克体重 40 毫克，一次性肌肉注射	1. 本品忌和碱性药物配合 2. 大规模应用时，可用畜用粗制品，用量要进行换算
盐酸氧氟沙星	粉剂：50 克/袋	治疗慢性呼吸道病、葡萄球菌病和肠道感染	混饮：雏鸡每千克水加本品 1.2～5 克，每天 2 次，连用 3 天。3 周龄以上肉鸡每袋供 500 只鸡饮用 1 天，连用 3 天	本品为新型广谱抗菌药物，可用于多种细菌性感染的治疗
红霉素	片剂：0.125 克/片，0.25 克/片	防治葡萄球菌病、慢性呼吸道病等	鸡群治疗：每 11 升水加本品 28.4 克，连饮 3 天或每 1 000 千克饲料加入预混剂 11.4 千克，连用 5 天 个体治疗：每千克体重喂服 10～30 毫克，每天 2 次	对革兰氏阳性菌有较强抑制作用，对某些革兰氏阴性菌、支原体等也有一定抑制作用

续表 7-5

名称	规格	用途	剂量和用法	作用和注意事项
呋喃唑酮（痢特灵）	片剂：0.1 克/片	防治鸡白痢、鸡球虫病、细菌性下痢	鸡群治疗：每千克饲料加 2 片，预防用量减半 疗程：连用 7～10 天	要严格控制剂量，充分拌匀，防止中毒，出现神经症状立即停药
氯苯胍（盐酸盐）	片剂	防治鸡球虫病	鸡群治疗：按 60 毫克/千克剂量拌入饲料喂给	既可驱除球虫，又能促进生长发育和增加体重。使用时要当天配料，当天用完
乳酶生	片剂：0.3 克/片	治疗消化不良	每只每次 0.5～1.0 克	消化不良，胃肠膨胀
驱蛔灵（枸橼酸哌嗪）	片剂：0.5 克/片	驱蛔虫	鸡群治疗：每只鸡半片，混入少量饲料中，立即喂完 个体治疗：每只鸡每次 1～2 片空腹填喂	驱虫前禁食绝水 1 个晚上，次晨饲喂，拌入药品的饲料应一次用完
驱虫净（四咪唑）	片剂：0.025 克/片	驱蛔虫和异刺线虫	鸡群治疗：饮水，先配成 40%溶液，在 1 千克水中加 1 毫升，连饮 10 天 个体治疗：成鸡 1.5 片/(只・次)	

续表 7-5

名称	规格	用途	剂量和用法	作用和注意事项
吗啉胍	片剂：0.1 克/片	防治流感、支气管炎、喉气管炎等	雏鸡每只每次 20～25 毫克；成鸡 50 毫克，每天 2 次，连用 4～5 天	广谱抗病毒药，对病毒各个增殖周期均有抑制作用
克霉唑	片剂：0.25 克/片，0.5 克/片	防治霉菌病	雏鸡混饲，每 100 只鸡用本品 1 克	广谱抗菌药，用于治疗时停药不宜过早，避免复发

七、加强疾病监测工作

为了提高防病、灭病措施的针对性和预见性，在大型鸡场内（或与其他单位合作）建立疾病监测室，根据生产发展的需要和实际条件，制定一些监测项目和工作规程。目前主要开展以下两方面工作。

（一）鸡场内细菌监测

应用细菌分离、鉴定及药敏试验等手段，在鸡群消毒前后、更换饲养前后、使用预防药物前后定时地或发生疫情时不定时地采集饮水、饲料、种蛋、淘汰鸡、病死鸡尸体及其他供检样品，进行全面地或有针对性地细菌分离鉴定工作。对分离的细菌分别进行定性（确立诊断）或定量（如检样中大肠菌群数、细菌总数及病原菌的药敏结果），从而了解饮水、饲料及鸡舍内外环境污染的程度，为评价消毒、药物预防措施的效果，科学地选择和使用消毒剂、预防药物提供实验依据。通过对淘汰鸡、病死鸡的细菌分离鉴定及药敏试验，可及时地发现细菌性传染病，并指导选择最敏感的药物进行预防和治疗。

（二）鸡群抗体检测

鸡只在生活过程中，被某种病原感染，或人工接种疫苗后经过一段时间，体内就会产生与病原或疫苗相对应的抗体，这些特异性抗体除具有抗传染免疫作用外，还可通过对这些抗体定性或定量检测，为鸡场制定科学的免疫程序、疾病诊断、评价疫苗免疫效果及慢性传染病的净化提供理论依据。

1．测定母源抗体水平，确定首次免疫的最佳时机　通过测定种鸡或出壳雏鸡的新城疫、传染性法氏囊病等病的母源抗体水平，确定这些病的首次免疫接种最佳时机，从而可以解决生产中由于母源抗体高、过早用疫苗而影响免疫力产生，或因母源抗体低、注苗过迟而受强毒感染引起发病的问题。

2. 测定免疫接种后鸡体内的抗体水平　鸡群经过一次免疫接种后，实际免疫效果的评价、有效免疫力持续的长短、再次免疫时机的确定，必须通过定期检测免疫后抗体滴度的消长情况做出科学的回答。一般在鸡群免疫接种2～3周后，采集血样或所产的蛋，测定抗体水平。当某种疫苗接种后相应的抗体滴度上升的幅度高又整齐时，表明免疫效果好，再定期采样检测，根据抗体滴度消长情况，便可以确定免疫保护期和再次免疫的合理时机。若疫苗免疫接种后，测不出相应的抗体(测试的方法是灵敏准确的)或抗体滴度上升幅度很低又不整齐，表明免疫效果不佳或称免疫失败。此时，除尽快寻找免疫失败的原因，吸取教训外，还要采取相应补救措施，如提前进行再次免疫接种，以保证鸡群免受强毒感染。

3. 对未经免疫接种的传染病进行定期的抗体检测　在定期的抗体检测中，未曾接种过疫苗的传染病应是抗体阴性，说明鸡群安全；若出现了抗体阳性鸡，表明鸡群中有此种传染病的传染源存在。鸡场兽医可以根据疾病的性质采取相应的措施，若是新发的急性传染病，可采取查明清除传染源、隔离、消毒等扑灭措施；若是慢性垂直传播的传染病，如鸡白痢、鸡白血病、呼吸道支原体病等，多采取定期检测活体、淘汰检出的抗体阳性鸡、隔离、消毒等综合性措施净化鸡群，以减少经济损失。

八、发现疫情迅速采取扑灭措施

(一)随时观察鸡群，及早发现疫情

只有饲养人员随时观察鸡群动态，才能做到对鸡群的

疫情早发现、早确诊、早处理，控制疫病的传播和流行。因此，饲养人员要随时注意观察饲料、饮水消耗、排粪和产蛋等情况，若有异常，要迅速查明原因。发现可疑传染性病鸡时，应尽快确诊，隔离病鸡，封锁鸡舍，在小范围内采取扑灭措施，对健康鸡紧急接种疫苗或进行药物防治。由于传染病发病率高，流行快，死亡率高，因此，无论什么地方或单位饲养的鸡群发生了传染病，都应及时通报，让近邻、近地区注意采取预防措施，防止发生大流行。

（二）迅速查明病因，进行确诊

病鸡要立即隔离，指定专人管理，鸡场或养鸡户要严密封锁。如鸡场或专业户不能确诊时，应将病鸡或刚死的鸡装在严密的容器内，立即送有关兽医部门检验，同时要通知邻近的养鸡场和专业户做好预防工作。

（三）封锁病鸡场地，严禁出售和转运病鸡

疫情发生时，要加强封锁和控制，严防传染病的流行和扩散。鸡舍、用具要彻底消毒，苗鸡、种蛋、鸡肉等禁止上市或向安全区送出。经 2 周无病发生时，再彻底大消毒，方可解除封锁。

（四）隔离治疗

隔离病鸡，单独治疗。对于细菌性传染病，选用敏感药物治疗。若患病毒性传染病，应用一些抗菌药物防止继发感染，再配合对症治疗，缓解症状。如无治疗价值，要在不扩散病原的条件下迅速淘汰病鸡，屠宰时废弃的羽毛、血液、内脏要深埋。

（五）紧急预防接种

确诊为鸡新城疫、鸡霍乱、鸡痘等病时，对体温正常、无病状的健康鸡群可注射疫苗，迅速控制疫情的发展。

第三节　土鸡疾病的诊断

土鸡疾病诊断的目的是为了尽早地认识疾病，以便采取及时有效的防治措施。只有及时正确的诊断，防治工作才能有的放矢，使鸡群病情得到控制，免受更大的经济损失。鸡病的诊断主要包括以下几个方面内容。

一、流行病学调查

有许多鸡病的临床表现非常相似，甚至雷同，但各种病的发病时机、季节、传播速度、发展过程、易感日龄、鸡的品种、性别及对各种药物的反应等方面各有差异，这些差异对鉴别诊断有非常重要的意义。一般进行过预防接种的，在接种免疫期内可排除相关的疫病。因此，在发生疫情时要进行流行病学调查，以便结合临床症状和化验结果，确定最后诊断。

（一）发病时间

了解发病时间，借以推测疾病是急性还是慢性。

（二）病鸡年龄

若各年龄鸡发病后的临床症状相同，而且发病率和死亡率都比较高，可怀疑为鸡新城疫、禽流感；若1月龄内的雏鸡大批死亡，而且排白色稀便，主要应怀疑为鸡白痢；单纯排白色便，自啄肛门，死亡率不高，这是鸡传染性法氏囊病的表现；若成年鸡临床上仅表现呼吸困难，死亡率不高，产畸形蛋，产蛋率下降，可怀疑为鸡传染性支气管炎；单纯出现呼吸困难而引起大批死亡，则怀疑为鸡曲霉菌病；有神经症状，可怀疑为鸡脑脊髓炎和脑软化症。此外，30～50日龄的雏鸡多发生鸡马立克氏病、球虫病、包涵体肝炎、锰缺

乏症和维生素 B_2 缺乏症。

（三）病史及疫情

了解鸡场的鸡群过去发生过什么重大疫情，有无类似疾病发生，借此分析本次发病与过去疾病的关系。如过去发生过禽霍乱、鸡传染性喉气管炎，而又未对鸡舍进行彻底消毒，鸡群也未进行预防接种，可怀疑为旧病复发。

了解附近养禽场、户的疫情情况。如果有些场、户的家禽有气源性传染病，如鸡新城疫、马立克氏病、传染性支气管炎、鸡痘等病流行时，可能迅速波及到本场。

了解本场引进种蛋、种鸡地区流行病学情况。有许多疾病是经蛋和种鸡传递的，如新引进带菌带病毒的种鸡与本场内鸡群混养，常引起一些传染病的暴发。

了解本地区各种禽类的发病情况。当鸡群发病的同时，其他家禽是否发生类似疾病，这对诊断非常重要。如鸡、鸭同时出现急性死亡，可怀疑为禽霍乱；仅鸡发生急性传染病时，可怀疑为鸡新城疫、传染性支气管炎、传染性喉气管炎等。

（四）饲养管理及卫生状况

鸡群饲养管理、卫生条件不佳，往往是引起鸡新城疫免疫失败的重要因素，也常导致鸡群中不断出现非典型病例；饲养密度大，通风不良，常成为发生呼吸器官疾病和葡萄球菌病的致病条件；饲料单一或饲粮中某些营养物质缺乏或不足，常引起代谢病的发生，进而导致机体抵抗力降低，容易发生继发性传染病和预防接种后不能产生良好的免疫效果。喂发霉饲料，则会引起拉稀便。

（五）生产性能

影响鸡群产蛋率的主要疾病有鸡新城疫、传染性支气管炎、传染性喉气管炎、脑脊髓炎、鸡痘、败血霉形体病、传染性鼻炎和减蛋综合征等多种疾病。鉴别这些疾病时，应结合临床症状、病理解剖变化和化验综合判定。若不伴有其他明显症状，而仅表现产蛋率下降，可怀疑为鸡传染性支气管炎、脑脊髓炎或减蛋综合征；鸡群产软壳蛋，常见于钙和维生素D的代谢障碍或分泌蛋壳机能失常。然而当鸡群产生应激时，也可能出现软壳蛋；鸡群产畸形蛋，常见于输卵管机能失常，造成蛋壳分泌不正常。当鸡群患传染性支气管炎时，除蛋壳外形变化外，蛋清也变得稀薄如水。

（六）疾病的传播速度

短期内在鸡群中迅速传播的疾病有鸡新城疫、传染性支气管炎、传染性喉气管炎、传染性鼻炎等。鸡群中疾病散在发生时，可怀疑为慢性禽霍乱和淋巴性白血病。

（七）疫苗接种及用药情况

对鸡新城疫预防接种情况要进行细致的了解，如疫苗种类、接种时间和方法、疫苗来源、保存方法、抗体监测结果等，都可作为疾病分析和诊断的参考。对禽霍乱、鸡痘、鸡传染性法氏囊病、马立克氏病的预防接种情况也要了解。此外，还要了解鸡群发病后的投药情况，如发病后喂给抗生素及磺胺类药物后病鸡症状减轻或迅速停止死亡，可怀疑为细菌性疾病，如禽霍乱、沙门氏菌病等。

二、临 床 检 查

（一）全群状态的观察

在离鸡群有一段距离或鸡舍内一角，肉眼直接观察，静静地窥视全群的状态，防止惊扰鸡群，以便发现各种异常表现，为进一步诊断提供线索。

1. 采食量和饮水量的观察　正常情况下鸡群采食迅速，适量饲料在规定时间内即可吃完。当发现采食量减少，不能吃完规定的饲料量便是病态的前兆，病鸡多出现挑食、拒食或出现异食，采食量下降或不食。出现拒食鸡或整群鸡采食量下降，鸡群可能出现中毒或恶性传染病。有异常嗜好的鸡，则可能出现营养缺乏症，如啄食羽毛，多因缺乏蛋氨酸、食盐及维生素等。不少病例表明，患病时采食量减少，而饮水量增加。饮水量增加可能是长期缺水，热应激，饲料中食盐含量高，其他热性病（如鸡痘）；饮水量明显减少可能是温度太低，濒死期，药物异味。

2. 羽毛和体况观察　健康鸡羽毛整洁、紧凑而有光泽，排列匀称。羽毛无光、蓬乱、逆立、污秽，提前或推迟换毛，多见于某些慢性病或营养不良。如幼龄鸡背羽、尾羽稀少及生长不良是烟酸、叶酸和泛酸钙、锌或硒等缺乏症的表现；产蛋鸡主翼羽脱落并伴随减蛋可能为蛋氨酸缺乏症；羽毛根部被一层异常组织（霉菌套膜）所包围，多为黄癣病。营养良好的鸡群，体重达到或接近标准，均匀度良好，肌肉丰满而有弹性；营养不良的鸡，胸部肌肉少，龙骨突出如刀脊状，整群均匀度差。如果饲料中缺乏钙、磷和维生素 D，或钙、磷比例不平衡，则龙骨凹陷，弯曲呈“S”状，这种情况在肉鸡、蛋鸡生长阶段最为常见。

3. 姿势和行为观察　正常情况下，鸡群反应灵敏，活动敏捷，分布均匀。若拥挤或站立不稳，身体发抖，有的鸡扎到角落里或挤堆，多见于鸡舍温度过低、贼风或发生了疾病（如肾型传染性支气管炎）；若鸡群撑翅伸颈，张嘴喘气，呼吸急促，饮水频繁，远离热源，说明鸡舍内温度过高；当头、尾和翅膀下垂，闭目缩颈，行走无力时则为病态表现。如鸡腹部胀大、下垂，呈企鹅状行走，多见于腹水症、卵黄性腹膜炎；仰头蹲式，呈观星姿势，多见于维生素 B_1 缺乏症；趾爪向内卷曲，站立不稳，多见于维生素 B_2 缺乏症；两腿麻痹，不能站立，一肢向前伸，另一肢后伸呈劈叉姿势，多见于马立克氏病；头部向一侧或向后弯曲，多见于新城疫或叶酸缺乏症；阵发性痉挛，外界轻微的刺激即可引起发作，多见于禽脑脊髓炎。

4. 粪便的观察　粪便的异常变化往往是疾病的预兆。正常鸡群的粪便不软不硬呈圆条状，灰褐色或黄褐色，表面附有少量白色尿酸盐，早晨部分鸡排出黄棕色糊状粪便。如果排水样粪便多由鸡舍湿度大、天气炎热、饮水过多引起；血便多见于球虫病；白色稀便多见于鸡白痢、副伤寒、痛风、肾型传染性支气管炎；黄白色稀便多见于传染性法氏囊病、大肠杆菌病；绿色粪便多见于新城疫、鸡痘、传染性喉气管炎、马立克氏病、禽霍乱。

5. 呼吸情况　观察鸡群呼吸时，应尽量使鸡处于安静状态，注意有无甩头、咳嗽、喷嚏、伸颈呼吸、流鼻涕、眼睑肿胀等异常现象。若鸡群出现甩头、咳嗽、流鼻涕，多见于传染性鼻炎；如鸡伸颈呼吸，多见于传染性支气管炎、慢性呼吸道疾病、传染性喉气管炎。患鸡传染性喉气管炎时可在墙壁、水槽、食槽、鸡笼上发现凝血块和血痰；鸡群张口喘气，多因气候炎热舍内温度过高所致。

6. 鸡冠和肉髯的观察　注意观察其色泽、形态有无异常。正常情况下，鸡冠和肉髯均鲜红，有光泽。鸡冠发白，多见于内脏器官出血、结核病、脂肪肝、淋巴性白血病等慢性病或营养缺乏症；鸡冠呈暗红色，多见于新城疫、禽流感、急性禽霍乱、急性热性疾病，也见于传染性喉气管炎、慢性呼吸道疾病和中毒症等；初开产鸡突然鸡冠萎缩，干燥黄白，多见于淋巴性白血病；冠和肉髯上有突出于表面大小不一的水泡、脓疱，凸凹不平的黑色结痂，为皮肤型鸡痘的特征；肉髯单侧性肿大多为慢性禽霍乱，两侧性肿大多为传染性鼻炎。

7. 眼睛的观察　鸡眼睛的病变主要见于结膜、角膜和虹膜，应观察眼睛的形态和清洁度。鸡正常眼睛圆而有神。眼流泪、潮湿多见于维生素 A 缺乏症；眼结膜内有干酪样物，眼球隆起，角膜中央有溃疡，常见于慢性呼吸道疾病、传染性鼻炎；结膜内有稍凸起的小溃疡灶，灶内有不易剥离的豆渣样物，多见于鸡型鸡痘；虹膜变成灰色，瞳孔缩小，多见于马立克氏病。

8. 产蛋量和蛋的质量观察　健康鸡群产蛋时间多数集中在中午 12 时以前，少数在 16 时前产完，刚开产鸡群每天平均产蛋率均以 2%～4%的速度递增，达到高峰期后，保持一段时间，而后逐周平滑下降。蛋形卵圆，蛋壳表面光滑均匀。如发现鸡群产蛋参差不齐，甚至夜间产蛋，产蛋率曲线突然变化，蛋壳质量下降，畸形蛋增加等，均属异常表现。产蛋率逐渐下降，下降幅度小，多见于大肠杆菌、气候突变或耗料减少；产蛋率剧减，蛋壳退色，破蛋增加，多见于新城疫、传染性支气管炎、减蛋综合征或饲料出现严重质量问题；若软蛋、薄皮蛋多，常见于缺乏维生素 D_3，或饲料中钙含量不足。

9. 鸡舍小气候环境因素的观察　主要观察舍温、舍湿、通风、光照、水质、卫生状况等。舍温较高，鸡群张口呼吸，同时频繁饮水，严重时引起中暑死亡；温度较低，鸡群扎堆；通风不良，尤其是冬季，为保温而减少通风量，造成舍内有害气体（如氨气、硫化氢等）含量过高，新鲜空气不够，使鸡眼睛流泪或造成呼吸道疾病发生；光照时间、强度不够均会影响增重、产蛋，特别是农村养鸡户，重叠式笼养鸡群，布光不合理。有人认为光照仅起到使鸡看见饮水、采食的作用，忽视了光刺激的作用，使鸡产蛋高峰上不去，产蛋下降，鸡冠发白、萎缩；水质和鸡舍卫生条件差均会损害鸡群健康，尤其是农村浅井水，梅雨季节来临，大量污染的地表水渗入井中，致使鸡群中大肠杆菌病、沙门氏菌病等细菌性疾病不断发生。

(二)个体检查

对整群鸡进行观察后，再挑选各种不同类型的病鸡进行个体检查，鸡冠、肉髯、眼、体况、羽毛等检查和上述群体检查基本相同，另外还应注意检查以下一些内容。

1. 体温　用手掌抓住两腿或插入翼下，可感觉到明显的体温异常，天气炎热和患感冒、急性传染病时，体温会升高；天气寒冷，体质消瘦或有心血管病时，体温会降低，特别是极度消瘦、濒死期鸡，明显感觉腿脚冰凉。当然准确的体温要用体温计插入肛门内，停留 10 分钟，然后读取体温值。

2. 喙　有无畸形，如上喙或下喙特别长，或呈交叉状，这主要由遗传所致；幼龄鸡维生素 D_3 缺乏会出现喙发软、喙穹曲、交叉喙等。

3. 口腔　注意检查舌的完整性，口腔黏膜的颜色及状态，有无发疹、脓疱、假膜、溃疡、黏液等。如口咽部出现疹疱，这是黏膜型鸡痘症状；口腔上皮细胞角质化，特别是硬腭上有一层白色结节(或白色假膜)，见于维生素 A 缺乏症；如果黏液中混有血液，再检查喉头有无出血或干酪样栓子，这是传染性喉气管炎的特征。

4. 皮肤　检查皮肤是否光滑而富有弹性，有无结节、创伤、脓肿、坏疽、气肿、水肿、斑疹，颜色是否正常，是否有紫蓝色或红色斑块。如皮肤型马立克氏病，可在毛囊处发生大小不同的肿瘤，雏鸡患硒或维生素 E 缺乏症时，常在胸膜部和两腿的皮下发生水肿，水肿部的皮肤呈蓝紫色或蓝绿色。

5. 嗉囊　检查嗉囊的大小、内容物的形态。如鸡患新城疫时，按压嗉囊有波动，将鸡头部倒垂，可流出大量腐败味黏稠液体；消化不良，吃入大量粗饲料或异物，嗉囊增大，按压呈面团状。

6. 腿脚　检查腿脚的完整性、韧带和关节的连接状态、关节有无肿胀等。如维生素 B_2 缺乏症可引起患禽跗关节着地，趾爪向内卷曲；内脏痛风可引起关节肿大、变形等。

三、病理解剖检查

鸡群感染了各种疾病后，其各器官发生的病理变化是不尽相同的。根据临床症状，对病鸡、死鸡进行有目的的局部或全身性解剖检查，找出病变的部位、特征，以确定疾病的性质和死亡的原因。即使是在鸡群生长发育和生产性能都正常的情况下，对突然有个别死亡的鸡只也要进行系统的全身解剖，以便随时发现疾病，找出原因，及早采取措施。

(一)体外检查

剖前先检查被剖鸡的外观、营养状况；羽毛是否光洁、紧凑、无脱落；检查鸡冠、肉髯的颜色，有无痘疹、肿胀或萎缩；眼鼻、口腔有无分泌物，脸部是否肿胀；皮肤、翅、腿有无外伤、结痂、肿块、趾瘤；肛门周围是否有粪便污染或被白色粪便阻塞，是否有脱肛；皮下颜色如何，如死亡时间长，腹部皮下腐败发绿，维生素 E 和硒缺乏，皮下也呈蓝紫色。同时还要了解鸡的品种、年龄、临床症状等，并做详细记录。

(二)解剖方法

先用消毒药水浸湿羽毛，剪开连接腹壁和两侧腿的皮肤，用力掰开两腿，使髋关节脱位，尸体平稳地放在解剖台或搪瓷盘上。沿颈、胸、腹中线剪开皮肤，再剪开腹部皮肤，并延至两腿皮肤，由剪口处向两侧分离皮肤，使颈、胸、腹部皮肤完全与肌肉分离，此时可检查皮下、胸肌、腿肌、食道、气管、胸腺、嗉囊等器官是否有出血、坏死、肿胀等病变。

将腹壁横向剪开，再沿肋软骨向前剪，掀开胸骨，用骨剪剪断乌喙骨和锁骨，取出胸骨，露出胸腔和腹腔，此时即可检查胸腹腔内各器官病变。剪开气管、喉头、食道、嗉囊、鼻腔、眶下窦，逐项检查是否正常；再剖开头皮，剪开颅顶骨，小心摘下大脑和小脑检查；再检查坐骨神经，腰荐神经等外周神经是否肿胀、异常。

（三）各部位病理剖检内容

1. 皮肤、肌肉检查　检查皮肤、肌肉有无创伤、结痂、出血、渗出等，如皮下脂肪有小出血点，可见于败血症；股内侧肌肉出血，可见于鸡传染性法氏囊病；皮肤上有肿瘤可见于鸡皮肤型马立克氏病。

2. 口腔、食管、嗉囊检查　检查口腔内有无黏液，口腔黏膜有无外伤、溃疡；食管、嗉囊黏膜的色泽是否正常，有无出血、溃疡及黏膜脱落，嗉囊内有无食物、液体，其性状如何等。如食管、嗉囊黏膜干燥，有散在小结节，则表明为维生素A缺乏症；嗉囊内充满液体和气体，发出酸败味，黏膜溃疡、出血，表明为患某些传染病或中毒性疾病。

3. 鼻腔、喉头、气管检查　检查鼻腔黏膜是否肿胀、出血，腔内有无分泌物；喉头、气管内有无黏液，是否被黄色干酪样物堵塞，黏膜是否出血、溃疡等。如鼻腔内渗出物增多，常见于鸡传染性鼻炎、败血性霉形体病，也可见于禽霍乱和禽流感；喉头、气管内有多量奶油样或干酪样渗出物，可见于鸡传染性喉气管炎和鸡新城疫；气管管壁肥厚，黏液增多，可见于鸡新城疫、传染性支气管炎、传染性鼻炎、败血性霉形体病。

4. 胸膜腔检查　检查胸腹膜的颜色是否正常，有无炎症、出血，胸膜腔内有无肿瘤、异物等。如胸膜有出血点，可见于败血症；腹腔内有坠蛋时（常见于高产、好飞和栖高架的母鸡），会发生腹膜炎；卵黄性腹膜炎与鸡沙门氏菌病、禽霍乱和鸡葡萄球菌病有关；雏鸡腹腔内有大量黄绿色渗出液，常见于硒或维生素 E 缺乏症。

5. 内脏器官检查

（1）胸腺。检查胸腺是否肿胀、出血、萎缩等。

（2）心脏。注意心包液是否增多、混浊等。检查心脏时要注意心外膜是否光滑，有无出血斑点，是否松弛、柔软。剪开心房及心室后要注意内膜是否出血，心肌的色泽及性状有无变化。如心冠脂肪有出血点（斑），可见于禽霍乱、禽流感、鸡新城疫、鸡伤寒等急性传染病（磺胺类药物中毒也可见此症状）；心肌有坏死灶，可见于雏鸡白痢、鸡李氏杆菌病和弧菌性肝炎；心肌肿瘤，可见于鸡马立克氏病；心包有混浊渗出物，可见于鸡白痢、鸡大肠杆菌病、鸡败血霉形体病等。

（3）肺及气囊。观察其形状、色泽，用手触摸并细心感觉它的质度以了解有无实变及结节，气囊是否增厚，有无渗出物积于气囊中以及渗出物的性状等。如雏鸡肺有黄色小结节，可见于曲霉菌性肺炎；雏鸡患白痢死亡时，肺上有 1～3 毫米的白色病灶；禽霍乱，可见到两侧性肺炎；肺呈灰红色，表面有纤维素，常见于鸡大肠杆菌病；气囊壁肥厚并有干酪样渗出物，可见于鸡传染性鼻炎、传染性喉气管炎、传染性支气管炎、新城疫和败血霉形体病；气囊壁附有纤维素性渗出物，常见于鸡大肠杆菌病；气囊有卵黄样渗出物，为鸡传染性鼻炎的特征。

（4）腺胃和肌胃。剪开腺胃和肌胃后，检查腺胃黏膜，特别是腺胃乳头、腺胃和肌胃以及腺胃与食管的交界处有无出血，腺胃壁是否增厚，肌胃的角质层是否有糜烂或溃疡，角质层下是否有出血等。如胃壁肿胀，黏膜出血，尤其与肌胃和食管交界处的黏膜乳头呈带状出血，多见于鸡新城疫、传染性法氏囊病和禽流感；腺胃壁有肿瘤，可见于鸡马立克氏病；肌胃角质层表面溃疡，成鸡多见于饲料中鱼粉和铜含量太高，雏鸡常见于营养不良；肌胃萎缩，发生于慢性疾病或日粮中缺少粗饲料。

(5)肠道。检查肠道内是否有寄生虫，肠内容物是否混有血液，肠黏膜有无出血、渗出、溃疡及脱落等。要特别注意肠壁是否有球虫裂殖体形成的白色小斑点，盲肠是否有出血性变化等。另外，还应检查盲肠扁桃体的变化。如小肠黏膜出血，见于鸡球虫病、新城疫、禽流感、禽霍乱和中毒性疾病；卡他性肠炎，见于鸡大肠杆菌病、伤寒和绦虫、蛔虫感染；小肠坏死性肠炎，见于鸡球虫病、厌气性菌感染；肠浆膜肉芽肿，常见于鸡马立克氏病、大肠杆菌病等；雏鸡盲肠溃疡或干酪样栓塞，见于雏鸡白痢恢复期和组织滴虫病；盲肠有血样内容物，见于球虫病；盲肠扁桃体肿胀、坏死和出血，盲肠与直肠黏膜坏死，可表明为鸡新城疫。

(6)肝、脾、胆。注意观察肝与脾的形态、色泽、质度是否正常，有无肿大，表面及切面有无出血点、坏死灶及结节；胆囊是否肿胀，胆汁的色泽、浓稠度是否正常等。如肝显著肿大，可见于鸡急性马立克氏病和淋巴性白血病；肝、脾有大的灰白色结节，见于鸡急性马立克氏病、淋巴性白血病、组织滴虫病和结核；肝表面有散在点状灰白色坏死灶，见于鸡包涵体肝炎、鸡白痢、禽霍乱和结核等，肝包膜肥厚并有渗出物附着，可见于肝硬化、大肠杆菌病和组织滴虫病等；脾表面有散在的微细白点，见于鸡急性马立克氏病、鸡白痢、淋巴性白血病和结核；脾包膜肥厚伴有渗出物，且腹腔内有炎症和肿瘤，见于鸡坠蛋性腹膜炎和马立克氏病。

(7)肾及输尿管。观察肾的大小、色泽、质度、表面及切面的变化，输尿管是否扩张，有无尿酸盐沉积等。如肾显著肿大，见于鸡急性马立克氏病和淋巴性白血病；肾内有白色微细结晶沉着，输尿管膨大，出现白色结石，多由于中毒、上行性肾炎、维生素 A 缺乏症、痛风等疾病所致。

(8)睾丸、卵巢及输卵管。检查睾丸、卵巢发育是否正常，有无肿瘤，卵泡有无出血、坏死、变性，输卵管黏膜有无充血、出血等。如睾丸萎缩，有小脓肿，常见于鸡白痢；产蛋鸡感染沙门氏菌后，卵巢发炎、变形或滤泡萎缩；卵巢水泡样肿大，可见于鸡急性马立克氏病和淋巴性白血病；输卵管内充满腐败的渗出物，常见于鸡的沙门氏菌感染和大肠杆菌病；输卵管内充塞半干状蛋块，是由于肌肉麻痹或局部扭转引起；输卵管萎缩，可见于鸡传染性支气管炎和鸡减蛋综合征。

(9)胰腺。检查胰腺的色泽、硬度如何，有无出血、坏死、肿瘤等。如雏鸡胰腺坏死，多发生于硒或维生素 E 缺乏症。

(10)法氏囊。检查法氏囊的大小、色泽情况，有无分泌物、出血，是否肿胀、萎缩，皱褶是否明显，有无肿瘤等。如法氏囊肿大并出血和水肿，多发生于鸡传染性法氏囊病的初期，然后发生萎缩；鸡患淋巴性白血病时，法氏囊常有稀疏，直径 2～3 毫米的肿瘤。

(11)脑及神经。脑组织的变化一般靠组织学检查。观察脑时主要注意脑膜是否充血、出血，切面及表面有无软化灶。检查周围神经时注意左右侧的神经是否粗细相等，色泽如何，横纹是否清晰，有无肿瘤，是否水肿等。如小脑出血、软化，多发生于幼雏的维生素 E 缺乏症；外周神经肿胀、水肿、出血，两侧坐骨神经粗细不等，见于鸡马立克氏病。

四、实验室诊断

在诊断鸡病的过程中，对其中的有些疾病特别是某些传染病，病鸡常常缺乏典型的临床和病理变化特征，必须配合实验室检查才能确诊。疾病的实验室诊断即是在临床检查、病理剖检诊断的基础上进行的进一步分析和判断，对疫病的确诊起着非常关键的作用。

常用的实验室诊断有如下几种。

（一）病原菌的实验室诊断

1. *显微镜检查* 按无菌操作要求，从濒死或死亡几小时内的鸡只中采取血液、心包液、肝、脾、肺等病料，染色镜检以观察细菌的形态特征及染色特性即可确诊。如禽霍乱、曲霉菌病的确诊。

2. *病菌的分离培养与鉴定* 按无菌方法，采取含菌量高、病变明显的病变组织进行适宜的人工培养及不同方法的分离培养，对病原体做形态学、理化特性、毒力及免疫学检查鉴定，以确定致病病原体的种属和血清型等。如致病性大肠杆菌的分离鉴定。

3. *动物接种试验* 对一些有明显临床症状或病理变化的病鸡，可将病料做适当处理后接种敏感的同种动物或对可疑疾病最为敏感的动物(要求接种动物为从未接触该病菌或疫苗的非免疫健康鸡)，进行攻毒试验，复制疫病，将接种后出现的症状、死亡率和病理变化与原来的疾病比较，作为诊断的依据。此试验养鸡生产单位最好不做，而由科研试验研究部门来做。

（二）免疫学诊断

抗原物质(如病原微生物及其产物或疫苗)通过侵入或人工接种鸡体后，刺激鸡体的免疫系统发生免疫应答，产生相应的特异性抗体，而且该抗体能与相应的抗原发生特异性反应，据此原理，就可用已知抗原检测鸡血清中相应的抗体是否存在或滴度多高，或者用已知阳性诊断血清（抗体）来检测相应的抗原（病原微生物或寄生虫），以达到疫病诊断或抗体检测的目的。常用的试验有如下 3 种。

1. 血凝（HA）与血凝抑制（HI）试验　常用于监测新城疫、减蛋综合征、传染性支气管炎。一般鸡群免疫接种后，10～15 天后逐渐升高抗体，抗体效价达到高峰后，抗体每次检测都应呈下降趋势，若抗体效价出现突然急剧升高的不规则现象，则表明鸡群可能发生了野毒感染。如鸡群抗体检测中新城疫抗体效价参差不齐，有的很低，有的很高，甚至达到 1 280 以上，同时鸡群伴有轻微的呼吸道症状或少数鸡有神经症状，或者产蛋率下降，则表明鸡群发生了非典型新城疫。

2. 琼脂凝胶沉淀试验　集约化养鸡场中常用于法氏囊、马立克氏病、禽痘、传染性喉气管炎、传染性鼻炎、传染性支气管炎的抗原或抗体的检测。如法氏囊抗体检测可用于检测种鸡法氏囊抗体的效价，又可检测雏鸡母源抗体的水平以确定最佳首免日龄，也可检测免疫效果的好坏或是否感染了法氏囊病。

3. 全血平板凝集试验　常用于鸡白痢与霉形体病的检疫及净化鸡群。饲养种鸡的场家，在种鸡上笼 140 日龄左右及产蛋高峰过后必须进行鸡白痢及霉形体病的检疫，淘汰阳性鸡和可疑反应的鸡，杜绝两个疾病的垂直传播。若鸡群中出现呼吸困难（伸颈呼吸）、异常，死亡率高，气管干酪样物堵塞，气囊变厚，有豆渣样渗出物，而鸡群又未进行霉形体病疫苗接种，如果全血平板凝集试验出现阳性反应，可诊断鸡群感染了霉形体病。

（三）营养分析

对怀疑有营养缺乏或代谢障碍的疾病，可以检测饲料中的能量、蛋白质、氨基酸、维生素及矿物质等的实际含量，再与相应的饲养标准作比较，以确定营养物质缺乏的种类和缺乏程度等。

第四节　土鸡常见传染病防治

一、鸡 新 城 疫

鸡新城疫（简称 ND），又名假性鸡瘟、亚洲鸡瘟、非典型鸡瘟等，是过滤性病毒引起的一种高度接触性、急性烈性传染病，主要表现为呼吸困难、发热、神经紊乱、扭颈、严重下痢、黏膜和浆膜出血等症状。该病特点是传播速度快，流行范围广，死亡率高，是危害养鸡业的最严重疾病之一，民间俗称“鸡瘟”。

（一）病原

鸡新城疫病毒，属副粘病毒科副粘病毒属，一般潜伏期限为 2～14 天，平均 5～6 天。按病毒强弱可分为强毒株、中毒株和弱毒株。主要存在于病鸡的组织器官、分泌物和排泄物中，其中以脑、肺、脾含毒量最高。

（二）流行特点

主要感染鸡、火鸡、鸽、鹌鹑、野鸡等，鸭、鹅带毒传播但不发病。本病主要经消化道和呼吸道传播，无明显季节性，春、秋两季多发，不分年龄、品种。传染源是病鸡（禽）、带毒者和未销毁的病鸡（禽）尸体，急性重症型常流行迅速，呈急性暴发过程，发病率、死亡率达 90％以上。中等和轻型病呈慢性经过。免疫鸡群受强毒感染等症状较轻，常表现慢性经过，轻微的呼吸道和神经系统症状，产蛋率下降，死亡率降低。

（三）临床症状

1. 急性重症型　最急性型常于流行初期发病，病程极短，往往无明显症状即突然死亡。重症型表现废食，衰竭，不立，冠髯呈紫色，粪便稀薄呈绿色或黄白色，有的病鸡呼吸困难，多于数日内死亡。

2. 急性型　大多属于这一类型。病初体温升高，可达44℃。食欲不振，精神委顿，羽毛松乱，缩颈闭目呈昏睡状，翅尾下垂，头下垂或伸入翅下，嗉囊积液（酸臭），冠髯呈青紫或暗紫色；口鼻分泌物增多，常有大量黏液由口腔流出，挂于喙端，为了排除黏液而时时摇头吞咽；呼吸困难，时常伸颈张口呼吸，常有“咯咯”喘鸣声；下痢，呈黄绿或黄白色蛋清样稀粪，有时混有少量血液，味恶臭。病程为3～5天，死亡率较高，幼雏可达90%。

3. 亚急性或慢性型　又称非典型或温和型鸡新城疫。病初与急性的相同，惟症状较轻，不久就减退，出现神经症状，一肢或两肢麻痹，瘸腿或不能站立，翅膀麻痹下垂。有的运动失调，常伏地转圈。有的头颈向一侧或向后扭曲，半瘫痪或完全瘫痪。病程可长达1～2个月，除极少数可恢复健康外，绝大多数因采食困难等最终死亡。

近年来，由于首免时间不当、高母源抗体的影响、疫苗选择不当及多种疾病的干扰等原因，造成鸡群的免疫力不强，非典型新城疫的发生不断上升，已成为养鸡业的突出问题。非典型新城疫多发于雏鸡，尤以30～40日龄的鸡发病最多，雏鸡与成年鸡的发病率和死亡率都不高。症状主要表现为明显的呼吸道和神经症状，产蛋量明显下降，软壳蛋明显增多。

（四）病理变化

病鸡的主要病变为广泛性出血。腺胃乳头或乳头间点状出血，有时形成小的凹陷溃疡。肌胃角质层下有点状或斑状出血。十二指肠和整个小肠黏膜呈点状、片状或弥漫性出血，病程稍久的常出现溃疡。有的还伴有泄殖腔黏膜弥漫性出血，盲肠扁桃体肿胀出血、坏死，脑膜充血或出血，心冠脂肪点状出血，气管黏膜充血或出血，肺瘀血。

（五）诊断要点

病鸡呼吸困难，张口伸颈，常有"咯咯"叫声，排黄、绿色稀粪；通常以腺胃乳头出血，肠出血，盲肠扁桃体出血、溃疡和神经症状作为诊断本病的特征性病变症状，通过病毒分离鉴定或血清 HI 抗体检测可以确诊。

（六）防治方法

建立并贯彻各项预防制度和做好免疫接种工作，定期消毒，严格检疫。

治疗上可用抗鸡新城疫血清和鸡新城疫高免蛋黄。抗鸡新城疫血清成本高，一般不生产使用。可试用康复鸡血液，每只鸡肌肉注射 2 毫升，1 天 1 次，连用 2～3 天。目前以鸡新城疫和鸡传染性法氏囊病二联高效卵黄抗体注射液作紧急预防接种，体重 0.5 千克以下每只肌肉注射 0.5 毫升，体重 1 千克以上每只肌肉注射 1 毫升，早期使用效果较佳。

适时预防接种。免疫程序最好按实际测定的抗体水平来确定，以下 3 种免疫方式可供参考：

(1)首免，10～14 日龄：Ⅱ系苗滴鼻或点眼，或Ⅳ系苗(lasota)饮水；

二免，30～35 日龄：Ⅱ系苗滴鼻或点眼，或Ⅳ系苗(lasota)饮水；

三免，90 日龄：Ⅰ系苗肌肉注射。

(2)首免,10～14 日龄:Ⅳ系苗滴鼻或饮水;

二免,30～35 日龄:Ⅳ系苗滴鼻或饮水;

三免,90 日龄:Ⅳ系苗饮水;

每隔 2 个月Ⅳ系苗饮水 1 次。

(3)也可采用一次免疫法,即于 14 日龄以前用Ⅳ系苗点眼、滴鼻,同时肌肉注射灭活油乳剂苗。

二、禽流行性感冒

禽流行性感冒(简称 AI、禽流感),是由禽流感病毒引起的一种急性、败血性、高度致死性传染病。以突然发病,头面部特别是肉髯和鸡冠水肿、发绀,呼吸道症状由轻到重,病程短,死亡迅速,全身呈败血性病变为特征。

(一)病原

本病病原为 A 型流感病毒,毒株种类多样。该病毒具有血凝性,可凝集鸡的红细胞,并可在 9～11 日龄的鸡胚中生长,致死鸡胚,可见皮肤、肌肉充血或出血。

(二)流行特点

所有家禽及野生禽类都易感本病,以鸡和火鸡易感性最高。患病和病愈的家禽和野禽在 12～15 天中,所排出的粪便和鼻腔分泌物都含有病毒,可感染禽类,据研究禽流感的发生与迁徙禽类的生态有关。

(三)临床症状

潜伏期由几小时到几天不等,一般为 4～5 天,病症多种多样,取决于鸡的种类、年龄、性别、并发感染情况和病毒株等而表现不一,症状可涉及到呼吸道、消化道、生殖道和神经系统。通常呈体温升高,精神沉郁,减食,羽毛松乱,消瘦,拉绿色粪便。垂头缩颈,深度昏睡,患鸡冠和肉髯发绀或高度水肿,皮肤发绀,约有30%的病鸡头部和颈部出现渗出性肿胀，眼鼻有较多分泌物，出现咳嗽、喷嚏、罗音、呼吸困难，有时有怪叫声，严重者窒息死亡。

另外，有些病例出现神经症状和下痢，产蛋鸡产蛋量下降，甚至停产，急性重症者死亡率高达75%以上，有的甚至达100%。

（四）病理变化

消化道病变明显，口腔黏膜、腺胃、肌胃角质膜下、十二指肠黏膜出血，腿部、胸部、腹部脂肪有出血点。头颈及胸部皮下水肿，腹腔内有纤维性渗出物。卵巢及输卵管充血或出血，卵泡颜色变淡，破裂的卵泡引起卵黄性腹膜炎。

（五）诊断要点

由于禽流感病原性和抗原性的广泛变异，单凭流行病学、症状及病变很难对禽流感提出准确的诊断依据，容易造成误诊，因此，发现可疑病鸡，应采集发病初期和康复期的血清送检。

（六）防治方法

1. *治疗* 对禽流感病毒感染尚无特异性治疗方法，可选用病毒灵、病毒唑治疗，并结合抗生素以减轻支原体等细菌并发感染的影响。

2. *预防* 防制该病毒感染的重点是杜绝病原的最初传入和控制再传播。

首先，要加强卫生管理，执行严格的检疫制度，防止引入病原。一旦发生可疑病鸡，就应及时采取封锁、隔离、消毒和严格处理病禽、死禽等措施。

其次，在出现高致病力禽流感病毒感染时，要划定疫区，严格封锁和隔离，焚毁病死禽，对疫区内可能受到高致病力流感病毒污染的场所进行彻底的消毒等，以防疫情扩散，将损失控制在最小范围内。

第三，可考虑采取疫苗免疫预防，有一定的保护作用，可减少禽的发病和死亡，但不能从群体中消灭病毒。

三、鸡传染性法氏囊病

鸡传染性法氏囊病（简称 IBD），是由鸡传染性法氏囊病病毒引起鸡的一种急性、高度接触性传染病。以突然发病，排白色米汤样稀便，高度虚弱，肌肉出血、肾炎，特别是法氏囊受到严重损害等为特征。

（一）病原

传染性法氏囊病的病原体是传染性法氏囊病病毒，在分类上属双 RNA 病毒科，禽双 RNA 病毒属。5%福尔马林和 0.5%氯胺 10 分钟内可杀死本病毒。

（二）流行特点

所有品种的鸡都会感染，近年已有鸭子感染的报道，但最常发生于 3～7 周龄的鸡。病鸡的分泌物、排泄物、飞沫污染饲料、饮水、工具，病原体经消化道、呼吸道黏膜侵入而发病。另外，鸡舍内存在于垫料、空隙之中的甲虫，会带毒长达数周之久，并将此病毒传染给有感染性的鸡。本病不会有借卵传染的情形发生。

（三）临床症状

潜伏期短，突发性发生，死鸡体况良好。发病早期厌食、呆立、嗜眠，羽毛松乱，站立不稳，蹲伏或侧卧，畏寒战栗，少数鸡有自行啄肛现象，随后病鸡排白色或黄白色水样粪便，肛周羽毛被粪便污染，初发此病，症状典型，死亡率可高达 20%以上。耐过的雏鸡，贫血，消瘦，生长迟缓，并对多种疫病如新城疫、传染性支气管炎等易感，从而带来更严重的后续损失。

（四）病理变化

皮下组织脱水，小腿、大腿肌和胸肌呈条纹状或斑点状出血，腺胃乳头有时有出血点。肾脏肿大，肾小管和输尿管扩张，尿酸盐沉积，呈灰白色。有时可见脾脏肿大，表面散在细小灰色病灶。法氏囊水肿，肿大2～3倍，表面变为半透明状奶油黄色，纵纹明显，整个法氏囊内广泛出血，呈紫色水肿状，有时可见淡黄色或乳白色胨样渗出物，病程一长，法氏囊萎缩呈灰白色。盲肠扁桃体肿大、出血，胸腺肿胀，心冠脂肪有时可见出血点。

（五）诊断要点

根据流行特点、临床症状和病变可初步诊断，确诊需依据病毒分离及血清学试验。

（六）防治方法

本病尚无有效防治药物，预防接种、被动免疫是控制本病的主要方法，同时必须加强饲养管理及防疫消毒卫生工作。受严重威胁的感染鸡群或发病鸡群注射高免蛋黄或高免血清，可取得较好的控制疗效，但需尽早诊断，及时掌握注射时机，才能有效地控制死亡鸡只。同时投服速效管囊散或法囊素等药物，针对出血和肾功能减退对症投肾肿解毒药、多种维生素，可起到缓解病情和减少死亡的作用。

为防止育雏早期的隐性感染和提高雏鸡阶段的免疫效果，种鸡场应做好主动免疫工作，即在种鸡群开产前用油乳剂灭活苗进行预防接种，在种鸡40～42周龄时再用油佐剂灭活苗免疫一次，这样就能保证种鸡在整个产蛋期内的种蛋和雏鸡能保持相对稳定的母源抗体，并且均匀一致，为雏鸡阶段的免疫打下基础，也可有效地预防早期的隐性感染。

四、传染性支气管炎

传染性支气管炎（简称IB）是由病毒引起的急性、高度接触性的呼吸道传染病。主要特征是病鸡咳嗽、喷嚏和气管发生罗音，生长抑制，产蛋率降低，畸形蛋增加。

（一）病原

病原为冠状病毒。该病毒可以在鸡 9～11 日龄的鸡胚内生长，经过若干代鸡胚继代培养后，也可以在鸡胚肾细胞上生长并致使细胞出现蚀斑，形成合胞体、坏死等病变。

（二）流行特点

易感动物是鸡，其他家禽很少感染，各种年龄鸡都会发病，以 40 日龄内雏鸡多发。病鸡咳嗽时，被其他鸡吸收此病毒的颗粒而造成感染，也可通过被污染的饲料、饮水、用具经消化道传染，饲养管理不良（如拥挤、过冷、过热），通风不良，维生素缺乏等可促进本病发生。本病易发生于秋冬季节，流行传播迅速，死亡率达 20%～30%。

（三）临床症状

本病潜伏期 1～7 天，幼龄鸡表现伸颈，张口呼吸，咳嗽，精神委靡，食欲废绝，羽毛松乱，翅下垂，昏睡，怕冷，常堆挤在一起，鼻流水和眼流泪。病毒感染肾脏时，鸡除表现呼吸道症状外，还可见病鸡喜喝水，不爱吃食，拉白色水样粪便。患病的青年母鸡（90～130 日龄）除呼吸道症状外，其输卵管可造成永久性损害，终生不再产蛋，成为“假产蛋鸡”。本病侵害产蛋鸡群，产蛋量下降 25%～50%，产软壳蛋、畸形蛋、粗壳蛋，蛋白稀薄如水样。

（四）病理变化

气管、支气管、鼻腔有浆液性或干酪样渗出物，气管变厚，肺水肿；肾型传染性支气管炎肾脏肿大、苍白，肾小管或输尿管充满尿酸盐结晶，呈典型的“花斑肾”，此症以幼龄鸡最为多见。腺胃型传染性支气管炎腺胃肿胀、质地变硬，腺胃黏膜及腺胃乳头呈弥漫性或局灶性出血，挤压腺胃乳头有黄白色脓性分泌物流出，十二指肠、直肠、空肠和盲肠扁桃体出血。产蛋鸡有坠卵情形，腹腔内可见液状卵黄物质，卵泡充血、出血，卵巢呈退行性变化。

（五）诊断要点

根据流行特点、临床症状和病变可初步诊断，确诊需做病毒分离和鉴定检查。应注意与新城疫（特别是腺胃型传染性支气管炎）、慢性呼吸道疾病、传染性鼻炎等相鉴别。

（六）防治方法

尚无有效药物治疗，只能靠疫苗接种防治，但需注意疫苗的血清型及发病的病变情况，只有正确的血清型才能达到良好的保护效果。同时注意鸡舍密度适中，通风保温良好，补给充分的维生素 A、维生素 D，以增强抗病力，减少本病发生。

发生该病时应注射该病单价油苗或联苗，或根据病变投肾肿解毒药或肾肿灵或小苏打等对疾病控制有一定辅疗作用。另外，最好投予广效性抗生素如拜有利等，以控制二次感染，降低死亡率。

五、马立克氏病

马立克氏病（简称 MD），是由病毒引起的一种传染性、肿瘤性疾病。主要特征是病鸡以外周神经发生淋巴细胞浸润，引起一肢或两肢麻痹，或卵巢、各脏器、眼、肌肉和皮肤形成淋巴细胞肿瘤病灶。

（一）病原

病原为 B 群疱疹病毒。

（二）流行特点

鸡、鸭、鹅、野鸡、火鸡、鹌鹑都等易感。一般小鸡比大鸡，母鸡比公鸡，外来品种比本地品种易发此病，以 2～4 月龄鸡发病率最高，肉鸡多发于40～60日龄，死亡率一般为

5%～80%。皮肤(羽毛囊上皮)是完整病毒复制的惟一场所,感染鸡群中羽毛、尘埃、排泄物、分泌物均含有病毒且具有传染性,污染环境、饮水、饲料,经呼吸道、消化道传播,饲养管理不善,环境条件差,霉菌毒素,或某些传染病如法氏囊、球虫病等可诱发感染此病。本病不易经卵传染。

(三)临床症状和病理变化

急性发作时呈现精神委顿,羽毛松乱,行走迟缓,减食、消瘦,独居一隅。病程一长,鸡冠萎缩,眼瞎,鸡腿或翅膀一侧或两侧麻痹,拉绿色粪便。根据临床症状和病变部位不同,可分为4个类型。

1. 皮肤型　皮肤、肌肉上可见肿瘤结节或硬肿块,毛囊肿大,脱毛,肌纤维失去光泽,严重感染,小腿部皮肤异常红。

2. 神经型　主要表现为神经麻痹、运动失调。常引起一肢或两肢呈不同程度的麻痹,一肢向前伸,另一肢向后伸,形成"劈叉"姿势,坐骨神经肿大2～3倍,呈淡黄色无光泽,纹理消失。

3. 内脏型　主要在肝、脾、肾、心、腺胃、卵巢、肠系膜等内脏器官出现单个或多个肿瘤病灶,有肿瘤的器官比正常大1～3倍,病鸡腹部膨大、积水。

4. 眼型　一侧或双侧眼瞳孔缩小,虹膜变为灰色并混浊,视力减弱或失明,瞳孔边缘不整齐。眼型马立克氏病在病鸡群中很少见到。

(四)诊断要点

实验室常用的方法是用已知的马立克氏病病毒的抗体来检测羽毛囊、肿瘤组织以及培养物中的病毒抗原。其方法有琼脂扩散试验、直接免疫荧光和酶联免疫吸附试验。但诊断本病必须与淋巴性白血病、维生素 B_2 缺乏症等疾病相鉴别。

(1)与淋巴性白血病的区别。马立克氏病常发于2～4月龄鸡,死亡率高且很快达高峰期后就下降;而白血病常发生于性成熟鸡(4月龄以上),死亡率低,持续时间长,无明显的高峰期。剖解时,白血病仅肝、脾、肾肿大或出现肿瘤病变,法氏囊可见结节肿胀或炎症明显;而马立克氏除肝、脾、肾外,外周神经肿大,皮肤、骨肉、心、卵巢等可见肿瘤,法氏囊一般萎缩。

(2)与维生素B_2缺乏症区别。两种鸡肢体都麻痹,外周神经肿大。但维生素B_2缺乏症趾爪多向内卷曲,无"劈叉"姿势,无肿瘤病灶。

(五)防治方法

加强孵化室的卫生消毒工作,种蛋、孵化箱要进行熏蒸消毒。育雏前期要进行隔离饲养,防止马立克氏病毒的早期感染。

出壳雏鸡24小时内必须注射马立克氏疫苗,注射时严格按照操作说明进行。个别污染严重的鸡场,可在出壳1周内用马立克氏冻干苗进行二免。我国目前使用的疫苗有冻干苗和液氮苗两种,这些疫苗均不能抵抗感染,但可防止发病。冻干苗为火鸡疱疹病毒(HVT)疫苗,它使用方便,易保存,但不能预防超强毒的感染发病,也易受母源抗体干扰,造成免疫失败。液氮苗常为二价或三价苗,需-196℃的液氮保存,它可预防超强毒的感染发病,受母源抗体干扰较少。在疫苗使用中应注意以下3点:

(1)接种剂量要足,一般每只需注射4 000蚀斑单位以上的马立克氏疫苗,而我国目前的标准量是2 000蚀斑(单位)/只,在保存、稀释、使用时造成部分损失,常导致免疫剂量不足。实际使用时应按说明量的2～3倍使用。

（2）保存、稀释疫苗要严格按照操作说明去做，尤其是液氮苗，要定期检查保存疫苗的液氮罐，以保证疫苗一直处于液氮中，稀释时要求卫生、快速、剂量准确。

（3）疫苗稀释后仍需放在冰瓶内，并在1小时内用完。

法氏囊病、贫血因子病、网状内皮增生症、沙门氏菌病、球虫病及各种应激因素均可使鸡对马立克氏病的免疫保护力下降，导致马立克氏病的免疫失败。在饲养过程中要注意对这些疾病的防治，同时尽量避免各种应激反应。需长途运输的雏鸡，到达目的地时，可补种一次马立克氏疫苗。

六、鸡传染性喉气管炎

鸡传染性喉气管炎（简称ILT）是由鸡传染性喉气管炎病毒引起的鸡的一种急性、接触性、呼吸道传染病。以传播快、呼吸困难、咳出带血的黏痰、剖检有严重出血性喉气管炎病变为特征。

（一）病原

传染性喉气管炎的病原体是传染性喉气管炎病毒，分类上属疱疹病毒甲亚科。病毒粒子呈立方体。

本病毒主要存在于呼吸道，特别是喉头、气管及其渗出物中，血液、肝脏、脾脏中很少。

（二）流行特点

鸡对本病最易感，其次是山鸡、孔雀、幼火鸡。但鸭、鹅、乌鸦、麻雀、兔、豚鼠、大鼠均不感染本病。各种年龄的鸡均易感染，其中成鸡最严重。

本病的传染源主要是病鸡和康复带毒鸡。传播途径主要是呼吸道。带毒蛋和被咳出的黏液，污染的用具、垫草等也可传播。接种过本病弱毒疫苗的鸡也可排毒传染。

本病传播迅速，一旦发病可波及全群。鸡舍通风不良、密度过大、维生素 A 缺乏、感染寄生虫、饲料管理不当、注射疫苗等可诱发本病，增加死亡率。

（三）临床症状

自然感染的潜伏期一般为 6～12 天，人工感染（气管内接种）的为 2～4 天。临床症状可分为急性型、亚急性型、慢性型 3 种类型。

1. 急性型　突然发病，很快传至全群，发病率高达 90%～100%。病初精神委靡，鼻流浆液性分泌物，发出"呼噜、呼噜"湿性罗音，咳甩出黄白色黏痰。进而闭目呆立，眼结膜发炎，分泌物将上下眼睑粘连，眶下窦肿胀。头下垂，呈现犬坐姿势。咳嗽、喘气，每次吸气时伸颈，张口尽力吸气，发出大长的"咯"鸣声。常摆头，咳甩出带血黏痰。若气管中黏液过多时，可造成突然窒息而死亡。鸡冠、肉髯乌紫，口腔中喉部周围黏膜上有淡黄色凝固块状物附着，不易擦掉。继之病鸡很快消瘦，排绿色稀粪，最后衰竭窒息死亡。病程一般为 2～3 天，死亡率高达 50%～70%。不死的临床症状可逐渐消失成为带毒者。

2. 亚急性型　发病比急性较缓，症状较轻，病程较长，为 5～7 天。发病率较高，但死亡率较低，为 10%～30%，多于 7 天左右恢复。

3. 慢性型　病鸡流泪，流出浆性鼻液，咳出浆液性无色痰液。眼结膜发炎、充血、出血。眶下窦肿胀，生长缓慢，产蛋减少。死亡率在 10%以下，多数于 15 天左右恢复，病程长的可达 1 个月。

（四）病理变化

急性型和亚急性型大体相同，只是程度不同。鼻腔有大量黄白色或带血黏液，有的干燥成灰褐色凝块，阻塞鼻腔。喉部周围黏膜肿胀，有多量带血黏液或黄白色块状假膜附着，喉头和气管黏膜肿胀、糜烂，并有大量针尖状出血点，严重者呈弥漫性出血，俗称“红气管”，上有带血样黏液或黄白色干酪样块状物附着。炎症可蔓延至支气管、肺、气囊、眶下窦中。

慢性型病鸡鼻腔有浆性黏液，眼结膜和眶下窦水肿、充血。

（五）诊断要点

（1）根据本病为急性呼吸道传染病，其具有传播速度快、发病率高、死亡率较低的流行病学特点和特有的临床症状如伸颈张口吸气，发出大长“咯”鸣声，咳出黄白色带血黏液，剖检有典型的出血性喉气管炎病变等，据此即可做出诊断。症状不典型时可做实验室诊断。

（2）实验室诊断。可采用核内包涵体试验、免疫荧光抗体试验、琼脂扩散试验、酶联免疫吸附试验、核酸探针试验、本动物感染试验、病毒分离和鉴定等方法。

（3）鉴别诊断。传染性喉气管炎与传染性支气管炎的鉴别。传染性支气管炎的传播速度更快，几乎同时全群发生。不咳出带血样黏痰。喉头、气管黏膜苍白，且黏膜上皮细胞内没有核内包涵体。病毒接种鸡胚尿囊腔，在绒毛尿膜上不形成痘斑，鸡胚一般不死亡，可出现僵化、发育较小等，可与传染性喉气管炎相区别。

（六）防治方法

目前尚无有效药物治疗，一般情况下从未发生本病的鸡场不接种疫苗，因传喉疫苗在实际运用中还存在一些问题，虽然目前应用的疫苗都是弱毒苗，但这些弱毒苗接种鸡体后，刺激鸡体产生抗体，同时这些接种鸡也成为排毒者，并且这些毒苗经过鸡体内繁殖还会返强。所以，没有受到该病威胁或以前没有得过该病的鸡场不宜接种。主要依靠认真执行综合防疫措施，加强饲养管理，提高鸡体健康水平，改善鸡舍通风条件，坚持执行全进全出的饲养制度，严防病鸡的引入，预防本病的发生。

对传染性喉气管炎疫区或有的用户已用过传喉疫苗免疫，那么这个地方应普遍接种传喉疫苗，免疫方法以点眼最好。但应注意用喉气管炎苗 8 天内不能接种新城疫苗，否则将对喉气管炎苗起抑制作用。

一旦鸡群暴发喉气管炎，应迅速点眼接种喉气管炎苗，5 天后即可产生免疫力。有的鸡在免疫后会发生结膜炎，可以在免疫时同时饮用链霉素或拜有利、红霉素，以防继发感染。另外，也可添加 50 毫克/千克硫酸氨，以促进气管中浓痰排出，减少气管阻塞造成的窒息死亡。同时严格隔离，清除病鸡，洗刷病鸡舍中的痰和鼻液，进行彻底消毒。

七、鸡　　痘

鸡痘(简称 FP)是由病毒引起的一种接触性传染病。其特征是在皮肤、口角、鸡冠等处出现痘疹，在口腔、喉头和食道黏膜上发生白喉性伪膜。

(一)病原

鸡痘的病原是一种较大的鸡痘病毒，属常见类型。自然条件下，每一型禽痘病毒仅对同种宿主有致病性。

(二)流行特点

各种日龄家禽大部分都可感染，以鸡的易感性最大，且多发于幼鸡。患病幼鸡常病情严重，死亡率高。成鸡较少患病，但在换羽和产蛋盛期及营养状况不良、卫生条件差时，常并发传染病、寄生虫病。

在各个品种中以大冠种的鸡易感性较高。

鸡痘的传播一般要通过损伤的皮肤和黏膜而感染，无损伤的上皮是不能侵入病毒的。蚊虫(库蚊)是春夏季鸡痘广泛流行的传染媒介。

本病可发生于任何季节,一般冬季发生白喉型较多,春秋发生皮肤型禽痘,且病情较为严重。

另外,不良的环境因素如密度过大、通风不良、潮湿阴暗、啄癖外伤、缺乏维生素等可加剧病情发生。

(三)临床症状与病理变化

鸡痘的潜伏期为4～10天。病鸡可分3种类型,即皮肤型、白喉型和混合型偶有败血型发生。

皮肤型的特征是在身体无毛和少毛部位,特别是冠、髯和眼皮、口角等处产生一种疣状小结节。开始皮肤表皮和毛囊上皮增生,形成灰白色小结节,结节很快增大并呈黄色,而且和邻近的结节融合在一起,形成干燥、粗糙、呈棕黄色的大的结痂,突出于皮肤上,如果剥去,皮肤就露出一个出血的病灶。结痂的多少不一,一般0.5～1个月才能脱落,留下一个灰白色的疤痕。病鸡尤其雏鸡表现精神委顿,食欲减退,体重减轻,母鸡产蛋减少和停产,但很少死亡。

白喉型鸡痘,先是口腔和咽喉黏膜生成白色小结节,稍突出于黏膜表面,以后小的结节迅速增大,并互相融合在一起,形成黄白色干酪样的一层假膜,这是坏死的黏膜组织和炎性渗出物凝固而形成的,如果用镊子将假膜剥下,立即露出红色出血的溃疡灶。假膜扩展和增厚而阻塞口腔和咽喉,病鸡呼吸和吞咽困难,而发出一种“咯咯”的怪叫声,有时假膜脱落而落入气管里,可引起窒息,并表现出全身症状。

最严重的鼻腔和眼睛也被感染,鼻腔流出淡黄色脓液,眼睛也肿大,挤压时可挤出干酪样物。

混合型鸡痘,皮肤和口腔黏膜同时发病,在有些病例中可看到。偶见败血型,呈现严重的全身症状,随后发生肠炎,有腹泻,并引起死亡。

鸡痘病鸡在其他器官一般不发生病变。发病率高低不一,这与病毒毒力和环境条件有关。病程一般为3～4周,严重的病例死亡率可达50%。

(四)诊断要点

根据特征性的皮肤损害可诊断皮肤型鸡痘,白喉型确诊可从病变部位采集材料,在显微镜下观察胞浆内有无包涵体。

(五)防治方法

鸡痘的治疗还没有特效药物,可进行对症治疗减轻病情。预防鸡痘最可靠的方法是接种疫苗。

(1)鸡痘弱毒疫苗,适用于各种日龄鸡,稀释倍数随日龄而降低,1～15日龄200倍,15～60日龄100倍,2～4月龄50倍。

(2)用蘸水钢笔蘸取稀释好的疫苗少许,在鸡的翅膀内侧无血管处刺破皮肤即可。

(3)3～5天之后,接种部位出现绿豆大小的红疹或红肿,10天后有结痂产生即表示疫苗生效。如果刺种部位不见反应,必须重新刺种疫苗。

(4)蛋鸡和种鸡在移入产蛋鸡舍时再次用同样方法接种,可以终生免疫。

(5)疫苗保存在冷暗处,5～10℃保存5～10天,稀释后当日用完,隔日失效。

(6)对于症状严重的病鸡,为防止并发感染,可在饲料或饮水中添加抗生素。可在饲料中添加0.08%～0.1%的土霉素连喂3天或在饮水中添加0.2%的金霉素连饮3天。

(7)为促进组织和黏膜的新生,促进饮食和提高机体抗病力，应改善禽群的饲养管理，在饲料中增加维生素A和含胡萝卜素丰富的饲料。若用鱼肝油补充时应为正常剂量的3倍。

(8)皮肤上的痘痂可用1%高锰酸钾溶液冲洗后，用镊子小心剥离，伤口处涂上碘酊、龙胆紫或石炭酸凡士林；眼部肿痕可将眼内干酪物挤出，然后用2%硼酸溶液冲洗，再滴入5%蛋白银溶液或氯霉素眼药水；口腔、咽喉上的病灶，可用镊子将假膜轻轻剥离，用高锰酸钾溶液冲洗，再用碘甘油(或喉风散、冰片散等)涂擦口腔。

八、禽脑脊髓炎

禽脑脊髓炎(简称AE)是一种主要侵害雏鸡的病毒性传染病。其主要特征是运动失调和头颈部震颤。

(一)病原

病原为一种细小RNA病毒。

(二)流行特点

易感动物是鸡，野鸡、鹌鹑均可感染，不分年龄大小，一般雏鸡才有明显的临床症状。一年四季都可发生，但多发于冬春季节。该病通过直接或间接接触经消化道传播。本病可经卵传播。

(三)临床症状

潜伏期为6～44天。病鸡站立不稳，脚软，共济失调，多数侧卧扭曲，病轻者行动迟缓，蹒跚，以跗关节着地勉强行走，肌肉震颤大多在运动失调之后才发生。在腿、翼尤其是头颈部可见到明显的阵发性的音叉式震颤，在病鸡受惊扰时更为明显，严重的不能采食饮水，被其他鸡踩踏，最后体重减轻，衰竭而死。

成年鸡感染后症状不明显，除血清学诊断出现阳性反应外，产蛋量急剧下降，下降幅度为10%～20%。因产蛋率下降的原因极多，所以产蛋鸡感染后出现的这种异常现象很容易被忽视。

（四）病理变化

体表及内脏器官肉眼变化不明显，可在腺胃的肌肉层看到一种白色的小病灶。组织学检查，以非化脓性脑脊髓炎、神经细胞变性和血管周围淋巴细胞浸润为特征，腺胃肌肉壁有密集的淋巴细胞浸润、胰腺中淋巴细胞增加。

（五）诊断要点

根据疾病仅发生于3周龄以下的雏鸡，无明显肉眼病变而以共济失调和震颤为主要特征，药物治疗无效可初诊，确诊需做病毒分离或鸡胚易感性试验。诊断时注意与雏鸡新城疫、维生素E缺乏症、脑软化及维生素B_2缺乏症等疾病相鉴别。

（六）防治方法

目前尚无药物治疗，可及时隔离或淘汰患病雏鸡，加强消毒及饲养管理工作。如给予舒适的环境，提供充足的饮水和饲料，避免尚能走动的鸡践踏病鸡等。有效的防治办法是不从病鸡场引进种蛋或雏鸡，已发病或已受到威胁的地区，养鸡场（户）必须把该病的免疫接种纳入免疫程序。10周龄以上的各种鸡群，饮水口服活毒疫苗。或通过仅给2%～5%鸡只嗉囊内接种，使同群鸡在接触感染中获得免疫力。产蛋鸡可采用灭活疫苗接种。

九、禽　霍　乱

禽霍乱也称禽巴氏杆菌病或禽出血性败血症，是由多杀性巴氏杆菌引起家禽的一种急性败血性传染病。常突然发病，剧烈腹泻，迅速死亡。多杀性巴氏杆菌在自然界分布很广，是一种条件性致病菌，健康鸡的呼吸道就有该菌存在，由于饲养管理不善、密度过大、营养不良、阴暗潮湿、天气寒冷等不良因素，使鸡在抵抗力降低时常引起发病，病菌可随分泌物和排泄物排出，污染周围环境，经消化道和呼吸道感染。本病以夏末秋初多发。

（一）病原

禽霍乱病原是一种革兰氏阴性、卵圆形、无运动性、无鞭毛、不形成芽孢的多杀性巴氏杆菌。

（二）流行特点

许多家禽、野禽及一些实验动物都有易感性。但幼龄禽对本病的抵抗力要高于中、成年禽。在散发性或地方性流行时，禽群中生长发育良好，较为强壮禽比那些瘦弱的禽更易发生急性型或最急性型病例，公鸡的发病率和死亡率一般高于母鸡的。

主要传染来源是由于引进了带菌的家禽，这种带菌鸡经常或间歇地排出病原菌，而污染周围环境，禽群的饲养管理不良、内寄生虫病、营养缺乏、长途运输、天气突变、阴雨潮湿以及禽舍通风不良等因素，都可能促进本病的发生和流行。

（三）临床症状

本病可分为3种类型。最急性型见于流行初期，以肥胖、高产的家禽多见，几乎见不到任何症状，患鸡就突然倒地，两翅扑动几下死亡。急性型病鸡体温升高至42～43.5℃，精神委顿，缩颈闭目，羽毛松乱，食欲废绝；剧烈腹泻，粪便呈灰黄或铜绿色，有时混有血液；口鼻内有黏液流出，呼吸困难，冠和肉髯肿胀，呈青紫色；口渴，饮水量大增。慢性型病鸡日渐消瘦，精神不振，食欲减少，冠和肉髯肿胀苍白，关节肿胀、疼痛而跛行，以及慢性肺炎和胃肠炎症状。

（四）病理变化

最急性型病鸡剖检无明显病变。急性型病鸡剖检可见心包积有较多黄色液体；心冠脂肪、心外膜有洒水样的点状出血，龙骨内侧浆膜、肠浆膜、肺胸膜、腹腔脂肪都可见出血点；肝肿大，质脆，色暗红，表面有灰白色针尖大坏死点，此病变有诊断意义；十二指肠黏膜弥漫性出血，黏膜肿胀，呈紫红色，肠内容物血样；肺高度瘀血和水肿。慢性病例无明显败血症变化，通常只在局部发生病变，如肺坏死、心包炎、胸膜炎、腹膜炎、关节炎及肉髯化脓性坏死等。

（五）诊断要点

根据鸡群发病情况，尤其是急性死亡病例突然增多，结合特征性的病理变化，体内广泛性出血，肝肿大，有针头大均匀分布的灰白色坏死点，抗生素试验性治疗有效时，可作假定性诊断，实验室诊断确诊。

（六）防治方法

平时加强饲养管理，保持场舍的清洁、干燥，饲养密度要适当，要防止外来动物惊扰，鸡群转舍、转场时应避免动作粗鲁并适当使用防应激药物。常发生本病的地区，用菌苗预防有一定效果，弱毒苗一般在6～8周龄进行首免，10～12周龄进行再次免疫，灭活苗一般在10～12周龄首免，16～18周龄蛋鸡上笼时再加强一次。已发病的鸡场可选用药物治疗，同时采取适当消毒措施，慎重处理病死鸡，待疫病平息后方可接种菌苗。用药可选用：青霉素每只3万～5万IU肌肉注射，每天2或3次，连用2～3天；或链霉素每只10万IU，每天2次，连用2天；氯霉素每千克体重20毫克肌肉注射，每天2次，连用数天，或拌料每吨饲料250克，饮水浓度为0.2%～0.5%；喹乙醇每千克饲料拌0.2～0.3克，连用1周；磺胺嘧啶或磺胺二甲嘧啶，按0.4%～0.5%

拌料或0.1%饮水，连用3～4天；土霉素或四环素按0.1%～0.3%拌料连喂1周。

十、鸡 白 痢

鸡白痢(简称PD)是鸡白痢沙门氏菌引起常见的一种重要传染病，分布于世界各地，在雏鸡表现为急性败血病，以白痢为主要症状，发病率、死亡率都很高，通常2周龄以内死亡率最高。在成年鸡多为慢性或隐性感染，一般不表现明显的症状。

(一)病原

本病病原为鸡白痢沙门氏杆菌，革兰氏阴性，呈杆状或卵圆形，不具运动性。

(二)流行特点

各种品种的鸡都具有感染性，但主要侵害3周龄内的幼雏，发病率高达40%～100%，死亡率最高可达80%，一年四季均可发生，携带病原的种鸡经蛋垂直传播，病鸡与健康鸡接触、交配等也可水平传播此病。消毒不彻底，或未消毒的孵化环境、工作用具、雏鸡舍等可通过呼吸道及消化道传播。饲养管理不良，室温忽高忽低和饲料质量差可促进本病的发生。

(三)临床症状

用带菌的卵孵出的雏鸡，大部分在7天之内死亡，而与这些雏鸡同群感染的，则在2～3周龄内出现死亡。病雏表现怕冷，常常成堆拥挤在一起，翅膀下垂，精神不振，停食，羽毛蓬乱，缩颈，眼半闭，呆立不动；排白色黏稠粪便，常沾在尾部羽毛上，有时阻塞肛门，排便困难，甚至不能排出，排便时常发出“吱吱”的尖叫声；肺部感染时，表现呼吸困难；有的跗关节显著肿大，出现跛行。成年鸡带菌多不表现症状，产蛋率和蛋的孵化率降低，死胎增加，个别病鸡表现精神委顿、减食、消瘦、贫血、下痢、腹下垂及产蛋停止。

（四）病理变化

雏鸡肝脏充血肿大，有条纹状出血，胆囊扩张，充满胆汁；卵黄吸收不良，其内容物呈淡黄色奶油样或干酪样；脾脏肿大而质脆；肾脏色泽暗红色或苍白，肾小管和输尿管扩张，充满尿酸盐；盲肠部膨大，其内容物有干酪样物阻塞；在肺、肝、心、肌胃、肠上有一种灰黄色或灰白色坏死点或小结节，这种病灶是白痢特征性病变。成年母鸡病变主要在卵巢，原来呈圆球形的卵泡皱缩，形状不整齐，呈金黄色或褐色，无光泽；内容物如浓稠油脂状，有的卵泡变得坚实，有的卵泡破裂，卵黄流入腹腔，引起广泛的腹膜炎，腹腔器官粘连。公鸡睾丸极度萎缩，输精管增大，内充满稠密的渗出物。

（五）诊断要点

3周龄以下的雏鸡，下白色痢，死亡率高，肝脾肿大，肝有特殊条纹的变化，部分脏器和肠道有坏死点或结节。成年鸡卵巢萎缩，卵黄呈青色或灰黑色。

（六）防治方法

种鸡场应定期进行鸡白痢检疫，发现病鸡及时淘汰。种蛋入孵前用甲醛气体熏蒸消毒。鸡舍、育雏室的一切用具要经常清洗消毒，孵化机在应用之前，要用甲醛气体熏蒸消毒。对3周龄以下的雏鸡要用药物控制发病，出壳后至5日龄，每千克饮水添加庆大霉素8万IU；6～10日龄，在饲料中添加痢特灵0.02%～0.04%；11日龄起，在每千克饲料中添加土霉素2克，连用5～7天。

十一、鸡大肠杆菌病

鸡大肠杆菌病是一种以大肠埃希氏杆菌为原发性或继

发性病原体的禽类传染病。其特征是引起心包炎、气囊炎、肝周炎、腹膜炎、输卵管炎、滑膜炎、大肠杆菌性肉芽肿、脐炎、全球性眼炎、肠炎等病变。大肠杆菌病能引起多种鸡病，表现差异很大。本病是鸡常发的一种传染病，且常与其他疾病，如白痢、球虫病及某些代谢病并发或继发以及由呼吸道病诱发。经临床观察，在一些混淆不清的肠道病中，本病往往占有相当大的比例而且容易误诊。致病性大肠杆菌能造成较高的发病率和死亡率，给养鸡生产带来严重损失。

（一）病原

病原为大肠埃希氏杆菌，革兰氏阴性，两端钝圆的粗短小杆菌，能运动。

（二）流行特点

鸡、火鸡、鸭都易感，但雏鸡、青年鸡比成年鸡更敏感。一年四季均可发生，但以潮湿梅雨季节多发。细菌污染周围环境、垫料、饲料、水源和空气，当鸡体抵抗力降低时，细菌就会侵害鸡体引起大肠杆菌病。若细菌污染种蛋，则会引起孵出的雏鸡隐性感染或显性感染。

（三）临床症状与病理变化

禽大肠杆菌因侵害部位不同，而出现不同的症状和病理变化。

1. 大肠杆菌性肠炎　主要表现下痢，排黄绿色粪便，带血。剖检多见小肠前段变化，小肠黏膜充血、出血。盲肠壁增厚，可见有小结节。肠道和盲肠病变，不一定都是大肠杆菌原发造成的，大多数大肠杆菌是通过继发感染而产生作用的。因此，在大肠杆菌病和球虫症并存时，很难判断出原发者。

2. 大肠杆菌性败血症　大肠杆菌感染的进一步恶化，细菌产生的毒素破坏肠壁后，毒素和细菌进入血流，引起败血症。剖检可见肝脏肿大，表面有黄色斑点；肠黏膜高度充血，有时出血；心肌混浊，肿胀；肾充血，肿大；有时脾充血；胆囊肿大。

3. 大肠杆菌性气囊炎　大肠杆菌通过血流侵入气囊，引起急性气囊炎。病鸡咳嗽、喘息。大肠杆菌也能通过呼吸进入上呼吸道，迅速到达胸气囊，最后到达腹气囊。严重时气囊充满黄色干酪样物质，在心脏和肺脏也有这种物质包围。

（四）诊断要点

根据症状和病理变化可做出初步判断。确切的方法是进行实验室检查、分离和鉴定病菌。

（五）防治方法

首先种蛋应来自无致病性大肠杆菌的鸡群，加强种蛋及孵化环境、鸡舍及周围的消毒，防止饮水、饲料等被细菌污染。鸡群发病后要及早选择药物治疗，如拜有利、氯霉素、庆大霉素、卡那霉素、氟哌酸、诺氟沙星等。虽然可选药物较多，但大肠杆菌易产生耐药性，环境污染严重，病程长的应做药物致敏试验，筛选药物。

大肠杆菌病是一种条件性疾病，也是各养鸡场（户）常发及引起渐进性损失严重的一种疾病。卫生条件好，防疫制度严的鸡场（户），由本病造成的损失就小，反之就高。疾病严重的场（户），有条件可分离制作大肠杆菌菌苗接种鸡群，可起到很好的防护作用。

十二、鸡慢性呼吸道病

鸡慢性呼吸道病又称鸡败血霉形体病，是由鸡败血霉形体引起的一种慢性呼吸道病，在鸡群中流行期长，以咳嗽、气喘为其主要特点。

（一）病原

病原为鸡败血性霉形体。对热抵抗力较低，50℃时 20 分钟即可失去传染力；对低温有耐受性，在－20℃可保存 3 年以上；对卡那霉素、链霉素、土霉素及红霉素等敏感，青霉素、磺胺类药物对鸡败血性霉形体无效。

（二）流行特点

大小鸡都感染，以 1～2 月龄幼鸡最易感，肉鸡比蛋鸡易感，一年四季均可流行，但因春秋冬季气候突变，气温忽高忽低，加之饲养密度大，空气污浊或气雾免疫等均可促使该病在鸡群中暴发或复发。主要通过接触、尘埃和飞沫经呼吸道传染，种蛋也可传染。传播迅速，发病率高达 90％以上，死亡率达 10％～30％，若混合感染有并发症存在，死亡率可达 40％～80％。

（三）临床症状

鸡感染 10～21 天后发病，其中以幼龄鸡多发。上呼吸道黏膜发炎，出现浆液性、黏液性鼻漏，表现为窦炎、结膜炎和气管炎。病鸡咳嗽，流鼻液，有气管罗音，食欲下降，体重减轻，成鸡产蛋量下降，体温升高，委顿；少数鸡有黄色下痢，有的鸡频频摇头，发出怪声，呼吸困难。

（四）病理变化

剖检可见喉头、气管内充有透明或混浊的黏液，黏膜表面有灰白色干酪样物，肺充血、水肿，气囊壁上有黄色干酪样渗出物，鼻道与眶下窦黏膜水肿、充血、出血。

（五）诊断要点

依流行病学、症状、病理变化特点做出初步诊断，在实验室用血清学检查可最后确诊。

（六）防治方法

1. 预防

（1）建立无病鸡群。要在有病鸡场内建无病鸡群。定期用血清学检疫清除阳性鸡。母鸡每月注射1次(200毫克)链霉素或四环素,同时喂土霉素。这样可防止本病经蛋传给孵化的雏鸡。

(2)喷雾链霉素。1日龄雏鸡用链霉素(每毫克2 000 IU)喷雾或滴鼻,3～4周龄再重复进行1次,可控制本病。

(3)种蛋药浴消毒是根除垂直传播的最好办法。

2. 治疗

(1)卡那霉素。每只鸡肌肉注射4万IU,结合用2.5万IU卡那霉素喷雾治疗。每天1次,连用7天(喷雾中午进行,肌肉注射可安排在晚21时)。

(2)泰乐菌素或北里霉素。按饲料量比例加入0.05%～0.1%,连用3～5天。

(3)大群治疗。可在饲料中添加土霉素,每千克饲料添加2～3克,充分混合,连喂7天。也可肌肉注射土霉素、金霉素等药物,一般每千克体重肌肉注射100毫克,每天1次,连续2～3天。

(4)中草药疗法。每只鸡用双花、黄连、苏子、蒲公英各1克,煎水连服3～5天。

十三、鸡产蛋下降综合征

鸡产蛋下降综合征(简称EDS-76)是由腺病毒引起产蛋母鸡的一种病毒性传染病。以产蛋率下降和蛋的质量降低为特征。

(一)病原

现已证实,鸡产蛋下降综合征的病原是腺病毒属病毒。

(二)流行特点

EDS-76的主要易感动物是鸡,EDS-76病毒的自然宿主为家鸭和野鸭。据报道,在家鸭、家鹅、野鸭、天鹅、珠鸡中广泛存在EDS-76抗体。不同品系的鸡对EDS-76的易感性是有差异的，26～35周龄的所有品系的鸡都可感染。尤其是产褐壳蛋的肉鸡和种母鸡最易感。产白壳蛋的母鸡患病率较低。任何年龄的肉鸡、蛋鸡均可感染。幼鸡感染后不表现任何临床症状。血清中也查不出抗体。只有到开产以后，血清才转为阳性。

（三）临床症状

典型症状表现为突然发生产蛋率下降，下降幅度一般可达20%～80%，多在30%～50%。产蛋下降可维持1～4周，且很难恢复到原有水平，蛋的质量发生明显变化，出现异常蛋、薄壳蛋、砂壳蛋、软皮蛋及无壳蛋，蛋破损率增加，异常蛋可维持4～10周。病鸡除产蛋异常外，一般无特异性的临床表现，基本健康。

（四）病理变化

EDS-76没有明显特征的肉眼变化，一般表现为鸡的卵巢萎缩、变小或有出血，输卵管黏膜皱壁肿胀，腔内有白色渗出物或呈干酪样物质。据报道，最典型的病理组织学变化是肺、肝、肾及腺胃出血和淋巴样细胞积聚，生殖器官只见输卵管萎缩，卵巢纤维变化或有时出血，卵泡软化，其他病变不明显。

（五）诊断要点

根据发病特点、临床症状、病理变化、血清学及病原分离和鉴定等方面进行分析、判定。但要注意与产蛋下降的其他疾病相区别。

1. 鸡新城疫　产蛋下降同时伴有下痢（绿便），呼吸困难及神经症状，出现死亡，剖解变化明显。

2. 鸡脑脊髓炎　产蛋下降同时无异常蛋出现，恢复较快。

3. 传染性喉气管炎　产蛋下降同时出现呼吸道症状，严重的呼吸困难和咳血。

4. 传染性鼻炎　产蛋下降同时出现呼吸困难及鼻、面部肿胀，剖检可见内有干酪样物。

5. 传染性支气管炎　产蛋下降，同时伴有呼吸器官症状，咳嗽，剖解时支气管、肾变化明显。

6. 笼养鸡的疲劳症　产蛋下降同时表现偏瘫，蛋壳变薄。

（六）防治方法

本病目前尚无有效治疗方法。预防接种是本病的最根本防治措施。可在开产前 2～4 周（18 周龄）接种产蛋下降综合征油剂灭活苗，免疫期可维持在 5 周左右，保护鸡产蛋高峰不受侵害。一旦发病时，可酌情投给抗生素，以防混合感染。

在鸡的日粮中要充分满足必需氨基酸、维生素和微量元素的需要，增强鸡群体体质和抗病力。

引种时必须从无本病的鸡场引入，防止垂直传播。严格执行兽医卫生防疫措施。鸡舍与饲养用具应认真消毒，防止水平传播。

十四、鸡传染性鼻炎

鸡传染性鼻炎是由鸡嗜血杆菌引起的一种急性或亚急性呼吸道传染病。主要侵害鸡的鼻腔、鼻窦黏膜和眼结膜，重者可蔓延到支气管和肺部，可引起幼鸡生长停滞、性成熟和成鸡产蛋减少。

（一）病原

鸡嗜血杆菌为细小的杆菌，离开鸡体之后抵抗力很差，22℃经过 4 天即死亡，一般消毒药均可杀死。

（二）流行特点

在自然条件下本病主要感染鸡、火鸡和其他鸡类，不同年龄的鸡都可感染，尤以2～6周龄的雏鸡和中雏较易感染。本病多发生在秋冬两季，流行期较长，从10－12月份左右发生，可持续到第二年2－3月份，夏季很少发生。主要通过接触和空气（飞沫或尘埃）传染。病鸡污染的环境、饲料、饮水和饲养用具等都可能带有病菌，经呼吸道、口腔、结膜传染给健康鸡。发病严重的达50%以上，死亡率在20%以上。

（三）临床症状

该病的潜伏期为1～3天，轻症流鼻涕，打喷嚏，眼结膜充血、潮红。病重流浓稠腥臭黏液；食欲减退，但饮欲正常；病鸡精神委靡，频频甩头，呼吸困难，有明显罗音；眶下窦肿胀，流泪，部分鸡结膜发炎，拉稀，粪呈淡绿色或黄色。主要病变在呼吸道：鼻腔、鼻窦、气管黏膜充血水肿，支气管炎、肺炎，眶下窦有干酪样物质。

（四）病理变化

剖检病鸡，可见鼻腔、鼻窦隙有多量浅灰色的黏液或夹有块状豆腐渣样物。面部皮下水肿，眼结膜水肿、潮红。有的于眶下窦和结膜囊有豆腐渣样物质堵塞。有的病鸡还有不同程度的气管充血和肺炎、气囊炎、肠炎症状。

（五）诊断要点

初步诊断可依据临床症状，如颜面肿大、结膜炎、鼻腔流有黏液等判定是否为本病。实验室诊断可采取病料接种易感鸡，如在接种数日内发生流鼻涕和脸肿胀可疑为本病。也可结合实验室进行病原菌分离加以确诊。

（六）防治方法

（1）对健康鸡群，可于25日龄和120日龄时接种传染性鼻炎油乳剂灭活菌苗进行免疫，每只鸡注射 0.15～0.2 毫升。

(2)一旦发生，可在饲料中添加 0.5%磺胺噻唑或磺胺二甲基嘧啶，连喂 3～4 天，间隔 2～3 天，再喂 3～4 天或肌肉注射链霉素 10 万～20 万 IU，连用 3 天。

十五、鸡葡萄球菌病

该病又称幼鸡传染性骨关节炎。它是由葡萄球菌引起的急性、败血性传染病。主要由伤口感染，特征是化脓性关节炎、皮炎、坏死和滑膜炎。

(一)病原及流行特点

病原为金黄色或白色葡萄球菌致病株。该菌在不产生芽孢的细菌中，抵抗力相当强。在干燥的环境中能存活几个星期，60℃经 20 分钟才能杀死，一般消毒药可以杀死。本病多发于幼龄鸡。

(二)临床症状

多数鸡精神状态尚好，少数鸡精神沉郁，一般有食欲，羽毛松乱，跛行、蹲伏，有的脱毛。体温升至 43℃以上，各关节呈对称性明显肿胀，热痛，呈青紫色，有波动感。病变关节穿刺流出混浊、黄绿色液体。两翼下垂，末端指骨(翅膀尖)呈对称性肿胀，化脓、坏死，形成黑痂。翅下皮肤水肿、瘀血、紫红色，严重者局部溃烂，主翼羽和皮肤易脱落。腹部水肿，呈青紫色。有的同时伴有结膜炎，胸骨滑膜液囊增大、渗出。有的下痢带血。急性病鸡经 2～7 天死亡。

慢性经过的鸡主要表现在跛行，各关节肿大、坚硬。趾爪蜷缩，硬脚垫。经 7～15 天死亡。

(三)病理变化

皮下有大量胶胨样黄灰色渗出物。病变关节肿大 1～2

倍，关节周围和关节面有弥散性出血点，关节囊内有浆液性或纤维素性渗出物。有的肝脾肿大，腱鞘肿胀，龙骨滑膜肿胀、充血或出血；心内外膜有出血点，心包囊含有纤维素性渗出，胸肌有出血点，肠道有时见出血点；两侧肺充血、淤血；肝脏瘀血，稍肿大，个别有散在白色针尖大的坏死点；脾脏肿大，有坏死点。

（四）诊断要点

根据症状、剖检变化和细菌学诊断（心血涂片，分离出致病性葡萄球菌），可以确诊。

（五）防治方法

（1）首先搞好预防工作，育雏期认真消毒，进雏开始至转群前，坚持隔日用 1∶1 000 百毒杀带鸡消毒。若发病后应坚持每天用 1∶400 抗毒威与 0.3%过氧乙酸交替消毒，每天上下午各 1 次。

（2）复方敌菌净按每千克体重 0.1 克的剂量投药，连用 3～5 天。

（3）庆大霉素按每千克体重 3 000 IU 饮水，每天 1 次，连用 5～7 天。

（4）氯霉素按饲料比例加入 0.3%～0.4%，连喂 5～7 天。

（5）速补-14 饮水，每千克水加入 2 克，每天 2 次，连饮 7 天。

十六、曲 霉 菌 病

曲霉菌病别称育雏室肺炎，主要是由烟曲霉菌引起各种家禽感染的一种霉菌病，其主要特征是呼吸道、肺和气囊发生炎症。

(一)病原

病原主要是烟曲霉菌。

(二)流行特点

本病发生很广泛,家禽和野禽均可感染,但以火鸡最为敏感,其次是鸡,多发生于1~15日龄的雏禽。本病的发生几乎都与生长霉菌的环境(如饲料、垫料、用具等)发霉有关,一旦感染,家禽通过吸入含有霉菌孢子的空气,采食含有霉菌的饲料而迅速感染,大批病禽即可死亡。

(三)临床症状

急性病例主要是雏鸡,发病后2~5天内死亡。在一些舍养或密闭饲养的发病鸡群,死亡率可达50%以上。病鸡精神不振,头下垂,减食或不食,羽毛松乱,消瘦。呼吸困难,气喘和呼吸加快。有浆液性鼻漏。气囊损害时,呼气时发出"嘶哑"声。下痢,肛门周围粪便污染。2周龄以后的雏鸡多见眼睛受感染,通常为一只眼睛患病,而且有暴发特点。瞬膜下形成黄色干酪样的小球,眼睑凸出,角膜中央形成溃疡。

(四)病理变化

常在肺部发生病变,肺、气囊和胸腹腔中有几种大小不等(从针尖至小米粒大)的结节,有时互相融合成大的团块。结节呈灰白色或淡黄色,有弹性、柔软,内有干酪样物,肺脏显著肿大,表面散在出血点和瘀血。肾脏表面和肌胃内膜有少量出血点。有的胸、腹气囊浆膜上出现圆碟状中间凹陷的坏死物。气囊混浊,囊壁增厚,颈胸部气囊附有扁平的黄色干酪样物或黄白色的结节,腹腔内有大量黄色液体。常见肠黏膜稍肿、充血,偶尔有小点出血。

(五)诊断要点

依症状与病理变化可初步诊断本病。为了进一步确诊可用针尖挑取少量肠系膜上的硬性结节于载玻片上，加一滴生理盐水，压碎搅拌，盖上盖玻片，置于显微镜下观察，若视野中布满排列成株状的圆形孢子，则可确诊。

(六)防治方法

(1)首先严禁用发霉变质饲料喂鸡，垫草必须清洁干燥，无霉变气味。

(2)病雏用制霉菌素按每 100 只鸡 50 万 IU 的量拌料饲喂，每天 2 次，连用 3 天。

(3)每千克饮水中加碘化钾 7 克，让鸡自由饮用。

(4)用 1∶2 000～3 000 硫酸铜水溶液饮水，连用 3～5 天。

第五节　土鸡常见寄生虫病防治

一、鸡球虫病

鸡球虫病是由艾美耳属的各种球虫寄生于鸡的肠道引起的疾病，表现贫血、消瘦和血痢。本病分布广，是条件简陋鸡场的一种常见病、多发病，常呈地方流行性。

(一)病原

在艾美尔属的 9 种艾美耳球虫中，以柔嫩艾美耳球虫及毒害艾美尔球虫致病力强，危害最大。

(二)流行特点

所有日龄和品种的鸡对球虫都有易感性，未与球虫接触过的成鸡仍然敏感。另外由于球虫虫种之间无交叉免疫作用，因此，同一群鸡可因感染不同的球虫虫种而暴发数起球虫病。后备种母鸡患病的危险性最大。在一般情况下，堆型、柔嫩和巨型艾美耳球虫的感染发生于3～6周龄，而毒害艾美耳球虫见于 8～18 周龄。

感染鸡可由粪便排出卵囊数日或数周，卵囊在体外成为孢子化卵囊，摄入有活力的孢子化卵囊是惟一的传播途径。病鸡为主要的传染源，凡被病鸡与带虫鸡污染的尘埃、垫草及设备上均有活的卵囊，可通过不同的动物、昆虫、污染的设备、野鸟、尘埃及工作人员而机械地传播，易感鸡通过啄食而摄入大量被污染的卵囊，就会暴发球虫病。新鸡场暴发的球虫病一般比经历过球虫病的老鸡场更为严重，被称做“新鸡场球虫病综合征”。

天气阴雨潮湿、雏鸡过分拥挤、饲料中缺乏维生素 A 和维生素 K，以及日粮营养不全时都可诱发本病的发生。

（三）临床症状

鸡患盲肠球虫时，精神不振，羽毛松乱，缩颈闭目呆立，食欲减退，拉血便，严重者甚至排出鲜血。嗉囊软而膨胀，翅下垂，运动失调，贫血，鸡冠和面部苍白。后期鸡只昏迷、抽搐，很快死亡，如治疗不及时，病死率达 50%～80%不等。鸡患小肠球虫病时，其临床表现与盲肠球虫病相似，但病鸡不排鲜血便。日龄较大的鸡如患球虫病时，一般呈慢性经过，症状轻，病程长。呈间歇性下痢，饲料报酬低，生产性能不能充分发挥，死亡率低。

（四）病理变化

病变主要见于盲肠，盲肠显著肿大，外观呈暗红色，浆膜面可见有针尖大至小米粒大小的白色斑点和小红色，肠内容物为血液或凝固的血凝块，或混有血液的黄白色干酪样物。患小肠球虫的病死鸡，在卵黄蒂前后的肠管高度膨胀、充气，肠壁增厚，浆膜面见有大量的白色斑点和出血斑。肠黏膜高度肿胀，肠腔中充盈黏液及纤维絮状物和坏死物。

(五)诊断要点

根据临床症状及病理变化可初步诊断,确诊可用显微镜检查球虫卵囊。

(六)防治方法

1. 治疗　用抗球虫药治疗,效果明显。常用抗球虫药有:尼卡巴嗪、氨丙啉、克球粉、鸡宝-20、三字球虫粉、盐霉素、马杜拉霉素等。在治疗的同时,补加维生素 K,每只每天 1~2 毫克,清鱼肝油 10~20 毫升或维生素 A、维生素 D 粉适量,并适当增加多维素用量。

2. 预防　主要是消灭卵囊,切断其生活史,不让其有孢子化的条件。具体做法是鸡群要全进全出,鸡舍要彻底清扫、消毒,雏鸡和成鸡要分开饲养,保持环境清洁、干燥和通风,喂给全价饲料,笼养或网养有利于防治本病。

经常发生球虫病的鸡场,要应用药物预防。抗球虫药应从 12~15 日龄的雏鸡开始给药,坚持按时、按量给药,特别要注意在阴雨连绵或饲养条件差时更不可间断。平时给所有的雏鸡连续投服低剂量的抗球虫药,以阻止球虫的感染,或将感染率降低到一个较低的水平。为预防球虫在接触药物后产生抗药性,应采用穿梭方案经常变换药物。种鸡可考虑使用球虫活疫苗,饮水初免后经 2 或 3 次重复以加强免疫。

二、鸡 蛔 虫 病

鸡蛔虫病分布很广,常引起雏鸡生长发育不良,甚至造成大批死亡。

(一)病原

鸡蛔虫是鸡体内最大的线虫,寄生于小肠中,虫体黄白色,表面有横纹。雌虫在鸡小肠内产卵后,卵随粪便排出体外，在外界适宜条件下发育成内含幼虫的感染性卵。

（二）流行特点

本病以 2～3 月龄鸡多发，5～6 月龄鸡有较强抵抗力，1 年以上的鸡多为带虫者。鸡采食被感染卵污染的饲料、饮水等而遭感染。饲料中动物性蛋白质过少，维生素 A 和各种维生素 B 缺乏，以及赖氨酸和钙不足等，均会引起鸡的易感性增强。

（三）临床症状

鸡的肠道内有少量蛔虫寄生时看不出明显症状。雏鸡和 3 月龄以下的青年鸡被寄生时，蛔虫的数量往往较多，初期症状也不明显，随后逐渐精神不振，食欲减退，羽毛松乱，翅膀下垂，冠髯、可视黏膜及腿脚苍白，生长滞缓，消瘦衰弱，下痢和便秘交替出现，有时粪便中混有带血的黏液。成年鸡一般不呈现症状，严重感染时出现腹泻、贫血和产蛋量减少。

（四）病理变化

剖检常见病尸明显贫血，消瘦，肠黏膜充血、肿胀、发炎和出血；局部组织增生，蛔虫大量突出部位可用手摸到明显硬固的内容物堵塞肠管，剪开肠壁可见有多量蛔虫拧集在一起呈绳状。

（五）诊断要点

根据病理变化、剖检，发现肠道内有蛔虫即可确诊。

（六）防治方法

实行全进全出制，鸡舍及运动场地面认真清理消毒，并定期铲除表土；改善卫生环境，粪便应进行堆积发酵；料槽及水槽最好定期用沸水消毒；4 月龄以内的幼鸡应与成鸡分群饲养，防止带虫的成年鸡使幼鸡感染发病，采用笼养或网上饲养，使鸡与粪便隔离，减少感染机会；对污染场地上饲养的鸡群应定期进行驱虫。驱虫药物可选用驱蛔灵，每千克体重 0.25 克，混料一次内服；驱虫净，每千克体重 40～60 千克，混料一次内服；左咪唑，每千克体重 10～20 毫克，溶于水中内服；丙硫苯咪唑，每千克体重 10 毫克，混料一次内服。

三、鸡　羽　虱

鸡羽虱是鸡常见的体外寄生虫病。一般常见的有头虱、体虱和羽虱 3 种，分别寄生在鸡的头、颈部、羽毛上和体表各部皮肤上。虫体很小，长 1～2 毫米，呈淡黄色或灰色，靠咀嚼形口器吸取鸡的羽毛或皮鳞屑，破坏毛囊，有时还吸吮鸡的血液。本病一年四季都可发生，冬季较严重，一对雌雄虱在数个月内能产生 12 万个后代，羽虱在鸡体上的寿命有几个月，但离开鸡体则只能生存 5～6 天。

羽虱经接触或经饲料包装物等用具携带传入感染后，传播迅速，往往波及全群，特别是旧房改造鸡舍、竹条或木条鸡笼饲养，发病率更高。

（一）主要症状

病鸡表现羽毛脱落，皮肤损伤，精神不安，发痒，体重减轻，消瘦和贫血，鸡冠发白，雏鸡生长发育不良，母鸡产蛋率下降，蛋壳质量变差。严重感染时，可见鸡体表、墙壁、地面鸡笼、饲槽等处有大量羽虱，甚至饲喂饲料时，羽虱可爬上饲养员的手、脚、脸部，叮咬皮肤，使人感到奇痒难受。

（二）防治方法

个体治疗可选用撒粉或喷粉法，即用 0.5%敌百虫，或 5%氟化钠，或 5%硫磺粉，把药粉撒在或借助喷粉器喷撒在鸡翼下、双腿内侧、胸、腹和羽虱的其他寄生部位，使药物直接接触到虱体，才能把虱杀死。也可用药浴法，将整只鸡

（露出头）浸在 0.1%敌百虫溶液，待鸡的全身羽毛、皮肤接触到药液时，即将鸡取出。此法宜在温暖晴天进行，以预防感冒。

大群治疗可采用“特效灭虱精”治疗，按每 5 毫升药液对水 5～10 千克，喷洒鸡的全身各部位，至轻度淋湿即可，间隔 2～3 天再喷洒 1 次。也可用 0.5%敌百虫或 0.25%蝇毒磷喷雾鸡舍各部位及鸡体表灭虱。但应注意有机磷制剂毒性大，选择此类药物时宜先在小群中试用后再大群应用，否则易引起中毒。

四、鸡　　螨

螨俗称疥癣虫，是蜘蛛纲的一种小虫。鸡螨有 20 余种，对鸡危害严重的有鸡膝螨（脱羽螨）、鸡突变膝螨（鳞足螨）、红螨（栖架螨）、鸡新勋痒螨（鸡奇棒痱螨）等。它们寄生在鸡的皮肤、羽毛根部或潜伏在腿、脚无毛的鳞片内层，这些螨虫寄生在鸡的皮肤和羽毛上，以吸血为生，当大量繁衍滋生时，可引起鸡贫血，甚至死亡。

（一）主要症状

鸡螨由于寄生的部位不同，症状也不同。

鸡膝螨呈圆形，约 0.3 毫米大，寄生在鸡的羽毛根部皮肤上，虫体沿羽毛侵入皮肤，引起皮肤发炎。病鸡的背部、翅膀、臀部、股部等部位剧痒、脱羽，故称脱羽痒症。病变部位发红，在皮肤上形成斑点，触摸时有脓疮感觉。

鸡突变膝螨约 0.5 毫米大小，寄生在鸡腿部下方无羽毛的鳞片内层，引起皮肤发炎、剧痒，病鸡摩擦患部，致使出血、渗出，干涸后形成一层灰白色痂皮，像涂上一层石灰，故称“石灰腿”。病鸡行走困难，高抬腿，迈步慢，有时出现走飞交替进行现象。如不及时治疗可引起关节炎、趾骨坏死而畸形。影响采食和生长发育。

这两种螨病早期不易被发现，当受到大量虫体侵袭时，可发现贫血、产蛋减少。幼雏失血严重，可引起死亡。

（二）预防

以上两种螨都是接触感染，多在平养密集条件下发生，一旦感染便迅速传播全群。因此，发现病鸡要立即隔离，对新购入的鸡应严格检查；要保持鸡舍干燥、卫生，定期消毒；鸡的密度要适中，不能太密；鸡舍通风换气要良好，鸡要多在运动场晒太阳。

（三）治疗

以上两种螨由于寄生的部位不同，治疗的方法也不相同。

1. 鸡膝螨　可用溴氰菊酯治疗，方法是用其喷洒或涂刷栖架、垫草、墙壁等藏有螨的地方，污染的垫草应烧掉，一切用具喷药后再用开水烫一遍。鸡体患部用松焦油（松焦油1份，硫磺1份，软肥皂2份，0.5%酒精2份，混合后调匀）擦拭，或用10%硫磺软膏涂擦，或用0.1%敌百虫溶液药浴。

2. 鸡突变膝螨　治疗前先将病鸡的腿浸入温热的肥皂水中，使痂皮变软，除掉痂皮，然后涂一层煤油，每天1次，11天即可痊愈；或用20%的硫磺软膏、2%的石炭酸软膏涂擦；也可用0.5%氟化钠溶液浸浴患肢，每周1次；还可用5份来苏儿、25份酒精、25份软肥皂溶解在一起，涂擦患部，间隔数天1次。大群治疗可采用药浴法，可用0.1%敌百虫溶液或0.03%蝇毒磷溶液等。若一次治疗效果不好，经7～15天再治疗1次。一方面强化治疗效果，另一方面可把新孵化出的幼螨杀死。

第六节　土鸡常见普通病防治

一、维生素 A 缺乏症

（一）病因

饲粮中维生素 A 添加量不足；多种维生素保存不当；种鸡维生素 A 缺乏而导致雏鸡早期缺乏维生素 A；某些豆类，特别是大豆，含有一种胡萝卜素氧化酶，能迅速破坏胡萝卜素和叶黄素，也能破坏维生素 A，但适当热处理可破坏这种酶。

（二）症状

病鸡表现为精神不振，食欲减退或废绝，生长发育停滞，羽毛松乱，运动失调，往往以尾支地，爪趾蜷缩，冠髯苍白，母鸡产蛋率下降，公鸡精液品质退化。特征性症状是眼中流出水样乃至乳状分泌物，上下眼睑往往被分泌物粘在一起，严重时眼内积有干酪样物质，角膜发生软化和穿孔，最后造成失明。

（三）病理变化

消化道黏膜肿胀，鼻腔、口腔、咽和嗉囊有小白色的脓疮，肾和输尿管内有一种白色尿酸盐沉着。

（四）防治方法

饲养过程中注意饲粮配合，饲粮中应补充富含维生素 A 和胡萝卜素的饲料及维生素 A 添加剂。鸡群发病时用鱼肝油 1%～2%拌料，连喂 5 天（按每千克体重补充维生素 A 1 万 IU），可治愈。

二、维生素 B_1 缺乏症

(一)病因

维生素 B_1 又叫硫胺素。糠麸、酵母、谷物胚芽和外皮里含有丰富的维生素 B_1,黄豆粉、花生粉、苜蓿草中含量也较多。成年鸡日粮中缺乏维生素 B_1 时,只需 3 周时间就会发病,雏鸡在 2 周龄前即发病。

(二)症状

雏鸡常突然发病,成年鸡则较缓慢。病初食欲减退,生长缓慢,羽毛松乱,腿无力,贫血和腹泻。成年鸡髯冠蓝色。本病的特征为外周神经发生麻痹和多发性神经炎,最初趾的屈腱发生麻痹,然后向上蔓延到腿、翅、颈的伸肌发生痉挛,头颈向背后极度弯曲,呈"观星"姿势。有的鸡瘫痪,倒地不起。

(三)病理变化

肾上腺肥大,睾丸和卵巢明显萎缩。胃肠有炎症,十二指肠溃疡并萎缩。

(四)防治方法

平时日粮中应有足够的维生素 B_1 供给。一般在 8 周龄以内的幼禽,每千克饲料中应含有 2 毫克维生素 B,可以保证机体的需要。对已发病的鸡群,每只皮下或肌肉注射维生素 B_1 5 毫克,或按每只 2～5 毫克用量拌入饲料中连服 3 天。

三、维生素 B_2 缺乏症

(一)病因

维生素 B_2 又叫核黄素。饲料维生素 B_2 含量不足,或饲料被碱处理,或为高脂肪低蛋白饲料,长期饲喂易引起鸡维

生素 B_2 缺乏症。

(二)症状

幼鸡可大批发病,发生腹泻,生长缓慢,特征性的症状为足跟肿胀,趾爪向内蜷缩,两腿麻痹,以飞节着地,翅膀张开,以维持身体的平衡。病至后期,病雏两腿伸开铺地而卧,不能走动,往往因吃不到食物而饿死;母鸡则产蛋率和所产种蛋孵化率明显下降。

(三)病理变化

病鸡胃肠道黏膜萎缩,胃肠壁变得很薄,肠道内有多量的泡沫状内容物。坐骨神经和股神经显著肿大和变软,有时比正常肿大 4~5 倍。

(四)防治方法

鸡在使用配合饲料时应注意经常添加维生素 B_2,8 周龄以内的幼鸡每千克饲料中最少需含维生素 B_2 2.6 毫克,8~18 周龄的幼鸡为 0.8 毫克。当鸡群出现轻微维生素 B_2 缺乏症时,可按每千克饲料中加入维生素 B_2 4 毫克,连喂 1~2 周,疗效显著。对趾足蜷缩、坐骨神经损伤的病鸡,则治疗无效。

四、维生素 D 缺乏症

(一)病因

维生素 D 是机体调节消化道对钙、磷吸收的重要营养成分。对鸡来说,以维生素 D_3 最为重要,它是骨骼、硬喙、趾爪和蛋壳形成过程中所必需的营养物质。

(二)症状

幼鸡一般在 4 周龄左右发病,表现为生长发育不良,两腿无力,步态不稳,最后不能站立。喙和爪软而易弯曲。肋骨和肋软骨的连接处显著肿大,形成圆形的结节,呈串珠状。胸骨和骨盆骨也发生畸形。羽毛生长不良。产蛋母鸡缺乏维生素D时，最初是产薄壳蛋或软壳蛋，随后产蛋量显著下降以至完全停产。鸡蛋的孵化率也显著降低。

(三)病理变化

幼鸡突出的变化为肋骨和肋软骨连接处呈串珠状。母鸡的变化为骨软而易碎，肋骨内侧表面有小球状突起。

(四)防治方法

每天15～50分钟的舍外日光照射便可满足鸡对维生素D的需要。舍饲情况下，幼鸡只要每千克饲料中添加维生素D_3 200 IU，产蛋母鸡饲料中含500 IU，就能满足正常生长发育、骨骼钙化和产蛋的需要。幼鸡发病时，每只每次可用鱼肝油2～3滴，每天灌服3次，服用天数视情况而定。也可一次投喂维生素D_3 2万IU。不过必须注意，应用过量的维生素D喂幼禽，可能产生毒害作用。

五、食 盐 中 毒

食盐是日粮配合不可缺少的成分之一，日粮中食盐含量一般为0.3%～0.4%。如果饲粮含盐量超过3%或饮水中超过0.9%，即可引起中毒，若发现过晚，雏鸡死亡率可达100%。

(一)病因

计算错误；称量不准或拌料不均；使用咸鱼粉或地方饮水中含有较高的盐分。

(二)症状

鸡中毒症状的轻重，随摄入食盐量多少和持续时间长短而有很大差别。比较轻微的中毒，表现饮水增多，粪便稀薄或混有稀水，鸡舍内地面潮湿。严重中毒时，病鸡精神委靡，食欲废绝，渴欲强烈，无休止地饮水，口鼻流黏液，嗉囊胀大，腹泻，泻出稀水，步态不稳或瘫痪，后期呈昏迷状态，呼吸困难，有时出现神经症状，头颈弯曲，胸腹朝天，仰卧挣扎，最后衰竭死亡。

（三）病理变化

剖检病死鸡或重病鸡，可见皮下组织水肿，腹腔和心包积水，肺水肿，消化道充血、出血，脑膜血管充血扩张，肾脏和输尿管有尿酸盐沉积。

（四）防治方法

正确计算用盐量，拌和饲料要均匀。发现鸡群异常喝水要抽样进行盐分测定，一旦食盐过量要更换饲料，间隔1小时限制供水，防止一次大量给予淡水，否则会导致组织水肿。急性病例很难治愈。

六、有机磷农药中毒

（一）病因

有机磷农药是磷和有机化合物合成的一类农药总称。按其毒性强弱不同，区分为剧毒、强毒、弱毒3类。剧毒类主要包括：对硫磷（1605）、内吸磷（1059）、甲拌磷（3911）等。强毒类主要有：敌敌畏、乐果、甲基内吸磷等。弱毒类主要有敌百虫、马拉硫磷等。

有机磷农药在农业生产上已广泛应用，由于管理不善，鸡误食了含有这些农药的饲料或饮水而引起中毒。如在保管、购销及运输中包装破损；农药和饲料未严格分开管理，致使毒物撒落或通过其媒介污染饲料；误用盛农药的容器装饲料或饮水；或田间喷施农药时，污染了周围的饲草饲料；或鸡误食拌有有机磷农药的谷物种子；或鸡误食拌有农药的灭鼠饵等而发生中毒。

有机磷农药能迅速通过鸡的消化道、呼吸道而进入组织内，有机磷进入机体后，主要抑制胆碱酯酶的活性，从而使神经末梢释放的乙酰胆碱蓄积，出现胆碱能神经的过度兴奋现象。

（二）症状

病鸡运动失调，行走不稳，或两腿麻痹，不能站立，常以龙骨或跗关节着地，同时也有两腿伸直者，精神不振或嗜睡，口角多流出带泡沫的液体，出现频频吞咽或甩头动作，拉稀粪，严重时呼吸困难。可视黏膜发绀，或苍白，最终多因中枢机能障碍或呼吸麻痹而死亡。

（三）病理变化

急性死亡者，常常无明显的解剖学变化，口腔内有泡沫状液体。亚急性及慢性病例在胃肠道内有不同程度的炎性变化。严重中毒时，胃肠黏膜有不同程度的脱落；肝脏和肾脏肿大变脆及脂肪变性。

（四）防治方法

当发生有机磷农药中毒时，应立即断绝毒源，如鸡刚采食不久，可将嗉囊内内容物排出，用手挤压或行嗉囊切开术取出食物，早期应用阿托品和解磷啶肌肉注射，有特效，每只成年鸡每次肌肉注射解磷啶 0.2～0.5 毫升，每隔 2 小时再注射 1 次，及时皮下注射阿托品（0.2～0.5 毫升）也有效。同时可应用硫酸铜、松节油或高锰酸钾内服，或配合应用葡萄糖、维生素 C 等药物，可提高疗效。

在预防上，对农药要严格管理，专人负责，安排好饲草料的收获与农药的应用。在用农药作杀鼠剂时，应在鸡上窝后投放，第二天早上放鸡前收回。同时开展经常性的宣传工作，提高防毒意识。

应用敌百虫制剂驱虫，剂量过大易引起中毒，此时切不可用碱性解毒剂，避免产生毒性更强的敌敌畏。

七、呋喃唑酮中毒

(一)病因

呋喃唑酮也称痢特灵,是呋喃类药物中毒性最小的一种,其毒性仅相当于呋喃西林(现已淘汰)的1%,常用于防治鸡白痢、鸡伤寒、鸡副伤寒、鸡球虫等疾病。但如果用量过大,混料不均或连续使用时间过长,就会发生中毒现象。

(二)症状与病理变化

病鸡表现为兴奋不安,步态不稳,运动失调,转圈,无目的地乱跑,两脚抽搐并不断鸣叫,有的甚至角弓反张。中毒后一般多数在十几分钟内死亡,有的可拖延十几个小时。剖检可见心包积液,心外膜有点状出血,心肌水肿、变性。肝脏有散在性充血、出血,有的可能出现明显的肝周炎,肾脏充血,颜色变深。

(三)防治方法

用药时要正确掌握用量,一般大群鸡预防量为0.01%~0.02%,拌料或饮水。治疗量为0.03%~0.04%,饮水时,需先用少量水把药溶化加热,然后加水至所需浓度,以避免药物沉淀。5~7天为一个疗程,如需连续再用,要中间停药2~3天。

若发现中毒时,要立即停药,喂服0.01%高锰酸钾水溶液或5%葡萄糖生理盐水,同时内服维生素B_1片剂,每只每次10毫克,每天2次,连用3天。

八、一氧化碳中毒

(一)病因

冬季鸡舍,特别是育雏舍,常烧火炕、火墙、火炉取暖,若煤炭燃烧不完全即可产生大量的一氧化碳。如果鸡舍通风不良，空气中一氧化碳浓度达到0.04%～0.05%就可引起中毒。

(二)症状

轻度中毒的表现羽毛蓬松，精神委顿，食欲减退，生长迟缓。严重中毒时，表现精神不安，呼吸困难，运动失调，随后不能站立，倒于一侧，头向后伸，临死前发生痉挛和惊厥。

(三)病理变化

脏器、血液均为鲜红色或樱桃红色，并有充血、出血现象。

(四)防治方法

育雏室内应注意通风良好，经常检查室内取暖的煤炉装置，防止漏烟、倒烟。发现雏鸡有中毒迹象时，要立即打开窗户(但要注意雏鸡不能突然受冷，避免引起其他疾病)，最好将雏鸡移至通风良好、空气新鲜的地方，中毒不深的可以很快恢复。

九、痛　风

痛风是由于蛋白质代谢形成的尿酸盐因排泄受阻而引起的一种代谢病，其主要特征是脏器表面或关节内形成白色的尿酸盐沉积。

(一)病因

本病的发生与饲喂大量的蛋白质饲料(特别是动物性蛋白)而同时伴有肾机能不全有关。而肾机能障碍尿酸盐排泄受阻是本病的关键所在。造成肾机能障碍又有多种因素，如维生素A缺乏、长期服用磺胺类药物、霉菌毒素的作用、患过传染性支气管炎、缺水和高钙日粮等。尿酸盐排泄受阻，使其积聚于血液，尿酸盐就沉积于组织器官表面。

(二)症状

本病无特征性外表症状，主要表现为精神不振，食欲减退，消瘦，贫血，粪便稀薄，含大量白色尿酸盐，呈淀粉糊样。肛门松弛，粪便经常不自主地流出，污染肛门下部的羽毛。若不及时找出病因加以消除，会陆续出现病死鸡。

（三）病理变化

本病剖检变化典型，肝表面、心外膜、肠壁等有白色粉末状尿酸盐，跗关节腔内也有尿酸盐存在。大部分病例可见到肾和输尿管充满尿酸盐。

（四）防治方法

虽然本病的发生与动物性蛋白过高有一定关系，但不是主要因素，而且在日粮中降低动物性蛋白也是不现实的。本病的预防应避免一切能引起肾损害的因素，如供给充足的维生素 A，饮水要充足，钙的含量适中，禁止霉变饲料，禁止磺胺类药长时间使用等。

发病后可用大黄苏打片，每只一次用 0.5～1 片，每天 2 次，连用 4～5 天；近年来不少单位研制肾肿的药物，对本病也有一定疗效。

十、腹 水 症

腹水症通常发生于肉用仔鸡，也可发生于土鸡，其特点是腹腔积有腹水并伴有右心肥大。

（一）病因

该病发生原因比较复杂，大致可分为两个方面：

（1）缺氧。由于肉鸡生长速度快，心肺系统不能供应机体所必需的氧，再加上鸡舍通风不良，舍内积聚大量的有害气体如二氧化碳、氨气、一氧化碳及尘埃，使鸡缺氧更严重，引起机体循环障碍而形成腹水。

（2）中毒。呋喃唑酮中毒、饲料中食盐含量过多、使用煤焦油类消毒剂不当、无机盐和质量差的蛋氨酸中毒、黄曲霉素中毒、饲喂变质鱼粉混合料、饲料中能量和蛋白质量过高、维生素 E 和硒缺乏、某些病原微生物感染、低温环境以及过量给予常用药物等影响心脏、肝脏机能，进而引起腹水。

（二）症状

病鸡精神沉郁，羽毛粗乱，食欲不振，垂翅闭目，有的腹泻；呼吸困难，肉髯和鸡冠呈紫红色；多斜卧不起，被驱赶时两腿分开，行动迟钝，呈鸭步样；腹部膨大下垂，皮肤变薄、青紫发亮，触摸有波动感。在抓鸡时，病鸡可能会突然抽搐而死。

（三）病理变化

皮下和肌肉严重瘀血，腹腔内有大量淡黄色、清亮液体，并混有纤维蛋白凝块。心包积液内有胶胨物存在，心脏肥大，质地柔软、松弛，右心明显扩张，心壁菲薄。肝脏早期瘀血，肝大，呈灰白色，表面凸凹不平，有弥漫性白色坏死灶；后期萎缩硬化，边缘钝厚、质硬，肝表面有一层胶胨样物质。肾、肺、胰瘀血肿大。脾脏常小，肠管较细，并广泛瘀血呈暗红色，特别是十二指肠出血较严重。

（四）防治方法

控制腹水症的措施有：

1. 改善鸡群饲养条件　在确保鸡舍适宜温度下，加强通风换气；垫料的选择应注意质量，污秽变质的垫料应及时更换。

2. 适度限饲　在饲料蛋白含量和能量水平不变的前提下，从 10～15 日龄起，16 时至午夜不供料，从 45～50 日龄起每天增加 1 小时的采食时间，到屠宰前的最后 3 天达到自由采食。

3. 在日粮中添加维生素C　每吨饲料添加维生素C

500 克。发病后，针对发病原因采取相应措施。病鸡隔离治疗，口服 50%葡萄糖 3～5 毫升/只，每天 2 次，连用 3～5 天；口服双氢克尿塞 3～5 毫升/只，连用 3～5 天。在病鸡群的饲料中加入抗生素和维生素 C，可提高机体抗病能力和应激能力。

十一、肉鸡猝死综合征

肉鸡猝死综合征（简称 SDS）多发生于肉用仔鸡，土鸡也有发生。以发病突然死亡率高为特点，鸡死前出现共济失调，并发展为强直性惊厥的一种综合性疾病。

（一）病因

该病的病因很复杂，有人认为是一种代谢病，遗传、营养和环境因素都可影响本病的发生。试验表明饲喂破碎料，发病率明显高于饲喂全粉料，究竟是因为快速生长所致，还是因为粒料加工时的某个因子所引起，目前还在争议。也有人认为脂肪肝综合征可能诱发本病。最新报道表明，本病的发生与应激因素密切相关，肉用鸡所受到的应激一般包括以下 4 个方面。

（1）人为因素的应激。如扩大棚舍面积、免疫接种及更换饲料等，鸡在 2 周龄时承受的以上 3 种人为管理因素影响最多，所以 2 周龄时的发病率有一个高峰。

（2）环境气候因素方面的应激。如连日阴雨天气，季节变更（每年的 3、10 月份），这种情况下发病率高。

（3）噪音引起的应激。如鞭炮声、音量过大的音乐和拖拉机启动声等都可诱发 SDS。

（4）光照骤变的应激。有调查表明，SDS 在夜间的发生率较高。在强光下鸡的活动增强，对外界反应敏感，容易发病。另外，夜里停电后突然来电，也可引起发病率的增加。

（二）症状

该病一般发生于1～8周龄的肉鸡，发病高峰在2～3周龄，公鸡的发病率约为母鸡的3倍，患鸡临死前没有明显的异常行为，仔细观察可能会发现患鸡比常鸡表现更为安静，采食速度比平时缓慢，排稀粪，运动略失平衡。患鸡可能突然尖叫、跳起，向前或向后跌倒，翅膀剧烈扇动，肌肉痉挛，双腿蹬动，继而死亡。从丧失平衡至死亡，时间很短（不足1分钟），患鸡一般死于背卧或伏卧姿势，一腿或双腿外伸或竖起。

（三）病理变化

肝脏增大、苍白、易碎，胆囊一般空虚，肾脏变白，肺脏瘀血和水肿，心室通常收缩。

（四）防治方法

1. *治疗*　目前没有特异性治疗方法。

2. *预防*　因本病的病因很复杂，目前尚未成功研制出高效的预防药。采取以下措施可以减少本病的发生率：

(1)在饲养前期饲料营养水平不可太高，建议保持在维持水平即可，另外可改破碎料为相同成分的粉料。

(2)添加生物素，即在每千克日粮中添加300毫克以上的生物素，可降低SDS的死亡率。

(3)添加碳酸氢钠，每只鸡用量为0.62克，将此药溶于饮水中连饮3天，或用碳酸氢钠在每吨饲料中添加3.6千克。

(4)饲喂乳糖，在开食料中添加2.5%乳糖，既可增加体重，又可降低死亡率。

(5)保持环境安静，减少应激，对于不可避免的免疫、更换饲料、气候变化等应激，可先在饲料中添加抗应激药物如琥珀酸、延胡索酸等。

十二、啄　食　癖

(一)病因

啄食癖是啄肛癖、啄羽癖、啄趾癖、啄蛋癖等恶癖的统称,是群养鸡、笼养鸡,是肉鸡尤其是土鸡饲养中最常见的恶癖。一旦发生,鸡只互相啄食,常引起胴体等级下降,产蛋量减少,死亡,造成严重经济损失。除了鸡的品种习性外,饲料配合不当、营养比例失调、必需氨基酸、维生素、微量元素、食盐缺乏等是引起啄食癖的主要原因;此外,鸡舍通风不良、温度过高、湿度过大、饲养密度大、过于拥挤、缺乏充足的运动、产蛋箱不足、外寄生虫侵袭、皮肤外伤出血、母鸡输卵管脱垂等则是诱发啄食癖的因素。

(二)症状

啄食癖的共同特征表现为互相啄食,造成创伤或引起死亡,破坏了正常群体生活的习性。

1. 啄肛癖　雏鸡和育成鸡最为常见。当雏鸡密度过大、运动不足、光线太强或日粮配合不当时最易发生。尤其是雏鸡患白痢病时,病雏肛门周围羽毛粘有白灰样粪便,其他雏鸡就不断啄食病鸡肛门,造成肛门破伤和出血,严重时直肠脱出,很快死亡。产蛋鸡产蛋时泄殖腔外翻,被待产母鸡看见后啄食,往往引起输卵管脱垂和泄殖腔炎。

2. 啄羽癖　各种年龄的鸡群均有发生,但以产蛋鸡、幼鸡换羽时较多见,以翼羽、尾羽刚长出时为严重。常表现为自食羽毛或互相啄食羽毛,有的鸡只被啄去尾羽、背羽,几乎成为"秃鸡"或被啄得鲜血淋淋。

3. 啄趾癖　多在雏鸡中发生。表现啄食脚趾,引起流血或跛行,有的甚至脚趾被啄光。

4. 啄蛋癖　主要发生于产蛋鸡群。表现为自产自食和互相啄食蛋现象。

（三）防治方法

应针对发病原因采取相应措施。

1. 断喙　于6～9日龄进行断喙，是防治啄食癖较好的一种方法。

2. 合理配合饲料　特别是一些重要的氨基酸（如蛋氨酸、色氨酸、赖氨酸等）、维生素和微量元素不能缺少。试验证明，在日粮中添加0.2%的蛋氨酸，能够减少啄癖的发生。

3. 啄羽癖可能是由饲料中硫化物不足引起　在饲料中补充硫化钙粉（把天然石膏磨成粉末即可），用量为每只鸡补充0.5～3克/天，效果很好。或在日粮中加入2%～3%的羽毛粉。

4. 有的啄食癖是由于饲料中缺乏食盐所引起　为此可在日粮中短期添加1.5%～2%的食盐，连续3～4天，可能有效，但不能长期饲喂，避免引起食盐中毒。

5. 及时挑出啄食鸡　鸡群一旦发现啄食癖，应立即将被啄的鸡只移出饲养，对有啄食癖习惯的鸡也可单独饲养或淘汰。有外伤、脱肛的病鸡应及时隔离饲养和治疗，在被啄伤口上涂上与其毛色一致和有异味的消毒药膏及药液，如鱼石脂、磺胺软膏、碘酊、紫药水等，但切忌涂红药水（红汞）。

6. 注意改善环境和加强管理　鸡舍通风要好，饲养密度不宜过大，光线不能太强，最好将门窗玻璃或灯泡涂成红色或绿色。食槽、饮水器应足够。喂饲应定时、定量，尤其是不能过晚。

第八章　优质土鸡的品质鉴定和屠宰加工

鸡肉的品质概念，不同的人有不同的理解和要求。从事养鸡业的人，要求鸡群成活率高，耗料少，日增重快；从事肉鸡屠宰业的人，要求屠体美观，屠宰率高；多数人认为从消费者需要的角度考虑，优质肉鸡的内涵应有风味、外观、保存性、纯洁度、嫩度、营养品质和价格等项目。为保证优质土鸡产品质量，防止鸡的疫病传播扩散，保障人类食品安全，有效地解决生产与市场供需矛盾，更好地适应市场需求，争取产品增值，获取更大的经济效益，必须认真抓好优质土鸡的品质鉴定、分级和屠宰加工工作。

第一节　优质土鸡的品质鉴定和分级

一、优质土鸡上市参考标准

我国优质土鸡品种多样，在生产性能、肉质、风味等方面也互有差异。目前我国优质土鸡尚无统一的国家级标准，各地可根据市场需求，制定自己的企业标准进行试用。以下是优质商品土鸡活鸡上市参考标准：饲养天数 90～120 天，活重 1 300～1 500 克，料肉比约 3.2∶1，饲养成活率 98%以上，商品率 95%以上，半净膛屠宰率（即去内脏保留可食部分，另保留头、颈、脚）85%左右。优质种用土鸡的生产参考标准为：68 周龄产蛋数 170～180 枚，提供健雏数 120～130只，68周龄成活率85%～90%，产蛋期耗料量35～38

千克/只。

二、优质土鸡活鸡的质量标准和分级

为保障人、畜安全，上市销售的土鸡必须健康无病，符合国家颁发的《家畜家禽防疫条例》和肉食品卫生要求。因此，经销活鸡的单位或个人都应正确掌握活鸡的检验方法、质量标准及其分级，以提高经营素质，增加收益。

（一）检验方法

对成群的活鸡一般是先大群观察，再逐只检查。检查通常采用看、触、听、嗅 4 种方法。

1．大群观察　首先全面观察鸡群精神状况，看有无缩颈、垂翅、羽毛蓬乱和孤立闭目等情况，冠的色泽有无发紫发黑。其次，看呼吸是否困难或急促，有无“咕咕”或“嘎嘎”的叫声。

2．逐只检查　方法和步骤如下：

(1)观察头部。左手抓住鸡的两翅，先看头部、口腔、鼻孔。再仔细观察冠、眼和口腔、鼻孔内有无异常。

(2)触摸嗉囊。先用右手触摸，看有无积食，挤压有无气体或积水；然后倒提看有无液体流出。

(3)观察触摸胸腹部。拨开胸腹部绒毛，看皮肤有无创伤、发红、硬块，然后揣摸胸骨两边，看胸肌的肥瘦程度。

(4)检查肛门。看肛门周围绒毛有无绿白色稀粪或石灰样粪便附着；拨开肛门绒毛，看肛门张缩情况和色泽。

(5)听呼吸。将鸡提到耳边，轻拍鸡体，听有无异常的呼吸音。

通过上述检查，将发现的病鸡和可疑病鸡，迅速予以剔除或急宰处理。

（二）质量标准和分级

一般健康鸡在外貌特征上表现冠和肉髯色泽鲜红，质地柔软，眼睛圆大有神，眼球灵活、明亮，嘴喙紧闭、干燥，嗉囊无气体，肛门附近绒毛洁净、干燥，肛门湿润微红，胸肌丰满、有弹性，活泼好动，脚腱有力，体温正常，勤于觅食，粪便软硬适度。

内销规格等级大致分为：一级鸡胸肌十分丰满，背部平宽，腹部脂肪厚实，翅下肋骨附近肌肉突起；二级鸡胸肌丰满，脊部及尾部肌肉发达，腹部脂肪较厚；三级鸡胸骨稍可摸出，脊部比较丰满。稍有脂肪。

出口肉鸡的质量要求：饲养期在90天以内，不分公母，母鸡未下蛋，公鸡未开叫，鸡冠较浅，毛重在1.25～2千克，肌肉丰满，胸肌中部角度在60°以上，有适当皮下脂肪。最好为三黄鸡（黄羽、黄喙、黄脚）或红毛鸡，符合国家卫生规定的健康鸡。凡不符合重量要求，超过规定日龄，外貌有三黑（黑羽、黑脚、黑喙），有慢性病，胸骨尖部发硬，或严重骨折创伤、溃烂的均不能作为活鸡出口。

我国目前出口肉仔鸡的分级如下（供参考）：一级鸡胸肌厚实，胸中部角度在60°以上，胸骨尖部发软并能弯曲，体表无伤、无炎症和红斑；二级鸡胸肌发育较差，胸中部角度不低于50°，胸骨尖部软并能弯曲，允许胸骨略弯曲。

三、优质土鸡光鸡的质量标准和分级

（一）检验方法

经屠宰加工后的光鸡（即屠体），在上市销售或加工前必先经过质量检验，把病鸡剔出来，以防病鸡肉和变质肉流入市场，影响人、禽健康。通常光鸡的检验采用下列3种方法同时结合进行。

1. 肉眼观察　观察肉体和内脏有无异常，如皮肤、肌肉、脂肪、骨骼和各种器官的色泽、形状、光洁程度等。

2. 手指触摸　用手指触摸肌肉与内脏的硬度、弹性及有无结节等情况。

3. 嗅觉检验　用嗅觉嗅检肉质有无酸霉腐败变味或药物气味。嗅检时，可取小块鸡肉，放在装有清水的烧杯或试管中加盖煮沸后揭开，嗅其气味，判别肉质有无腐败变味；也可用削尖的木针从翅下插入胸膛，而后拔出嗅味，进行判别。

检验的程序和内容：根据国家卫生标准，首先应检查鸡体新鲜度；其次观察鸡体表面的完整度和清洁度，判定屠宰加工过程是否符合卫生操作要求；最后检查体腔内有无肿瘤、寄生虫、传染病变存在。对半净膛鸡的体腔可用扩张器撑开泄殖腔，以手电筒照射，看有无血块、粪便、断肠和破碎胆囊等物，并观察脏器和胸膛腹壁的色泽有无异常。

凡检出的变质有病光鸡，均应按规定剔出处理，不能作食用出售。

（二）质量标准

根据国家规定的食品卫生标准，鲜鸡肉（即指鸡宰杀加工，经兽医卫生检验符合市场鲜销而未经冷冻加工的鸡肉）卫生标准感官指标见表 8-1，鲜鸡肉的卫生标准理化指标见表 8-2。

表 8-1　鲜鸡肉卫生标准感官指标

类别	新鲜肉	次鲜肉	变质肉（不得供食用）
眼球	眼球饱满	眼球皱缩凹陷，晶体稍浑浊	眼球干缩，凹陷，晶体浑浊
色泽	皮肤有光泽，因品种不同呈淡黄、淡红灰白、灰黑等色，肌肉切面发光	皮肤色泽较暗，肌肉切面有光泽	体表无光泽，头颈部常带暗褐色

续表 8-1

类别	新鲜肉	次鲜肉	变质肉(不得供食用)
弹性	指压后的凹陷立即恢复	指压后的凹陷恢复慢,且不能完全恢复	指压后的凹陷不能恢复,留有明显痕迹
气味	具有鲜鸡肉正常的气味	无其他异味,惟腹腔内有轻度不快味	体表或腹腔均有不快味或臭味
肉汤	透明澄清,脂肪团聚于表面,具有特殊香味	稍有浑浊,脂肪呈小滴浮于表面,香味差或无鲜味	浑浊,有白色或黄色絮状物,脂肪极少浮于表面,有腥臭味
黏度	外表微干或微湿润,不粘手	外表干燥或粘手,新切面湿润	外表干燥或粘手,新切面发黏

表 8-2 鲜鸡肉卫生标准理化指标

项 目	指 标		
	新鲜肉	次鲜肉	变质肉(不得供食用)
挥发性盐基氮(毫克/100克)	小于 15	15～25	大于 25
汞(毫克/千克)	不得超过 0.05	不得超过 0.05	不得超过 0.05
六六六(毫克/千克)	不得超过 0.5	不得超过 0.5	不得超过 0.5
滴滴涕(毫克/千克)	不得超过 0.5	不得超过 0.5	不得超过 0.5

(三)规格等级

光鸡要求皮肤洁净,无羽毛和血管毛,无擦伤、破皮、污点和溢血。它的规格等级划分,通常是把肥度和重量相结合,而以肥度为主。一级品,肌肉发育良好,胸骨尖不显著,胸角大于 60°,体表皮下脂肪层均匀适度,尾部肥满;二级品,肌肉发育完整,胸骨尖稍显著,胸角大于 50°,体表皮下有脂肪层;三级品,肌肉不很发达,胸骨尖显著,胸角大于 50°,尾部有脂肪层。至于以重量为主划分,则不同制品有不同标准。如半净膛光鸡，一级1.1千克，二级0.6千克；三级0.6千克以下。

四、我国出口冻肉鸡的规格和分级标准

我国目前出口半净膛冻肉鸡规格为：去毛、头、爪、肠，留肺、肾，带翅，另将心、肝、肌胃及颈洗净，用塑料薄膜包裹后放入腹腔内。

分级标准如下：

特级　每只鸡净重不低于1 200克；

大级　每只鸡净重不低于1 000克；

中级　每只鸡净重不低于800克；

小级　每只鸡净重不低于600克；

小小级　每只鸡净重不低于400克。

五、影响土鸡鸡肉品质的因素分析

1. 鸡肉的风味受许多因素的影响　如饲料的种类，日粮中含有油饼和鱼粉，鸡肉会有不良气味；品种间的差异，消费者大多反映我国土鸡品种鸡肉比引进品种鸡肉气味香，味道好。即使在国内的土鸡品种之间，肉的风味也有一定的差别。国外品种，特别是肉用仔鸡味道淡，有腥味；鸡的年龄不同，风味也有区别，一般成年鸡肉的风味较雏鸡肉浓；另外，加工时的开膛、冷却、冷冻、冷藏、包装、加热、脱水和辐射等也影响肉的风味。在加工过程中，加热不当可导致过热味，在贮藏中由于微生物作用，使鸡肉变质。

2. 鸡肉的外观　涉及到屠体上的各种缺陷。在运输和加工过程中应避免皮肤擦伤、撕裂、脱落、关节脱位、骨骼损伤以及屠体充血水肿等。

3. 鸡肉保存性　主要是指在运输、加工、贮藏等过程

中的影响。鸡肉易被微生物感染，因此，要严格控制鸡肉屠宰加工过程的环境卫生，采用电离辐射处理不影响鸡肉的品质，可杀死细菌起保鲜作用，在－2℃条件下，可保留4周，密封包装在－20℃条件下可保持1年。

4. 纯洁度

(1)受环境中化学物质的影响，许多化学药品不论作为鸡外用或在饲料和饮水中添加，都有可能在鸡肉中残留。因此，最好少用化学药品，特别是出场前1周最好不用。

(2)沙门氏杆菌病、传染性滑膜炎、鸡新城疫病毒等能传给人，应经过宰前宰后的卫生检疫，将这些病鸡屠体剔出。鸡肉加工和贮藏是影响鸡肉品质的重要环节之一，应通过各种微生物学检验法确定产品的卫生状况及新鲜度，排除病原物，防止食物中毒。

5. 嫩度　受品种、龄期、加工方法的影响。一般生长期短的鸡嫩度高于成年鸡或老鸡，肌肉组织结构中结缔组织含量高的鸡嫩度低。嫩度好的鸡肉多汁性也好，而多汁性对消费者来说，是受欢迎的。

第二节　优质土鸡的屠宰加工

一、优质土鸡屠宰前的管理

(一)活土鸡的运输

活土鸡的运输要求安全和防止掉失。运输活鸡可用各种交通工具，起运前喂适量的易消化饲料。装笼时要注意做健康检查，及时发现和剔除病鸡。笼底应垫薄片之类，以防擦伤鸡胸部皮肤，影响屠体等级。

运输过程中，夏季要防止雨淋和日晒，冬季要防风、防冻。长途运输时要注意途中饮水,并保证通风良好。

(二)宰前断食

在屠宰前要断食18～24小时,并给予适当的休息时间。如果宰前休息时间过长,则会增加饲养成本;宰前休息时间过短,易发生放血不全,降低肉的质量。适宜的休息时间为12～24小时。

二、屠宰加工方法

目前大型肉联厂采用机械化屠宰加工方法,个体户、专业户采用人工开刀放血屠宰加工方法。

(一)机械化屠宰加工方法

从活鸡到包装冷冻的机械屠宰加工全过程一般需要半小时左右,主要工艺流程是:肉鸡的验收—断食休息—送宰—挂鸡—宰杀—放血—浸烫—脱毛—拔细毛—剪肛门—拉肠—去头和割爪—屠体分割—分级—包装冷冻。

工艺操作主要有以下环节:

1. *宰杀*　多数肉鸡屠宰加工采用电麻法,电流通过鸡体,使中枢神经麻痹,鸡致晕2分钟左右,进行放血。肉鸡采用的电压为65伏,电麻时间为5～6秒。将鸡头在导电铝板上电麻,随着生产流水线的运转,挂在架上的肉鸡立即被电击晕,然后进入宰杀机的导向轨道。导向轨道一边固定,一边有弹簧,刀刃逆流水线方向高速转动,将肉鸡颈部血管截断。

2. *放血*　屠体放血要充分,有利于保证屠体质量和长时间保存,一般放血时间为3～5分钟,然后进行浸烫。

3. *浸烫和脱羽*　浸烫的水温应为60～65℃,浸烫时间一般为30～50秒。浸烫之后,进入脱羽机。如果水温高,会出现热烫,造成次品;水温低,会出现冷烫,造成残羽多,拔除羽毛困难。

4. 拔细毛　去大羽后的屠体，应继续拔除其残存的细毛。拔羽缸或桶内的水既要清洁又要能流动，水盛满后要不断外溢，以便流去浮在水面上的细羽毛。

5. 剪肛门和去内脏　拔除残羽后，进行开肛。在肛门口横剪一刀，长约 3 厘米，用手将鸡肠拉出，冲洗干净后再拉出肌胃、心脏、肝和胆等内脏。

6. 去头和割爪　从第一颈椎去头；从踝关节去爪，剥去爪皮、趾壳和喙壳。

7. 屠体分割　屠体如果需要分割，可将鸡翅、鸡腿、胸肌分割，进行分级分类包装。

（二）人工开刀放血屠宰加工方法

该屠宰加工方法被广泛地采用。主要过程是宰杀、烫羽、拔羽和内脏的处理，如果需要也可以进行屠体分割。

1. 宰杀　一种方法是可以在颈下喉部割断血管、气管和食管，血流出后即死亡。这种颈部放血方法操作简便，但因切口过大，容易被污染，且影响屠体美观。另一种为口腔放血法，即将鸡头固定以后，用刀伸入口腔，刀尖达第二颈椎处，割断颈静脉和桥状静脉的联合处，然后刀尖稍微抽出，在上颌裂缝中央、眼的内侧，斜刺延脑，破坏神经中枢，使其尽快死亡。这种方法外部无伤口，外观整齐，放血也较完全(图 8-1)。

2. 烫毛和拔毛　浸烫的水温应根据鸡的日龄而定。老龄鸡浸烫水温应提高到 65～68℃，浸烫时间也要适当延长。在有些家庭自己宰杀活鸡，往往出现不是没烫透，造成拔毛困难，就是烫得过熟，皮毛齐下，因此要引起注意。

拔毛的动作要轻快，去毛要干净。手拔毛时，可根据羽毛的性能、特点和分布，有顺序地进行。先拔翅羽，每次拔

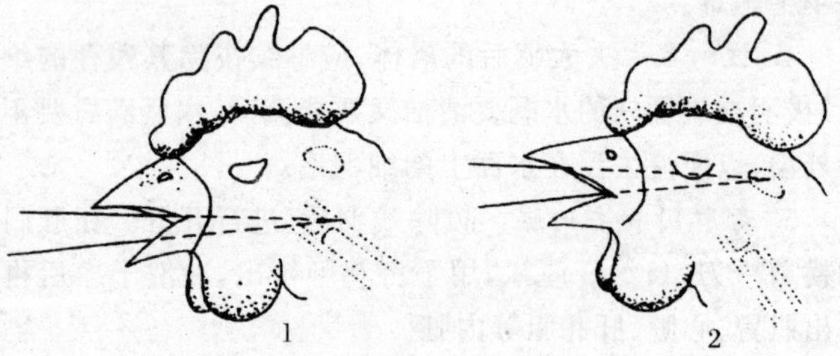

图 8-1　家禽口腔刺杀部位示意图

1. 割断颈静脉与桥状静脉联合处血管　2. 斜刺延脑

1 或 2 根;然后拔背毛;再拔去胸腹部的毛,倒搓拔颈毛;最后拔去尾毛。大中羽去掉以后,还要仔细地去掉表面上的细毛。

3. 内脏的处理　经过浸烫去羽的肉鸡,要立刻进行内脏的处理。

先除肛粪,清除直肠和肛门内的粪便,避免下步操作时污染鸡体。将鸡的腹部朝上,用手掌托住背部,用两手指按下腹部向下推挤,可将粪便从肛门排出体外,然后用水冲洗。

清除瘀血,一手握住头颈,另一手的中指用力将口腔或喉部的瘀血挤出,在水中上下、左右摆动,将血污洗净。同时把喙的角质壳和舌衣拉掉。

开膛有两种方法:一种是翼下开膛,另一种是腹下开膛。翼下开膛,从右翅下缘用刀割开一个月牙形的口,长6～7 厘米,将腱带割断,然后拉肠。采用这种方法加工的鸡可制成烧鸡等。腹下开膛,用刀或剪刀从肛门正中处切开,刀口长 3 厘米,便于食指和中指伸入腹腔拉肠。许多家庭给鸡开膛,从肛门到胸骨端沿正中剖切长 6～10 厘米的口,然后拉肠。

内脏的处理一般有 3 种方式：全净膛、半净膛和满膛。

全净膛的肉鸡，除肾、肺以外，把全部内脏拉出。翼下开膛，要把鸡体腹部朝上，右手控制鸡身，左手压住小腹，用小拇指、无名指、中指用力向上推挤，使内脏脱离尾部，便于取出内脏；然后用右手中指和食指从翼下的刀口处伸入，抠住内脏并拉出，用两手指圈牢食管，将与肌胃周围相连的筋腱和薄膜分开，把全部内脏取出。腹部开膛的鸡，一般用右手的四个手指伸入切口，触到鸡的心脏，向上一转，把周围的薄膜分开，四指抓牢心脏向后拉，取出全部内脏。

如果需要作屠体分割，则按标准进行鸡翅、鸡腿、鸡胸的分割。

三、屠体的包装和冷冻保存

肉鸡经过屠宰加工后，其产品（屠体或分割肉）要进行包装，然后进行冷冻。

（一）包装

经检验合格的屠体及分割肉，在冷冻之前要进行称重、分级、整形、装袋和装箱。

（二）冷冻

冷冻是保持鸡屠体新鲜的最好方法，其操作过程如下。

1. 预冻　经过屠宰加工处理后，应马上移至冷却间进行预冻，室内温度为 2～3℃。查相对湿度为 80%～85%。经过几个小时的冷却，即完成预冻。

2. 速冻　将预冻的包装箱移到冷冻室，使鸡肉内水分结成冰晶。冷冻室温度为－23～－29℃。大约需要 3 小时的冷冻过程，即完成速冻。

3. 冷藏　冷藏温度一般为－18℃。速冻后如需长时间贮存，应及时送入冷藏间，使鸡肉尽可能不受理化因素、微生物的影响。一般贮存时间越长，温度应该越低，如果贮存时间在 8 个月以上，应采用温度 $-23\sim-25$℃、相对湿度 85％～90％的冷藏条件。

第九章　优质土鸡养殖场建筑与设备

为了确保优质土鸡的正常生活环境安宁和卫生，提高生活力、生产力与繁殖力，则必须高度重视鸡场的建筑与设备。鸡舍是鸡生活与生产的重要场所，也是养鸡场重要的建筑结构之一。考虑到鸡的品种与用途、各地的气温、鸡场的规模、饲养方式等，对鸡舍的要求也不尽相同。我国除北方由于冬季较冷，需建筑保温条件较好的鸡舍外，其他地方建筑的鸡舍均可采取简易结构。随着我国优质土鸡养殖业的发展，优良品种的增加，饲养制度与方式的改进，规模的扩大与专门化，各地也开始有计划地兴建一批集约化与机械化的鸡场。鸡场的建设，必须通过认真科学的调查研究，从场址选择、鸡舍建筑、设备与用具、场区卫生防疫设施等方面进行综合考虑，尽量做到完善合理。

第一节　土鸡场的场址选择和布局

一、鸡场场址的选择

场址选择是优质土鸡养殖成败的首要问题。它关系到建场工作能否顺利进行及投产后鸡场的生产水平、鸡群的健康状况和经济效益等。因此，选择场址时必须认真调查研究，周密慎重地进行考虑。

（一）交通和位置

鸡场位置应选择交通方便，接近公路，靠近消费地和饲料来源地的地方，以减少运输费用，降低成本。一般要求距主要公路不少于500米，距次要公路100～150米。鸡场建在环境比较安静而又卫生的地方。一般离城市和居民点不少于15千米。与其他禽场距离不少于20千米，并远离重工业区。

（二）地势

鸡场场址以地势较高、排水容易的平坦或稍有向阳坡度的平地最为理想。这种场地阳光充足、地势高燥，有利于鸡场的卫生。低洼积水的地方不宜建场。

（三）土壤

要求土壤透气透水性能良好，无病原和工业废水污染，以沙壤土或壤土为好。这种土壤疏松多孔，透水透气，有利于树木和饲草的生长，冬天增加地温，夏天减少地面辐射热。砾土、纯沙地不能建场，这种土壤导热快，冬天地温低，夏天灼热，缺乏肥力，不利于植被生长，因而也不利于形成较好的鸡舍周围小气候。

（四）水源

一个规模有10万只的鸡场，每天饮水需要30～40吨，其他如洗涤、降温等用水不少于100吨。所以在考察鸡场的水源时，先要了解供水量是否充足，其次是水源有无污染，并检查水质是否适于养鸡用。

大型鸡场最好能自备深井，以保证用水的质量。因为在地面以下8～10米深处，有机物与细菌已大为减少。

水质好坏是依据水中含有的无机盐、酸碱度、硝酸盐和亚硝酸盐类，以及大肠杆菌的数量而判定的。污染或无机盐过量的水对鸡的生长不利。

（五）供电

电源对鸡场也是非常重要的。电力供应不足或一旦停电都会给鸡场造成严重的损失。所以，电源必须切实得到保证。

(六)放养场地

优质土鸡活泼好动，其生长期和育肥期大多在舍外放养，因此除要求具有较为开阔的饲喂、活动场地外，还需有一定面积的果园、竹林、茶园、树林、山坡等，供其自行采食杂草、虫子、谷物、菜、矿土等各种丰富的食料，满足其营养需要，促进鸡体生长发育，增强体质，改善肉质。此外，在放养场地四周应设置围网或栅栏，注意防范各类兽害，特别是注意防鹰、狼、狐等鸡群的天敌。

(七)防疫条件

最好不要在旧鸡场上建场或扩建。鸡场离居民点、集贸市场、畜禽场和屠宰加工场等易于传播疾病的地方要有一定的距离，最好附近有大片土地，有利于对粪便处理。

目前，在我国饲养土鸡较为集中的一些农村，在村庄的附近开辟养鸡小区，把原来的村中、院内的养鸡舍集中到村外，在改善环境卫生及鸡舍建筑方面起到了积极作用。但是，对养鸡小区内各养鸡户的卫生、消毒、防疫、粪便及病死鸡处理等应加强统一管理，制定出相应的措施和规章制度，不要因其中一户发生疫情而使整个小区内的养鸡户受到影响。

二、鸡场的布局

建筑较大规模的养鸡场时，通常都要考虑分区建设，即所谓的布局问题。鸡场的总体平面布局要求科学、合理，既要考虑卫生防疫条件，又要照顾相互之间的联系，做到有利于生产，有利于管理，有利于生活。否则，容易导致鸡群疫病不断，影响生产。鸡场平面布局设计的一般原则为：

(1)生产区是总体布局的中心主体,占整个鸡场面积的一半以上。生产区内鸡舍的设置应根据常年主导风向,按孵化室、育雏舍、育成舍和成鸡舍这一顺序布置鸡场建筑物,以减少雏鸡发病机会,利于鸡的转群。鸡场生产区内,按规模大小、饲养批次不同分成几个小区,区与区之间要相隔一定距离。每栋鸡舍之间的距离应为50～100米。

(2)生产区与生活区要分开,并相距100米以上,且有严格的隔离措施。

(3)行政、供应区距生产区应在80米以上。

(4)场内道路应分为清洁道和脏污道,互不交叉。清洁道用于鸡只、饲养和清洁设备等的运输。脏污道用于处理鸡粪、死鸡和脏污设备等的运输。

第二节　土鸡舍建筑

一、鸡舍建筑的基本要求

(一)保温防暑性能好

土鸡个体较小,但其新陈代谢机能旺盛,体温也比一般家畜高。因此,鸡舍温度要适宜,不可骤变。尤其是1日龄至1月龄的雏鸡,由于调节体温和适应低温的机能不健全,在育雏期间受冷、受热或过度拥挤,常易引起大批死亡。

1日龄至4周龄雏鸡的适宜温度为21～35℃。夜间停止光照后,要提高室温1～2℃。一般认为优质土鸡鸡舍适宜温度范围在21～25℃之间。

(二)通风换气良好

鸡舍规模无论大小都必须保持空气新鲜,通风良好。由于鸡的新陈代谢旺盛,每千克体重所消耗的氧气量是其他动物的2倍，所以必须根据鸡舍的饲养密度，相应增加空气的供应量。尤其是在饲养密度过大的鸡舍中，氨、二氧化碳及硫化氢等有害气体迅速增加，不搞好鸡舍的通风换气工作，被污染的空气就会由气囊侵入鸡体内部，影响鸡体的生长发育和产蛋，并能引起许多疾病。鸡舍内保持适当通风换气量及气流速度，主要作用在于：①控制舍温；②有利于鸡体散热；③排除鸡体呼出和排泄的水分；④清除有害气体以维持空气新鲜、舍温均匀而无贼风的环境。有窗鸡舍采用自然通风换气方式时，可利用窗户作为通风口。如鸡舍跨度较大，可在屋顶安装通风管，管下部安装通风控制闸门，通过调节窗户及闸门开启的大小来控制通风换气量。密闭式鸡舍需用风机进行强制通风，其所起的换气、排湿、降温等作用更为显著和必要。在设计鸡舍时需按夏季最大通风量计算，一般每千克体重通风量在4～5米^3/小时，鸡体周围气流速度以夏季1～1.5米/秒、冬季0.3～0.5米/秒为宜。

通风洞口的设置要合理，进气口设于上方，排气口设于下方，靠风机的动力组织通风，舍外冷气进入鸡舍预热后再到达鸡群饲养面上，然后排出舍外，这对鸡群有利。

窗户、进出气口或风机的设置对卫生要求来说，还在于防止鸡舍内有害气体浓度的升高。如果空气中氨的浓度为0.02‰持续6周以上，就会引起肺部水肿、充血，导致鸡新城疫等病的发病率就会升高。

在正常情况下，鸡舍内氨气的浓度不应高于0.02‰，二氧化碳的浓度不得超过0.5%（正常含量为0.03%），硫化氢含量量应在0.01‰以下。

（三）光照充足

光照分为自然光照和人工光照，自然光照主要对开放式鸡舍而言，充足的阳光照射，特别是冬季可使鸡舍温暖、干燥和消灭病原微生物等。因此，利用自然采光的鸡舍首先要选择好鸡舍的方位，朝南向阳较好。其次，窗户的面积大小也要恰当，优质土鸡种鸡鸡舍窗户与地面面积之比以1∶5为好，商品鸡舍则相对小一些。

（四）便于冲洗排水和消毒防疫

为了有利于防疫消毒和冲洗鸡舍的污水排出，鸡舍内地面要比舍外地面高出20～30厘米，鸡舍周围应设排水沟，舍内应做成水泥地面，四周墙壁离地面至少有1米的水泥墙裙。鸡舍的入口处应设消毒池。通向鸡舍的道路要分为运料清洁道和运粪脏道。有窗鸡舍窗户要安装铁丝网，以防止飞鸟、野兽进入鸡舍，避免引起鸡群应激和传播疾病。

二、鸡舍的类型

鸡舍基本上分为两大类型，即开放式鸡舍（普通鸡舍）和密闭式鸡舍。不同类型鸡舍各有其特点，应因地选择。

（一）开放式鸡舍

开放式鸡舍又有多种形式，在我国南方炎热的地区往往修建只有简易顶棚而四壁全部敞开的鸡舍；有的地区修建三面有墙、南向敞开的鸡舍；最常见的形式是四面有墙、南墙留大窗户、北墙留小窗户的有窗鸡舍，南边或设或不设运动场。这类鸡舍全部或大部分靠自然通风、自然光照，舍内温度、湿度基本上随季节的变化而变化。由于自然通风和光照有限，在生产管理中这类鸡舍常增设通风和光照设备，以补充自然条件下通风和光照的不足。

建这类鸡舍的优点是：投资较少，设备简单，对建筑材料、施工工艺要求不高。在设有运动场和喂给青饲料的条件下，对饲料的要求不十分严格；鸡本身因受自然光照的影响，体质健壮。其缺点是：生产的淡旺季明显，鸡的生理状况和生产性能受自然条件影响较大，相对不稳定，鸡体通过大气、土壤、昆虫等各种途径感染疾病的机会较多。

开放式鸡舍适用于我国南方和中部地区。一般中、小型鸡场及农户养鸡都选用这类鸡舍。

（二）密闭式鸡舍

密闭式鸡舍又称无窗鸡舍。这种鸡舍顶盖与四壁隔热良好；四面无窗，舍内环境通过人工或仪器控制进行调节，造成鸡舍内“人工小气候”。鸡舍内采用人工通风与光照，通过变换通风量的大小，控制舍内温度、湿度和空气成分。

建密闭式鸡舍的优点：鸡舍环境稳定，不易受大气、病虫害等不利因素的影响；生产稳定、安全；由于实行人工光照，有利于控制种鸡的性成熟和刺激产蛋，也便于鸡群实行诸如限制饲养、强制换羽等措施。缺点是：建筑标准和附属设备要求较高，投资较大；鸡群因受不到阳光的照射，接触不到土壤，因而对饲料的全价性要求较高。

密闭式鸡舍适用于我国北方地区。

三、鸡舍的屋顶形式

鸡舍多为平房，近年来也有采用楼房养鸡的。平房鸡舍的屋顶形式有多种，如单坡式、双坡式、气楼式、拱式、平顶式、双坡歧面式等，楼房鸡舍的顶部多为平顶式。选择屋顶的形式，要考虑到鸡舍的跨度、建筑材料、气候条件、鸡场规模以及达到的机械化程度等因素。如单坡式鸡舍一般跨度较小，适于小规模养鸡；双坡式和平顶式鸡舍跨度较大，适于大规模机械化养鸡；双坡歧面式鸡舍，采光和保温较好，适于北方地区。

四、鸡舍各部结构要求

（一）地基与地面

地基应深厚、结实。地面要求高出舍外，防潮，平坦，易于清刷消毒。

（二）墙壁

隔热性能好，能防御外界风雨侵袭。我国多用砖或石垒砌，墙外面用水泥抹缝，墙内用水泥或白灰挂面，以便防潮和利于冲刷。

（三）屋顶

屋顶由屋架和屋面两部分组成，要求隔热性能好。屋架可用钢筋、木材、预制水泥板或钢筋混凝土制成，屋面要防风雨、不透水并隔绝太阳辐射，我国常用瓦、石棉瓦或苇草等做成。屋顶下面最好设顶棚，以增加鸡舍的隔热防寒性能。

（四）门窗

门的位置要便于工作和防寒，一般门设在南向鸡舍的南面。门的大小应以舍内所有的设备及舍内工作的车辆便于进出为度。一般单扇门高 2 米，宽 1 米；两扇门，高 2 米，宽 1.6 米左右。

窗的位置和大小关系到鸡舍的采光、通风和保温，开放式鸡舍的窗户应设在前后墙上，前窗应高大，离地面可较低，以便于采光。窗户与地面面积之比为：商品土鸡舍 1∶8～12，种鸡舍 1∶5。后窗应小，约为前窗面积的 2/3，离地面可较高，以利于夏季通风。密闭式鸡舍不设窗户，只设应急窗和通风进出气孔。

（五）鸡舍的跨度、长度和高度

鸡舍的跨度视鸡舍屋顶的形式、鸡舍类型的饲养方式而定。单坡式与拱式鸡舍跨度不能太大，双坡和平顶式鸡舍可大些；开放式鸡舍跨度不宜太大，密闭式鸡舍跨度可大些；笼养鸡舍要根据安装鸡笼的组数，并留出适当的通道后，再决定鸡舍的跨度；平养鸡舍则要看供水、供料系统的多少，并以最有效地利用地面为原则决定其跨度。一般跨度为：开放式鸡舍 6～10 米；密闭式鸡舍 12～15 米。

鸡舍的长度，一般取决于鸡舍的跨度和管理的机械化程度，跨度 6～10 米的鸡舍，长度一般在 30～60 米。跨度较大的鸡舍如 12 米，长度一般在 70～80 米。机械化程度较高的鸡舍可长一些，但一般不宜超过 100 米，否则，机械设备的制作与安装难度较大，材料不易解决。

鸡舍的高度应根据饲养方式、清粪方法、跨度及气候条件确定。跨度不大、平养及不太热的地区，鸡舍不必太高，一般鸡舍屋檐高度为 2～2.5 米；跨度大、夏季气候较热的地区，又是多层笼养，鸡舍的高度为 3 米左右，或者以最上层的鸡笼距屋顶 1～1.5 米为宜；若为高床密闭式鸡舍，由于下部设粪坑，高度一般为 4.5～5 米。

（六）操作间与走道

操作间是饲养员进行操作和存放工具的地方。鸡舍的长度若不超过 40 米，操作间可设在鸡舍的一端，若鸡舍长度超过 40 米，则应设在鸡舍中央。走道是饲养员进行操作的通道，其宽窄的确定要考虑到饲养人员行走和操作方便。走道的位置视鸡舍的跨度而定，平养鸡舍跨度比较小时，走道一般设在鸡舍的一侧，宽度 1～1.2 米；跨度大于 9 米时，走道设在中间，宽度 1.5～1.8 米，以便于采用小车喂料。笼养鸡舍无论鸡舍跨度多大，均应视鸡笼的排列方式而定，鸡笼之间的走道为 0.8～1 米。

（七）运动场

开放式鸡舍地面平养时，一般都设有运动场。运动场与鸡舍等长，宽度约为鸡舍跨度的 2 倍。运动场应向阳、地面平整、排水方便；还应设有遮阳设备；其周围以围篱相隔，以防鸡只串群和其他兽禽侵袭。

（八）鸡舍通风

通风具有排除舍内污气，调节温、湿度等作用。通风的方式有两种，即自然通风和机械通风。开放式鸡舍以自然通风为主，当跨度超过 7 米时，应安装风机辅以机械通风。密闭式鸡舍全靠机械通风。

机械通风分为正压通风和负压通风。风机向外排风称为负压通风，风机向舍内吹风称为正压通风。负压通风的方式有好几种，选用什么方式依鸡舍的跨度而定。跨度不超过 10 米的鸡舍多采用穿透式负压通风；跨度在 12 米以内、放 2～4 层鸡笼的鸡舍适宜用屋顶排气式负压通风；跨度 20 米以内、放 5～6 组鸡笼的鸡舍适宜用侧墙排气式负压通风等。

进气口的面积按 1 000 米^3/小时换气量需 0.096 米^2 的进气口面积计算，若进气口有遮光装置，则增加到 0.12 米^2。

第三节　土鸡养殖常用设备及用具

养鸡需要一定的设备和用具，设备要实用，符合养鸡要求，才能把鸡养好。对设备和用具的基本要求是：容易操作，设计简单，维修方便，易于搬动，体积要小，经济耐用。土鸡养殖场常用设备和用具包括供暖加温设备、喂料设备、饮水设备、环境控制设备、鸡笼、种鸡产蛋箱及捕鸡、装鸡工具等。

一、供暖加温设备

雏鸡在育雏阶段，尤其是寒冷的冬天及早春、晚秋都要增加育雏室的温度，以满足雏鸡健康生长的基本需要。供暖加温设备有好多种，不同地区的养鸡场、养鸡户可根据当地的热源（煤、电、煤气、石油等）选择某种供暖设备来增加育雏温度，特别是新养鸡户，经济条件较差，要力争做到少花钱、养好鸡、争赢利。下面介绍 5 种保暖设备和加温方法供选择。

（一）煤炉

煤炉可用铁皮制成，或用烤火炉改制。炉上应有铁板制成的平面炉盖。炉身侧上方留有出气孔，以便接上炉管通向室外排出煤烟及煤气，煤炉下部侧面，在出气孔的另一侧面，留有一个进气孔，并有铁皮制成的调节板，由进气孔和出气管道构成吸风系统，由调节板调节进气量以控制炉温，炉管的散热过程就是对室内空气的加温过程。炉管在室内应尽量长些，也可一个煤炉上加 2 根出气管道通向室外，炉管由炉子到室外要逐步向上倾斜，到达室外后应折向上方且以超过屋檐为好，从而利于煤气的排出。煤炉升温较慢，降温也较慢，所以要及时根据室温更换煤球和调节进风量，尽量不使室温忽高忽低。此法适用于小范围的加温育雏，在较大面积的育雏室，常用保温伞来增加雏鸡周围的环境温度。

除用煤炉增加室温外，还可用锯末炉来增加育雏温度。用大油桶制成似吸风装置的煤炉（即锯末炉），在装填锯末时，在炉子中心先放一圆柱体，将锯末填实四周，压紧后将圆柱体拔出，使进风口和出气管道形成吸风回路，然后在进风口处点燃锯末，关小进风口让其自燃，这样可均匀发热。一间 20 米^2 的育雏室需用 2 个锯末炉，一个燃烧大约八成时，将另一炉点燃接着加温，绝不能等第一炉燃光熄火再点燃另一炉，这样会使室内温度不平稳，不利于雏鸡的健康生长。使用这种锯末炉一定要将炉中锯末填实，否则锯末塌陷易熄灭。锯末炉对能源和资金比较紧张的养鸡户更为简单适用。

（二）火炕（地下烟道）

将炕直接建在育雏室内，烧火口设在北墙外，烟囱在南墙外，要高出屋顶，使烟畅通。火炕由砖或土坯砌成，一般可使整个炕面温暖，雏鸡可在炕面上按照各自需要的温度自然而均匀地分布。

（三）电热保温伞

可用铁皮、木板或纤维板制成，也可用钢筋管架和布料制成，内面加一层隔热材料。伞的下部用电热丝、电热板或远红外线加热，外加一个控温装置，可根据需要按事先制定的温度范围自动控制温度。目前电热保温伞的典型产品有浙江、上海等地生产的成型产品，每个直径 2 米的伞面可育雏 500 只。伞的下缘要留有 10～12 厘米的空隙，让雏鸡自由进出，离保温伞周围约 40 厘米处加 20～30 厘米高的围篱，以防止雏鸡离开保温伞而受冻，7 天以后取走围篱。冬天使用电热保温伞育雏，需用火炉增加一定的室温。

（四）燃气加热器

燃气加热器主要靠煤气和天然气加热。采用湿帘降温、纵向通风的鸡舍，在进风的一端安装燃气加热器，在另一端靠风机开启将暖气吸过去，鸡舍内达到所需的温度，自动控制装置点火开关自动熄灭。温度下降到规定的值时，加热器自动点火燃烧加温。使用这种燃气加热器，鸡舍内温度平稳，清洁卫生，鸡群舒适，雏鸡生长快，饲料报酬高，育雏效果好，但燃气消耗大，费用较高。

(五)立体电热育雏笼

一般为4层，每层4个笼为1组，每个笼宽60厘米，高30厘米，长110厘米，笼内装有的电热板或电热管为热源。

立体电热育雏笼饲养雏鸡的密度，开始每平方米可容纳70只，随着日龄的增加和雏鸡的生长，应逐渐减少饲养数量，到20日龄应减少到50只，夏季还应适当减少。

二、喂料设备

(一)雏鸡喂料盘

雏鸡喂料盘主要供开食及育雏早期(0～2周龄)使用。市场上销售的优质塑料制成的雏鸡喂料盘有圆形和方形两种，每只喂料盘可供80～100只雏鸡使用。

(二)饲料桶

饲料桶供2周龄以后的小鸡或大鸡使用。饲料桶由一个可以悬吊的无底圆桶和一个直径比桶略大些的浅圆盘所组成，桶与盘之间用短链相连，并可调节桶与盘之间的距离。圆桶内能放较多的饲料，饲料可通过圆桶下缘与底盘之间的间隙距离自动流进底盘内供鸡采食。目前市场上销售的饲料桶有4～10千克的好几种规格。这种饲料桶适用地面垫料平养或网上平养。饲料桶应随着鸡体的生长而提高悬挂的高度。饲料桶圆盘上缘的高度与鸡站立时的肩高相平就可。料盘的高度过低时，因鸡挑食而溢出饲料，造成浪费；料盘过高，则影响鸡的采食，影响生长。

(三)食槽

适用于笼养种鸡和平养小鸡，平养小鸡使用的食槽要求方便采食，不浪费饲料，不易被粪便、垫料污染，坚固耐用，方便清刷和消毒。一般采用木板、镀锌板和硬塑料板等材料制作。所有食槽边口都应向内弯曲，以防止鸡采食时挑剔将饲料溢出槽外。根据鸡体大小不同，食槽的高和宽要有差别，雏鸡食槽的口宽10厘米左右，槽高5～6厘米，底宽5～7厘米；大雏或成鸡用的口宽20厘米左右，槽高10～15厘米，底宽10～15厘米，长度1～1.5米。为防止鸡只踏入槽内弄脏饲料，可在槽口上方安装一根能转动的木棍，也可采用8号铁丝穿上竹管制成。

近年来，具有一定经济实力和一定饲养规模的养鸡户，逐渐采用自动喂料机喂养种鸡和仔鸡，这不仅有利于减轻给料的劳动强度，更主要的是能控制料量，并在短时间内上完料，使每只鸡采食均匀，有利于大群鸡生长发育整齐。

地面平养或网上饲养的自动喂料机，目前使用最普遍的是链板式喂料机，它由料槽、料箱、驱动器、链片、转角器、除尘器、料槽支架等部分组成。饲料从料箱中靠链条运到饲料槽中，每只鸡所需的槽位10～12厘米（计算时按料槽的两边长度加起来的伸延长度计算）。根据鸡舍的面积和饲养鸡只数，算出需要料槽长度和安装料槽列数。一台喂料机可装2列或4列料槽。料槽边口上安装栖架，①喂料运行速度较快，快速喂料机运行18～30米/分，安装栖架以防鸡只跑进料槽内而被损伤；②防止鸡栖息在料槽上拉粪而污染料槽。喂料机由定时开关控制，能间隔一定的时间循环运转。

三、饮 水 设 备

（一）水槽

通常由镀锌铁皮、木材或塑料做成，呈长条状，挂于鸡笼或围栏之前，多用于笼养或网上平养，也可用于地面平养。饮水时要用铁丝网罩盖住，以防鸡进入水槽内。一般采用长流水供应。其优点是结构简单，清洗容易，缺点是易传播疫病，耗水量大。

近年来也有一些鸡场采用长管形饮水槽。它的优点是能大大减少外界落物的污染，不易漏水，每隔数天可用装于其中的海绵活塞，由一端向另一端抽动，带去内壁污物，以保持干净。

(二)水盆

水盆用塑料或陶瓷制成，上面盖有铁丝网罩。

(三)真空饮水器

真空饮水器多用于平养。由一圆锥形或圆柱形的容器倒扣在一个浅水盘内组成。圆柱形容器浸入浅盘边缘处开有小孔，孔的高度为浅盘深度的1/2左右，当浅盘中水位低于小孔时，容器内的水便流出直至盖没小孔为止。真空饮水器轻便实用，也易于清洗，适合于鸡的各个生长阶段。

(四)钟形饮水器

钟形饮水器多用于平养。此外，在笼养鸡中也较常采用乳头式饮水器和杯式饮水器。这种饮水器供水较卫生，但对水质和水压有一定要求。

四、环境控制设备

环境控制设备主要指用于排除鸡舍内多余水汽、热量和有害气体，以及降低舍内气温的设备，目前国内主要有通风机和喷雾降温设备。要求噪声小、风量大，利于鸡舍通风换气。喷雾降温设备主要用于大中型平养和笼养鸡场夏季舍内降温，或加入消毒药水进行带鸡消毒，降低舍内粉尘，净化舍内环境，为鸡群创造较适宜的小气候。

五、鸡　　笼

(一)育雏笼和育肥笼

市售的育雏笼和育肥笼型号很多，各地养鸡场或养鸡户可根据实际情况购用。鸡笼的材料多是钢丝、铁丝,直径2～3毫米。为延长钢丝或铁丝鸡笼的使用年限,可采用镀锌、镀塑等防腐措施。除购买商品笼外,养鸡户可利用废墙在露天搭架建造临时性的肉鸡饲养笼。这种饲养笼构思新颖,不但通风良好,而且由于顶部开有天窗,鸡只可得到适当的阳光,对鸡的生长发育有利。

(二)种鸡笼

我国现有种鸡笼分群体笼和单体笼两种,采用自然交配的种鸡使用群体笼,采用人工授精方法的种鸡使用单体笼。

六、种鸡产蛋箱

凡平养种鸡舍均需设置产蛋箱。产蛋箱分敞开式和自闭式两种。生产鸡群用敞开式产蛋箱,育种鸡群宜用自闭式产蛋箱。

产蛋箱一般宽30～35厘米,深35～40厘米,高30～40厘米。平均每4～5只鸡设1个产蛋箱,产蛋箱离地面高度40～50厘米,一般设2层。产蛋箱可用木板、纤维板制成,也可用金属丝点焊成。

产蛋箱设置在暗处,为了便于人工或机械集蛋,产蛋箱应倾斜6°～8°,并与箱壁留有5～6厘米的缝隙,伸出12～15厘米,这样蛋可自动滚出,减少破蛋率,利于蛋壳清洁。

七、捕鸡、装鸡工具

常用捕鸡用具有捕鸡网、捕鸡笼和捉鸡钩。

捕鸡网是用铁丝制成一个圆圈,上面用线绳接成一个浅网,后面接上一个木柄。使用时可用网将鸡扣在下面,也可贴着地面将鸡铲入网中。捕鸡网适用于笼养或野外捉鸡。

捕鸡笼即用铁丝或竹木制成笼子，在笼子的顶上与侧壁开设小门。捕鸡时可将笼门对准鸡舍的洞口，将鸡赶入笼内。

捉鸡钩用 8 号铁丝做成，一端弯成钩，另一端弯成把，把的长度与人高基本相当，捉鸡钩适宜在大群中捉鸡。

在养鸡场还应备有盛鸡和运鸡的笼子。笼子的大小及网眼的大小可根据鸡的大小而定。装运雏鸡的笼子每格可运 30～50 只，网孔直径为 1 厘米左右；装运成鸡的笼子每格装 10～20 只，网孔直径 3 厘米左右。

除上述几种鸡场常用设备和用具外，各土鸡养殖场或专业户还必须有目的地购置饲料加工设备、孵化设备、清粪设备、集蛋机械、屠宰加工设备、断喙器等，限于篇幅，在此不再一一赘述。

第十章　优质土鸡养殖场的经营管理

近年来，随着优质土鸡规模化、集约化生产的发展，以及加入 WTO 后人们对优质安全禽肉要求的不断提高，鸡肉产品市场竞争程度空前加剧，鸡场经营管理的作用显得尤为突出和重要。如果没有准确的经济信息、较低的生产成本、较好的产品质量和较高的劳动生产率，其产品就没有竞争力，就会在竞争中被淘汰。因此，必须对土鸡生产全过程的经济活动进行合理的经营，科学的管理，达到“人尽其力，物尽其用，鸡尽其能”的效果，才能实现预期的经济效益。多年来我国肉鸡业发展的实践也充分证明，无论是多大的养鸡场(户)，经营管理已处在与现代养鸡技术同等的重要位置，必须在抓好生产技术的同时，高度重视养殖场的经营管理，这样生产目标和经济目标才能得以实现。

第一节　鸡场经营管理的主要内容

鸡场和专业户养鸡，都必须注重经营管理。经营管理的目的在于取得高产、优质、低成本和高收益的成果。

鸡场经营管理的主要内容有：

一、市场预测

市场是商品交换的产物，优质土鸡产品必须依赖市场进行交换。市场预测亦称销售预测，是预测在未来一段时间内，市场上需求的产品品种、规格、数量、质量、生命周期等，用以作为养鸡场营销计划和营销决策的重要依据。市场预测一般分长期(3～5 年)、中期(1～3 年)、短期(1 年以内)预测 3 种类型。而从事市场预测工作,必须以及时掌握市场信息和搞好市场调查为基础。常用的市场调查方法有普查法、抽样调查法、重点调查法、询问法、观察法和实验法等。

二、计划管理

根据市场需求,养鸡场在年度生产过程中,一般应制定和执行以下计划。

(一)孵化、育雏计划

该计划的目的在于保证后备鸡、商品鸡和出售雏鸡的需要。种用鸡场和自繁自养的鸡场都必须有孵化、育雏计划。孵化计划的内容包括全年孵化批次、品种、入孵日期、孵化量、受精率、孵化率、健雏率等。育雏计划包括批次、育雏日期、品种、育雏只数、转群日期、育雏天数、成活数、成活率等内容。

(二)鸡群周转计划

鸡群构成,在自繁自养综合经营的养鸡场中,一般分为雏鸡、生长鸡、育肥鸡、育成母鸡、种母鸡、种公鸡和成年淘汰肥育鸡等。

一般商品土鸡群的饲养期是雏鸡 0～4 周龄,生长期 5～8 周龄,育肥期 9 周龄至上市;种用土鸡的饲养期为雏鸡 0～6 周龄,育成母鸡 7～22 周龄,种鸡 23～64 周龄。由于鸡生长迅速,鸡群周转计划应按月编制,使全场鸡群数量和产蛋数量经常维持在同一水平,减少季节和市场价格的影响,使设备的运转率、种鸡产蛋量或肉鸡出栏数,经常保持在较高水平。

（三）产品生产计划

养鸡场的产肉计划，可根据周转计划中所能提供的商品土鸡数和肥育的成鸡数，按一定的宰杀率来计算。种蛋生产计划可根据各月平均饲养的产蛋种母鸡数和一定的产蛋率，计算出各月的产蛋数，然后汇总为全年的产蛋计划。商品土鸡的屠宰加工亦应制定分月的全年生产计划。

（四）产品销售计划

养鸡场生产的种雏、种蛋、商品土鸡、鸡肉加工制品，以及淘汰鸡、鸡粪等副产品，均应根据市场需求量和生产计划编制产品销售计划，实行以销定产，防止生产的盲目性。

（五）其他计划

围绕产品销售计划和生产计划还应编制相应的物资供应、成本核算和财务收支等项目计划。

三、生产管理

为将生产、销售任务分解落实到部门、鸡舍、班组和个人，必须建立岗位责任制（或实行定额承包），实行培训后上岗的制度，制定生产技术操作规程，建立生产与销售记录统计日、月报制度。并定期分析，督促检查，以保证经营目标的顺利完成。

四、质量管理

要用提高工作质量来保证产品质量和服务质量，即事先采取各种措施，把设计、设备、工艺流程以及人为可能造成质量事故的因素，尽可能地控制起来，不断提高部门、班组、人员的工作质量，防止质量事故的发生。与此同时，对产品质量和服务质量按标准要求进行检查，也是必不可少的。

五、财 务 管 理

在市场经济体制下，养鸡场财务管理的目标，即采取最优的财务政策，以达到尽可能高的经济效益。在筹集资金上，既要考虑满足生产经营需要，又要考虑不同的筹资方式带来的资金成本的高低、财务风险的大小，以便选择最佳的筹资方式。在投资活动中，力求提高投资报酬，降低投资风险。在日常经营中，注重合理使用资金，加速资金周转，提高资金利用效果。在利润分配活动管理上，要采取各种措施，提高利润水平，合理分配利润。财务工作者要认真参与产品成本分析核算，制定增产节约措施，抓紧资金回笼，做好财务收支报表，提出年度经济效益分析报告，当好场领导的参谋。

六、物 资 管 理

养鸡场的物资管理，是指对鸡场所需的各种物资进行有计划地组织、采购、验收、保管、供应、节约、使用和综合利用等一系列管理工作的总称。为此，要充分掌握饲料、疫苗、药品、燃料、设备及部件等物资的需求情况，按品种、时间、质量、数量，经济合理地保证供给，合理使用和节约物资，降低消耗。同时，经济合理地确定物资储备量，建立健全物资管理的各项制度和手续。

七、营 销 管 理

销售是养鸡场的“生命”，营销管理在当今市场竞争激烈、利润空间缩小的情况下，具有十分重要的意义。①要选择目标市场给产品作具体的定位，以开拓市场，占领市场；②要根据不同的市场情况和生产成本，确定合理的价格；

③要选择销售费用少、销售量大、流通时间短、经济效益好的销售渠道；④要把人员促销、广告宣传、营业推广和公共关系等促销因素有机地结合起来，形成整体的促销策略；⑤要建立完整的销售网络，加强宣传，引导消费，并注意新产品的研制和开发。

八、组织管理

养鸡场由于规模不同，其机构设置、人员编制也不同。一般鸡场的领导班子，由场长、生产副场长、销售副场长、行政副场长、财务副场长组成，下设机构为生产部门、营销部门、行政后勤部门及财务部门。人员编制视养鸡场规模而定，除部门、班组骨干采用固定职工外，应多用合同制的临时工，临时工一般1～3年可予以更换，这样既为农村培养了饲养加工能手，又使用工制度保持了活力。

第二节　鸡场经营方向和管理模式的决策

一、鸡场经营方向的决策

土鸡养殖场的经营方向，是指办什么类型的鸡场，即是办专业化鸡场，饲养种鸡或饲养商品鸡；还是办综合性鸡场。这要根据市场需求，兼顾市场价格、生产成本而定；同时还要考虑生产上的可行性。养鸡场的经营方向，实质上就是养鸡场的经营类型。

（一）专业化鸡场

1. 种鸡场　种用土鸡场生产的目的是培育、繁殖优良鸡种，向社会提供种苗或种蛋，其品种优劣、饲养好坏，直接关系到千家万户的养鸡效益。且投资多、技术要求高，故一般由国家或集体单位经营。这类鸡场一般仅饲养一个品种鸡，否则会因为品种多，易造成品种混杂退化，具体操作上的困难也较多。

2. 商品鸡场　商品鸡场的目的是为社会提供质优、量大、安全的肉鸡产品。这类鸡场可大可小，国家、集体、个体均可经营。

（二）综合性鸡场

综合性鸡场，一般经营范围广，规模大，形成制种、孵化、商品生产、饲料加工、禽产品加工、销售一条龙的生产体系，有的还兼营其他有关行业。随着市场经济的发展，这类鸡场的走向趋势是规模化、集约化、产业化；强调高层次管理和质量高标准；重视信息作用，树立企业形象；跨地区和跨国经营；技术进步日益加快。这类鸡场，目前多数采取“公司＋农户”的办法，形成产供销一体化经营。

二、鸡场管理模式的决策

养鸡场应根据鸡场的规模、技术和管理力量，确定科学的管理模式。

（一）“监工”式管理

监工式管理就是以“监工”为核心，通过“监工”现场指导，督促完成生产任务的一种管理模式，适用于小型鸡场和专业户养鸡。其优点是：这种管理办法，一竿子插到底，既减少了机构，节省了人员，能够达到调整、高效的目的；又弥补了小型鸡场人才缺乏、职工素质较低的缺陷。其缺点是：“监工”集生产技术于一身，负担太重，而工人处于被动服从地位，很难发挥主观能动性。

（二）专业化管理

这种管理模式，主要适用于中等规模的专业养鸡场。这种鸡场虽工作性质不复杂,但因具有相当规模,产供销及后勤、思想工作都要有专人或部门去抓,不仅需要各部门建立稳定协调的关系,还要有一套严格的全面的规章制度和考核办法。这种管理模式,可克服"监工"式管理的弊端,但对管理人员的素质要求高,对工人需做过细的思想工作。

(三)系统化管理

系统化管理,适用于集良种繁育、饲料生产、商品鸡饲养、产品加工于一体的综合性养鸡场或公司。总场或总公司对下属场或分公司,仅从经营方针、计划、效益方面加强领导,不参与下属单位的具体事务管理。而下属单位,在总场或总公司的领导下,实行专业化管理。

第三节　提高养鸡场经济效益的措施

一、改善经营管理

(一)进行正确的经营决策

在广泛的市场调查(包括土鸡的市场需求量、收购价格、饲料价格等)并测算可获取的经济效益的基础上,结合分析内部条件如资金、场地、技术、劳力等,进行经营方向、生产规模、饲养方式、生产安排、管理模式等方面的经营决策。正确的经营决策可收到较高的经济效益,错误的经营决策可导致重大的经济损失甚至破产。

(二)确定正确的经营方针

按照市场需要和本场的可能,充分发挥内部潜力,合理使用资金和劳力,实现合理经营,保证生产发展,提高劳动生产率,最终提高经济效益。

(1)正确处理鸡场与国家的关系,同时严格遵守国家的政策法令。

(2)正确处理与收购站、屠宰场、消费者的关系，在质量、价格、交货日期等方面，不损害用户的利益，要诚实经营，以质量占领市场，以信誉求得发展。

(3)正确处理与竞争对手的关系，要运用正当的手段，开展文明竞争。在竞争中合作，在合作中竞争。

(4)正确处理与鸡场职工的关系，关心职工的切身利益，根据可能提高职工的技术文化和物质生活水平，解决职工的实际问题，以人为本，调动职工的生产积极性和创造性。

确定经营方针的原则是：既考虑需要，又考虑单项效果；既考虑眼前效果，又考虑长远利益。总之，正确的经营方针要能够以最低的消耗取得最多的优质产品。

(三)实行目标管理和岗位经济责任制

实行目标管理和岗位经济责任制，是提高效益的重要途径之一，也是养鸡场经营管理的一个重要环节。进行双向考核，即主要经济技术指标的目标奖罚责任制和全面管理的百分制考核，对养鸡场院的目标管理具有较为满意的效果。在具体工作中，要注意 4 点：

(1)要推行全面成本核算承包工资制，就是把每个劳动者的劳动成果和劳动报酬紧密挂钩，从根本上解决多劳多得的问题。

(2)要利用价值规律提高产品质量，促进营销，调动生产者钻研技术的积极性，激发营销人员的工作热情。

(3)要把后勤服务人员的奖金与生产销售承包人员的收入结合起来。为提高后勤服务人员的服务质量，可在产销成本中预算出后勤服务人员的奖金，产销承包人员在合同兑现后，按超过本人级别工资制以上的承包工资，按比例提取服务人员的奖励基金，然后按服务人员岗位责任工作制考勤考核实绩予以评定。

(4)将执行规章制度与奖罚“分离制”改为“挂钩制”。

(四)开展适度规模生产与合作经营

随着优质土鸡生产的发展，市场竞争日益加剧，必然导致生产每只土鸡盈利水平的下降，这就需要通过规模饲养、薄利多销的办法来提高整体效益。在美国这样的肉鸡生产大国，饲养1只肉鸡只能盈利3～5美分，但饲养者靠规模效益，仍可获得较高的收入。

实行公司＋农户式的合作经营符合我国土鸡生产的发展要求。土鸡公司具有经济上、技术上的实力，而农户具有饲养成本低、饲养管理精心的优势，二者鉴定生产合同，进行合作经营，由公司提供鸡苗、饲料、药品、疫苗和技术服务，农户出房舍、设备和劳力，所生产的商品土鸡按合同规定规格、价格与时间，由公司收购，统一上市。这种方式可根据市场需要和屠宰加工能力等有计划地组织生产，节省开支，降低成本，公司和农户都能得到发展。农户不需要很多的资金，产品销售有保证，能专心从事商品鸡生产，并按合同获得一定利润。公司为农户提供各项服务，统一进行产品的收购、屠宰加工，并投放国内外市场，可取得竞争上的优势并不断壮大。美国肉鸡业迅速发展的成功经验，就是实行公司与农户“联营合同”制的结果。现在美国肉鸡的91％由合同养鸡户生产，8％由公司自己生产，只有1％由个体经营。泰国正大集团、北京肉鸡联合企业(公司)等取得显著成效的一条重要经验，就是采取了公司＋农户的合作经营模式。

二、努力降低生产成本

优质土鸡的生产成本主要由饲料、工资、兽药、固定资产折旧、燃料动力、其他直接费、企业管理费等7项费用组成。饲养每批土鸡，均应核算成本，并通过成本分析，找出管理上的薄弱环节，采取有效措施，不断改善经营管理。也只有在准确核算生产成本的基础上，才能准确计算出生产利润。降低生产成本，不仅可直接提高经济效益，还能增强产品的市场竞争力。

（一）降低饲料成本

饲料费用占生产成本的70%左右，降低饲料成本是降低生产成本的关键。降低饲料成本的具体措施有：①合理设计饲料配方，在保证鸡营养需要的前提下，尽力降低价格；②控制原料成本，最好采用当地盛产的廉价原料，少用高价原料；③严防饲料霉变；④减少饲料浪费；⑤周密制定饲料计划，减少积压浪费；⑥加强综合管理，提高饲料转化率。

（二）减少燃料动力费开支

燃料动力费占生产成本的第三位，减少此项开支的措施有：①采用分段饲养工艺，可节省1/3的供温能源；②鸡舍供温采用廉价能源；③电保温伞加装调温器，防止过热浪费电能并影响鸡的生长；④鸡舍照明灯加灯罩，可将照明灯瓦数降低40%，仍能保持规定照度；⑤夜间应将鸡舍中的灯，间隔关闭1/3，既节电，又可使多数鸡安眠；⑥按规定照度的时间给予光照，加强全场灯光管理，消灭“长明灯”。

（三）节省兽药使用支出

对鸡群投药，宜采用以下原则：可投可不投者，不投；剂量可大可小者，投小剂量；用国产或进口药均可的，用国产药；用高价、低价药均可的，用低价药；对无饲养价值的鸡，及时淘汰，不再用药治疗。

（四）充分利用鸡场的副产品

例如出售鸡粪和羽毛，出售弱雏、小公雏、毛蛋给养狐场和养狗场等。通过增加主产品以外的营业收入来降低养鸡的生产成本。

三、采用现代科学饲养技术，实现优质高产

现代商品市场的竞争，说到底是技术的竞争，只有高质量、低成本的产品，才具有真正的竞争力，而这要靠现代科学饲养技术来实现。在优质土鸡生产的各个环节上，要不断引进新技术，应用新技术。这些技术主要包括：现代繁育技术、高效饲料配合技术、标准化生产技术、饲养环境控制技术、疫病防治技术和产品精深加工技术等。

四、加强记录记载

每一批鸡上市后都应根据记录记载计算投入产出比例，计算出每只鸡的成本与利润大小。在搞清成本结构的基础上分清主要成本、次要成本，并提出降低成本、提高效益的相应措施。

第四节　优质土鸡规模化生产与经营

当今世界，无论是在发达国家还是在发展中国家，肉鸡几乎都是实行规模化、集约化、专业化生产与经营。美国年生产肉鸡 40 多亿只，约有 3 万个饲养场(户)，平均每个场(户)饲养 13 万只；日本一年生产 5 亿多只，有 1 万饲养户，平均每户生产 5 万只。我国现代优质土鸡饲养业起步较晚，现在仍属初期阶段，但已显示出良好的发展势头。事实证明，只有实行规模化生产与经营，走产业化发展道路，才能不断引进和运用新技术，取得土鸡养殖的规模效益。

一、土鸡生产经营策略

(一)规模化、集约化、专业化经营

我国现阶段肉鸡生产的规模都比较小,一般户年生产几千只至上万只。生产比较落后,疾病多、耗料多、成本高,且分散经营,市场信息不灵,竞争力差,利润薄,必须靠高售价才能维持。由此可见,优质土鸡必须向规模化方向发展,争取实现规模效益。

土鸡需要开展规模化、集约化、专业化生产与经营,有以下5个方面原因。

(1)土鸡生产需要较高的技术,以及生产规格一致的产品。

(2)每只鸡收益少,需要多养,靠适度规模在肉食品生产中才有竞争力。

(3)规模饲养,能得到价格便宜的饲料和初生雏,适应"数多价优"的商品销售原则。

(4)屠宰加工厂要求规模生产,才能有利,销售也方便。

(5)初生雏、饲料、大活鸡等单位运输成本在规模饲养条件下自然降低。

(二)经营形态

土鸡生产的经营形态,大体上可分为以家庭劳力为中心的个体经营、集体经营和国营3种。除种鸡外,商品土鸡生产以个体经营更为有利,主要有以下4个方面原因。

(1)土鸡是非常好动、娇嫩的小动物,而且是成千上万只大群饲养,每天24小时需设人照料。

(2)专业家庭饲养(或家庭承包),易于钻研和掌握技术,特别是责任心强,能取得好的育成率和优质商品鸡。

(3)专业家庭饲养,投资少,设备耗损小,事故也少,效益自然高。

(4)国有大企业可实行承包制、股份制经营管理，高度集约化、规模化生产。

二、建场条件

建设土鸡生产设施，首要的工作是选好场址。要从饲养环境、公害问题、疾病预防、经营角度等方面综合加以考虑。规模化生产建场选址的主要条件有：①排水及通风良好；②不要靠近居民区、工厂和其他养鸡场；③距收购、屠宰、加工厂较近(机动车不要超过2个小时)；④有丰富、质好的水源；⑤有电源(220伏三相电)；⑥道路条件好(有大型汽车、拖拉机能出入的道路)；⑦土质好，地价便宜；⑧排水方便，最好靠近能排废水和雨水的沟渠、河流。

三、设施投资及资金效率

(一)设备设施投资

所有的商品生产，都需要有适当的设备设施投资。土鸡生产设施投资的原则应当是，能最为经济地生产量多质优的商品鸡。其生产设备设施，主要是建筑物(鸡舍)及其内部设备(给料、给水、供温、通风等)。此外，也包括鸡舍以外的配电线和给水、排水、仓库等建筑以及征地费用。

(二)资金效率

建设费的投入，通常以每平方米来计算。而资金效率，则以每年每平方米设施投资所能生产的土鸡的重量(体重)、出售收入来衡量。目前，一些地方开放式鸡舍每平方米建设投资约200元，密闭式鸡舍约300元。鸡舍建筑物与内部设备投资额的比例，一般来说，开放式鸡舍，建筑物占80%，内部设备投资约占20%；而密闭式鸡舍，建筑物占80%，内部设备投资占20%。

四、生产成本管理

土鸡的生产成本,由直接费用和间接费用两部分构成。

(一)直接费用

直接费用包括饲料费和初生雏费用。

1. 饲料费

$$\text{土鸡每单位体重的饲料费}=\text{饲料转化率}\times\text{饲料价格}$$

可见,饲料费随饲料转化率与饲料价格变动而变化。

2. 雏鸡费　每只出售的土鸡或每千克体重所负担的雏鸡费为:

$$\text{出售的每只土鸡的雏鸡费}=\frac{\text{雏鸡的单价}}{\text{出售率}}$$

$$\text{出售的每千克体重土鸡的雏鸡费}=\frac{\text{雏鸡的单价}}{\text{出售率}\times\text{出售平均体重}}$$

可见,出售的土鸡负担的雏鸡费受雏鸡价格和出售率的影响。所说的出售率是指出售土鸡的只数与入舍雏鸡只数的比例,即

$$\text{出售率}=\frac{\text{出售土鸡只数}}{\text{入舍雏鸡只数}}\times 100\%$$

例如,出售率为 95%,就意味着在出售前有 5%的土鸡死亡、淘汰,这部分的初生雏鸡价款,就要加到出售的土鸡身上来计算。如果按体重来说,则出售鸡的体重越大,所摊初生雏鸡费用越少,反之则越多。

(二)间接费用

间接费用从以下 7 个方面核算:

1. 水、光、热能费　为每批土鸡整个饲养过程(从入雏到出售后清扫、消毒)所消耗的水、电、燃料费。无窗鸡舍的照明及通风换气耗电多于开放式鸡舍。燃料费因季节(气温变化)不同而每批有很大变化。每只或每千克土鸡的水、光、热能费用数值,可按一年中的平均值计算。

2. 药品费　为每批(群)土鸡所用预防、治疗、消毒、杀虫等所有药品费用的总和。不过,有的疫苗费,如马立克氏疫苗已包含在初生雏费中,也有部分预防药物添加在配合饲料中,已计入饲料价内。

3. 利息　是指对固定投资(所借长期贷款)、流动资金(短期贷款)一年所支付利息的总数额。

4. 修理费　是为保持建筑物和设备完好而提取的修理费。这项费用,根据建筑物及设备的新旧程度不同而有所不同。通常把每年折旧额的5%～60%用做修理费。

5. 折旧费　为更新建筑物和设备而作的提留。土鸡舍建筑、设备的折旧年限以多长为合适有不同意见。一般来说,因建筑物构造和设备质量不同而有所不同。大体上,砖木结构的鸡舍15年,木质的7年,简易的5年左右。器具、机械可按5年折旧。建筑物和设备的残值,可按10%计算。

6. 劳务(人工)费　土鸡的生产管理劳动,包括入雏、给温、给水、给料、疫苗接种、观察鸡群、出售捉鸡、装笼、清扫、消毒、售鸡运输、购物等。应用先进设备,实现给水、给料自动化的,可直接按饲养人员的劳动定额计算。每年出售5万只以下者,需专职养鸡者2或3人;每年出售10万～15万只者,需专职养鸡者4或5人。

经营管理好的,每出栏1千克体重的土鸡投入的劳动时间为0.02～0.04小时。通常土鸡生产每小时劳动工资变化较大,假如每小时按3元计算,则每千克体重人工费为 0.06～0.08 元。

7. 税金　主要是土鸡生产所用土地、建筑、设备、生产、销售应交的税金。这部分费用也要摊到每千克体重或每只鸡上。

饲料和雏鸡费占总成本的绝大部分，可以说肉鸡的生产成本主要由饲料转化率、饲料价格、初生雏价格、出售鸡体重和出售率 5 个要素决定。

五、组建土鸡龙头企业

目前，经济领域充满竞争，大型土鸡养殖场是一个综合性很强的复杂配套生产体系，它的全部产销过程，都将接受严峻的考验，特别是中国加入 WTO 后，面临着 5 个挑战：①经济体制的挑战；②接受多变的经营环境磨炼的挑战；③与国内外竞争对手较量优胜劣汰的挑战；④经受消费者对商品严格挑选评价的挑战；⑤接受世界新技术浪潮冲击的挑战。为了使养鸡场在竞争中求生存、求发展、不断壮大，就大型鸡场而言，在已有的基础上，必须迅速组建成龙头企业。即公司＋农户＋一体化经营这样一种新的经营机制，这也是泰国的“正大”、上海的“大江”已经长期实践证明的行之有效的经营机制。

在经营战略上：

(1)采取多元化策略。不搞单一禽种纵向系列产品开发，而是趋于辐射式或横向的多元化发展。

(2)重视国际导向。了解国际市场，面向国际市场，开拓新产品，增强竞争力，逐步形成服从出口的生产、经营和服务体系。

(3)树立以市场及用户为中心的原则。在产品品种、质量、数量、包装、营销手段上，着眼于市场，立足于满足用户需求，以变应变，以适应多变的市场行销。

(4)坚持质量高标准。质量越好，信誉越高，经济效益就越好。而高质量产品的前提，必须是高质量的管理。因此，必须加强硬件、软件及人脑行为的研究和管理。

(5)积极采用高新技术。加快高新技术的引进和推广，狠抓产品和技术开发，在品种、饲料、饲养技术全方位管理上，努力增加科技含量，以获得较高经济效益和保持领先地位。

六、影响土鸡生产经济效益的因素

土鸡生产的收益，为出售土鸡(活体)的收入减去成本二者之差。出售收入越大，生产成本越低，二者之差越大，收益越高。

影响土鸡生产经济效益的因素主要有：

(一)出栏体重与饲料转化率

如果饲料价格和土鸡出售价格恒定，那么出栏体重大，饲料转化率高，则收益增加。有的出栏体重虽大，但日龄也大，饲料转化率降低；也有的出栏日龄小，饲料转化率虽高，但出栏体重偏轻。这两种情况都不会增加收益。

(二)出售价格与出栏时间

出售价格是影响收益的关键因素之一。它既受土鸡品质的影响，又受市场供求关系的影响，不是生产者所能决定的。但出售时间不同，土鸡的体重、等级和价格会有很大差异。生产者可根据市场情况，选择最佳出售时间。

(三)饲养密度与鸡舍周转次数(鸡舍单位面积生产出售产品的重量)

同一生产设施在一定的时间内出售的土鸡量越大，则单位重量的费用越小，收益越高。所以，合理的饲养密度和鸡舍周转次数，也是影响收益的关键因素。

（四）出栏率与品质

土鸡出栏数与入雏数的百分比，称为出栏率。一般来说，出栏率高的鸡群品质也较好，饲料转化率高，每只土鸡或单位体重所负担的初生雏费也少。若肌肉不丰满或伤残的鸡多，就会大大降低生产者的收入。因此，应在饲养管理和销售上下功夫。

（五）整齐性

土鸡在一定日龄或周龄的体重存在差别，饲养管理不当会加剧这种差别。适当的饲养密度、良好的饲养管理和卫生防疫，会使鸡群发育整齐。反之，整齐性差，使出栏和销售受到影响。

综上所述，影响优质土鸡生产经济效益的最大因素是饲料价格和土鸡出售价格。土鸡经营成果的好坏随出售与饲料价格变化而变化。二者的关系指数（鸡料价格比）可显示各个时期的经营情况，即

$$\text{鸡料价格比}=\frac{\text{每千克土鸡的销售价格}}{\text{每千克饲料的购入价格}}$$

鸡料价格比数值越大，对生产者越有利，可望取得较好的经济效益。

参考文献

1. 杨山,曾繁同,艾文森等. 家禽生产学. 北京:中国农业出版社,1995
2. 邱祥聘,陈锷,陈育新等. 中国家禽品种志. 上海:上海科学技术出版社,1989
3. 程光潮,黄凡美,周勤宣等. 中国地方鸡种种质特性. 上海:上海科学技术出版社,2000
4. 李守军,樊航奇,祁永等. 优质肉鸡饲养技术问答. 北京:中国农业出版社,1998
5. 祁荣禄. 优质肉鸡饲养. 广州:广东科技出版社,1999
6. 李宏全,马海利,崔保维. 高效益养鸡法. 北京:中国农业出版社,1999
7. 王春林. 中国实用养禽手册. 上海:上海科学技术文献出版社,2000
8. 张献仁. 新编实用养鸡手册. 江西:江西科学技术出版社,1997
9. 呙于明,丁角立,吴建设等. 家禽营养与饲料. 北京:中国农业大学出版社,1997
10. 朱坤熹,李俊宝,王永坤. 禽病防治. 上海:上海科学技术出版社,1996
11. 尹兆正,余东游,祝春雷. 养鹅手册. 北京:中国农业大学出版社,2001
12. 童莲芳,徐仲均,尹兆正. 家禽. 杭州:浙江科学技术出版社,1991
13. 吴素琴. 三黄鸡生产. 南京:东南大学出版社,1990
14. National Research Council. Nutrition Requirements of Pourtry. 9th Revised. Washington D C: National Academy Press, 1994

15. Singh R A. Poultry Production. New Delhi-ludniana: Kalyani Publishers, 1985
16. Lyons, T P and K A Jacques. Biotechnology in the Feed Industry. U K: Nottingham University Press, 1995

图书在版编目(CIP)数据

优质土鸡养殖技术/尹兆正,李肖梁,李震华编著. —北京:中国农业大学出版社,2002.9

ISBN 978-7-81066-508-7

Ⅰ. 优… Ⅱ. ①尹… ②李… ③李… Ⅲ. 鸡-饲养管理 Ⅳ. S831.8

中国版本图书馆 CIP 数据核字(2002)第 061774 号

出版发行	中国农业大学出版社
经销	新华书店
印刷	北京鑫丰华彩印有限公司
版次	2002 年 9 月第 1 版
印次	2012 年 9 月第 19 次印刷
开本	32　11.75 印张　260 千字
规格	850×1 168
印数	92 500～97 500
定价	20.00 元

图书如有质量问题本社负责调换

社址 北京市海淀区圆明园西路 2 号　**邮政编码** 100193

电话 010-62732633　**网址** www.cau.edu.cn